第7章 拖动AP元素

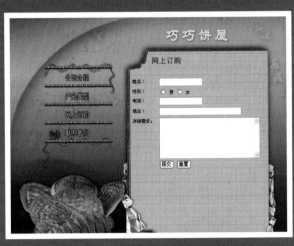

第7章 检查表单

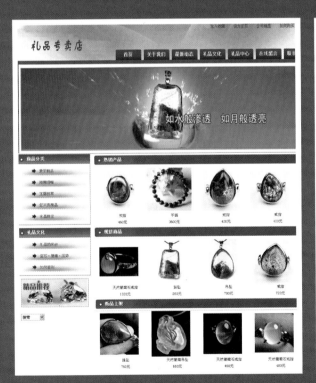

第7章 跳转菜单前

第7章 显示–隐藏元素

第3章 插入日期

第4章 插入图像占位符

第3章 插入文本

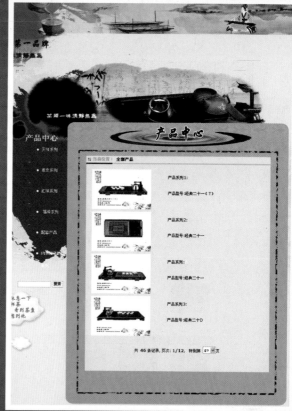

第3章 插入项目列表

第3章 创建基本文本网页实例

第4章 插入图像

第4章 鼠标经过图像前

第4章 添加背景音乐

第5章 制作圆角表格

第7章 打开浏览器窗口

第7章 预先载入图像

第7章 增大收缩效果

第14章 有声动画

第15章 鼠标跟随

学用一册通

网页设计与网站建设

郭海旺 等编著

电子工业出版社

Publishing House of Electronics Industry

北京·BEIJING

内 容 简 介

本书详细介绍了如何进行网站的前期策划，如何综合使用 Dreamweaver CS6、Photoshop CS6 和 Flash CS6 等工具来建设网站，如何在 ASP 环境下建设动态网站，以及数据库的创建和网站的策划、维护、宣传与推广等内容。

本书语言通俗易懂，知识系统全面，突出了实战性，采用由浅入深的编排方法，内容丰富，结构清晰，实例众多，图文并茂，适用于以下读者对象：网页设计与制作人员、网站建设与开发人员、大中专院校相关专业师生、网页制作培训班学员、个人网站爱好者与自学读者。

图书在版编目（CIP）数据

学用一册通：网页设计与网站建设/郭海旺等编著. —北京：电子工业出版社，2013.6
ISBN 978-7-121-18732-2

Ⅰ．①学… Ⅱ．①郭… Ⅲ.①网页制作工具 ②网站—建设 Ⅳ.①TP393.092

中国版本图书馆 CIP 数据核字（2012）第 244280 号

策划编辑：胡辛征
责任编辑：刘 舫
特约编辑：赵树刚
印　　刷：北京中新伟业印刷有限公司
装　　订：北京中新伟业印刷有限公司
出版发行：电子工业出版社
　　　　　北京市海淀区万寿路 173 信箱　　邮编：100036
开　　本：787×1092　　1/16　　印张：30.5　字数：781 千字　　彩插：2
印　　次：2013 年 6 月第 1 次印刷
印　　数：3500 册　　定价：66.00 元（含光盘 1 张）

凡所购买电子工业出版社图书有缺损问题，请向购买书店调换。若书店售缺，请与本社发行部联系，联系及邮购电话：（010）88254888。

质量投诉请发邮件至 zlts@phei.com.cn，盗版侵权举报请发邮件至 dbqq@phei.com.cn。

服务热线：（010）88258888。

前言

如今，互联网已经在人们的生活中占据了重要位置，它可以将丰富多彩的文本、图像、动画等结合起来，随时随地供用户浏览。目前网页设计与网站建设技术成了热门。页面设计、动画设计、图形图像设计是网页设计与网站建设的三大核心。随着网页设计与网站建设技术的不断发展和完善，产生了众多网页制作软件。但是目前使用最多的是 Photoshop、Dreamweaver、Flash 三个软件的组合，它们能完全高效地实现网页设计的各种功能，所以称这三个软件的组合为黄金搭档。现在，Adobe 公司又及时地推出了 Dreamweaver CS6、Flash CS6、Photoshop CS6，它们已经成为网页设计与网站建设的梦幻工具组合，以其强大的功能和易学易用的特性，赢得了广大网页设计人员的青睐。

 本书主要内容

本书详细介绍了如何进行网站的前期策划，如何综合使用 Dreamweaver CS6、Photoshop CS6 和 Flash CS6 等工具来建设网站，如何在 ASP 环境下建设动态网站，以及数据库的创建和网站的策划、维护、宣传与推广等内容。

本书共分为 21 章，以"建站快速入门"—"设计令人流连忘返的静态网页"—"开发动态数据库网站"—"设计与处理精美的网页图像"—"设计超炫的网页动画"—"网站的策划与安全管理"—"完整商业网站的建设"为线索具体展开。其中，第 1 章为网页设计与网站建设基础；第 2 章为用色彩搭配赏心悦目的网站；第 3 章为快速掌握 Dreamweaver CS6 设计基本网页；第 4 章为设计丰富多彩的图像和多媒体网页；第 5 章为使用表格和 Spry 排版网页，第 6 章为使用模板和库快速创建网页；第 7 章为使用行为和脚本设计动感特效网页；第 8 章为使用 CSS 样式表美化网页；第 9 章为用 CSS+Div 灵活布局页面；第 10 章为动态网站开发基础；第 11 章为设计动态网站常用模块；第 12 章为使用 Photoshop CS6 设计网页中的特效文字；第 13 章为设计网页中经典图像元素；第 14 章为使用 Flash CS6 创建基本动画；第 15 章为使用 Flash CS6 创建交互动画；第 16 章为网站的整体策划；第 17 章为网站页面设计策划；第 18 章为网站的安全与运营维护；第 19 章为网站建设规范和基本流程；第 20 章为设计企业宣传展示型网站；第 21 章为设计在线购物网站。

 本书主要特点

本书作者具有多年网站设计与教学经验，精选了多年设计与教学实践中具有代表性和实用性的实例，详细介绍了使用 Dreamweaver CS6 编辑网页、使用 Photoshop CS6 处理图形和图像及使用 Flash

CS6 制作动画的方法。本书具有如下特点。

- 结构安排合理。本书采用"基础知识+上机练习+综合应用"的结构，以使读者能够更好地理解和掌握每章所讲述的内容。在每章的最后基本上都有"综合应用"，将本章的内容进行了一次完整的贯通，以帮助读者巩固本章的相关知识点及提升读者解决实际问题的能力。另外作者还毫无保留地将现实工作中大量非常实用的经验、技巧贡献出来。

- 商业案例，实战性强。本书使用了大量的典型商业网站案例，采用图解的方式讲解软件的使用和技巧，适时添加"提示"，以补充使用技巧和知识链接，读者可以快捷地学习操作和应用，实战性非常强。

- 双栏排版，提示标注。采用双栏图解排版，一步一图，图文对应，并在图中添加了操作提示标注，以便于读者快速学习。

- 代码揭秘。随着网站设计人员技术的提升，对代码会有越来越深刻的研究，增加"代码揭秘"栏目，侧重代码的提供，要点进行重点标注与提示。

- 专家秘籍。每章最后一部分均安排了专家秘籍，这些秘籍来源于网站建设专家多年的经验和技巧总结，解答了初学者常见的困惑，扩大了初学者的知识面。

- 超值配套光盘。本书所附光盘的内容为书中介绍的范例的源文件及重点实例的操作演示视频，供读者学习时参考和对照使用。在光盘中还有"HTML 常用标记手册"、"JavaScript 语法手册"、"CSS 属性一览表"、"VBScript 语法手册"、"ADO 对象方法属性详解"、"常见网页配色词典"等内容，在制作网页时也是很有用的参考。

 ## 本书读者对象

本书语言通俗易懂，知识系统全面，突出了实战性，采用由浅入深的编排方法，内容丰富，结构清晰，实例众多，图文并茂，适用于以下读者对象：网页设计与制作人员、网站建设与开发人员、大中专院校相关专业师生、网页制作培训班学员、个人网站爱好者与自学读者。

本书由国内著名网页设计培训专家郭海旺主编，参加编写的还有邓静静、李银修、刘宇星、邓方方、张礼明、孙良军、杨建伟、李晓民、刘中华、孙起云、吕志彬、何海霞、徐洪峰。由于本书编者水平有限，加之时间仓促，不足之处在所难免，欢迎广大读者批评指正。

编著者

目录

目录

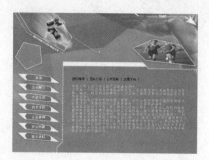

第 2 篇

设计令人流连忘返的静态网页

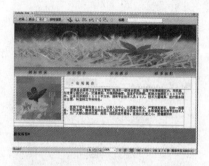

目录

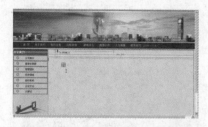

目录

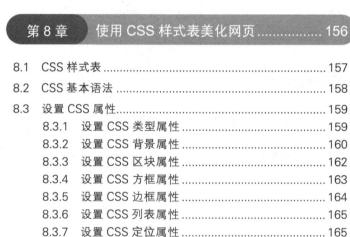

第 3 篇

开发动态数据库网站

目录

第 11 章　设计动态网站常用模块.....................230

第 4 篇

设计与处理精美的网页图像

第 12 章　使用 Photoshop CS6 设计网页中的特效文字...273

目录

第 5 篇

设计超炫的网页动画

第 14 章 使用 Flash CS6 创建基本动画 314

目录

第 6 篇

网站的策划与安全管理

目录

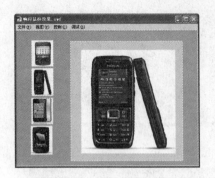

第 17 章   网站页面设计策划 374

第 18 章   网站的安全与运营维护 390

目录

第7篇

完整商业网站的建设

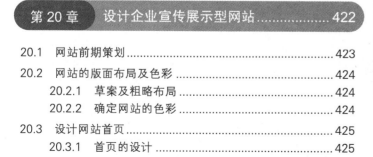

目录

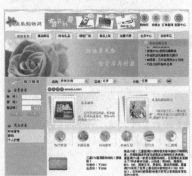

第1篇

建站快速入门

第 1 章 网页设计与网站建设基础

学前必读

　　对大多数网民来说网页并不陌生，但常见的网站类型、网站建设的基本流程、常用的网页制作工具等并不是每个网民都知道的。本章将使网页制作初学者对网页设计和网站建设有一个总体认识，从而为后面设计更复杂的网站打下良好的基础。

学习流程

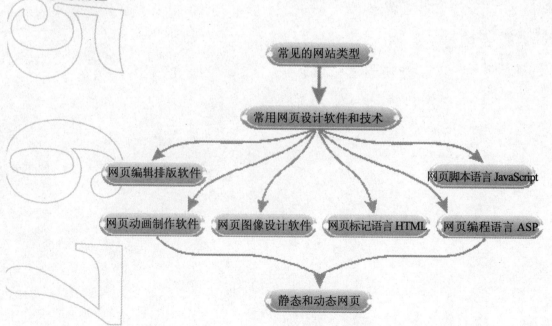

1.1　常见的网站类型

网站是一个个网页系统地链接起来的集合，如新浪、搜狐、网易等。网站按其内容的不同可分为个人网站、企业类网站、娱乐休闲类网站、机构类网站、行业信息类网站、购物类网站和门户网站等，下面分别进行介绍。

 1.1.1　个人网站

个人网站是以个人名义开发创建的具有较强个性化的网站。一般是个人出于兴趣爱好或展示个人等目的而创建的，具有较强的个性化特色，无论是内容还是风格、样式都形色各异、包罗万象。

这类网站一般不具有商业性质，规模也不大，在互联网中随处可见，但也有不少优秀的站点，如图 1-1 所示为个人网站。

 1.1.2　企业类网站

所谓企业类网站，就是企业在互联网上进行网络建设和形象宣传的平台。企业类网站相当于一个企业的网络名片。企业类网站不但对企业的形象是一个良好的宣传，同时可以辅助企业的销售，甚至可以通过网络直接帮助企业实现产品的销售。企业网站的作用为展现公司形象，加强客户服务，完善网络业务。

企业类网站的作用类似于企业为了宣传自身及品牌在报纸和电视上所做的广告。不同之处在于，企业类网站容量更大，企业几乎可以把任何想让客户及公众知道的内容放入网站。如图 1-2 所示为企业类网站。

图 1-1　个人网站

图 1-2　企业类网站

 1.1.3　娱乐休闲类网站

随着互联网的飞速发展，不仅涌现出了很多个人网站和商业网站，同时也产生了很多娱乐休闲类网站，如电影网站、音乐网站、游戏网站、交友网站、社区论坛、手机短信网站等。这些网站为广大网民提供了娱乐休闲的场所。

学用一册通：网页设计与网站建设

这类网站的特点也非常显著，通常色彩鲜艳明快，内容综合，多大量配以图片，设计风格或轻松活泼，或时尚另类。如图 1-3 所示为在线视频网站。

图 1-3　在线视频网站

娱乐网站的设计要以内容为着手点。在网站设计规划前，首先要对信息内容进行必要的分析，探讨网站的定位和采用的设计方式，并且通过色彩、图像和细节设计等多个方面共同营造符合网站信息内容的文化气质。

1.1.4　机构类网站

所谓机构类网站通常是指政府机关、非营利性机构或相关社团组织建立的网站，网站的内容多以机构或社团的形象宣传和政府服务为主，相对较为专一。网站的设计通常风格一致、功能明确，受众面也较为明确。如图 1-4 所示为机构类网站。

政府机构类网站作为政府提供为民服务的窗口，是有别于娱乐类网站的，页面应大方、庄重、美观，格调明朗，切忌花哨和笨重。在页面设计时要采用友好的网站界面，合理、清晰的网站导航，完善的帮助系统，完整的信息和完善的在线服务等，方便网站用户。

图 1-4　机构类网站

1.1.5　行业信息类网站

随着互联网的发展、网民人数的增多及网上不同兴趣群体的形成，门户网站已经明显不能满足不同上网群体的需要，一批能够满足某一特定领域上网人群及其特定需要的网站应运而生。由于这些网站的内容服务更为专一和深入，因此人们将其称为行业信息类网站，也称为垂直网站。行业信息类网站只专注于某一特定领域，并通过提供特定的服务内容，有效地把对某一特定领域感兴趣的用户与其他网民区分开，并长期持久地吸引这些用户，从而为其发展提供理想的平台。如图 1-5 所示为行业信息类网站。

4

图 1-5 行业信息类网站

1.1.6 购物类网站

随着网络的普及和人们生活水平的提高，网上购物已成为一种时尚。丰富多彩的网上资源，价格实惠的打折商品，服务优良、送货上门的购物方式，已成为人们休闲、购物两不误的首选方式。同时，网上购物也为商家有效地利用资金提供了帮助，而且通过互联网来宣传自己的产品覆盖面较广，因此涌现出了越来越多的购物网站。

在线购物网站在技术上要求非常严格，其工作流程主要包括商品展示、商品浏览、添加购物车、结账等。如图 1-6 所示为购物类网站。

图 1-6 购物类网站

1.1.7 门户类网站

门户类网站将海量信息整合、分类，为上网者大开方便之门，绝大多数网民通过门户类网站来寻找自己感兴趣的信息资源，巨大的访问量给这类网站带来了无限的商机。门户类网站涉及的领域非常广，是一种综合性网站，如搜狐、网易、新浪等。此外，这类网站还具有非常强大的服务功能，如搜索、论坛、聊天室、电子邮箱、虚拟社区、短信等。通常门户类网站的外观整洁大方，用户所需的信息在上面基本都能找到。

目前国内有很多较有影响力的门户类网站，如新浪（www.sina.com.cn）、搜狐（www.sohu.com）和网易（www.163.com）等。如图 1-7 所示为新浪首页。

图 1-7　新浪首页

1.2　常用网页设计软件和技术

不论是制作大型网站还是一般的企业网站，无非都是做出一个又一个的网页，再把它们链接起来。制作网页可以直接使用 HTML，也可以使用工具软件。由于使用 HTML 工作量很大，制作一个页面往往要写成百上千行代码，非常麻烦，而且出错率高，错误也不易检测和排除。所以，对于大多数人来说，使用工具软件制作网页是最常用的。

 1.2.1　网页编辑排版软件

常用的网页编辑排版软件有 Dreamweaver 和 FrontPage。Dreamweaver 是大众化的专业网页编辑排版软件，排版能力较强，功能全面，操作灵活，专业性强，因而受到广大网站专业设计人员的青睐。FrontPage 作为 Microsoft 公司的办公软件之一，对 Office 的其他软件具有高度的兼容性，且有规范、简洁的操作界面，但网页制作方面的功能不如 Dreamweaver 强大。使用 Dreamweaver CS6 编辑网页如图 1-8 所示。

图 1-8　使用 Dreamweaver CS6 编辑网页

 1.2.2　网页动画制作软件

随着网络技术的发展，网页上出现了越来越多的 Flash 动画。一个优秀的网站是离不开动画的，无论是 Banner、按钮、网站宣传动画还是整个网站的首页等，都需要使用动画制作软件。Flash 动画已经成为当今网站必不可少的部分，美观的动画能够为网页增色不少，从而吸引更多的浏览者。使用 Flash CS6 制作的动画如图 1-9 所示。

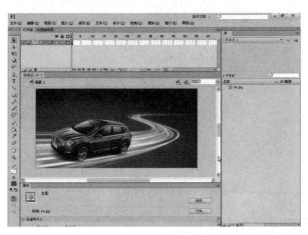

图 1-9　使用 Flash CS6 制作的动画

 1.2.3　网页图像设计软件

常用的网页图像设计软件有 Photoshop 和 Fireworks。

Photoshop 是 Adobe 公司推出的图像处理软件。它具有界面友好、易学、易用等优点，目前已被广泛应用于印刷、广告设计、封面制作、网页图像制作和照片编辑等领域。在网页制作过程中，首先要使用 Photoshop 设计网页的整体效果图，处理网页中的图像、背景图，设计网页图标和按钮等。使用 Photoshop CS6 设计的网页图像效果如图 1-10 所示。

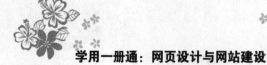

图 1-10　使用 Photoshop CS6 设计的网页图像效果

Fireworks CS6 是一款用来设计网页图形的应用程序，它所含的创新性解决方案解决了图形设计人员和网站管理人员面临的主要问题。Fireworks 中的工具种类齐全，使用这些工具，可以在单个文件中创建和编辑位图和矢量图像，设计网页效果，修剪和优化图形以减小其文件大小。Fireworks CS6 的工作界面如图 1-11 所示。

图 1-11　Fireworks CS6 的工作界面

1.2.4　网页标记语言 HTML

HTML（Hyper Text Markup Language，超文本标记语言）是一种用来制作超文本文档的简单标记语言。所谓超文本，就是可以加入图片、声音、动画、影视等内容。用 HTML 编写的超文本文档称为 HTML 文档，它能独立于各种操作系统平台。

HTML 的任何标记都由"<"和">"括起来，如<HTML>、<I>。在起始标记的标记名前加上符号"/"便是其终止标记，如</I>。夹在起始标记和终止标记之间的内容受标记的控制，如<I>一路顺风</I>，夹在标记 I 之间的"一路顺风"将受标记 I 的控制。

超文本文档分为头和主体两部分。在文档头中对这个文档进行了一些必要的定义，文档主体中才是要显示的各种文档信息，代码如下：

```
<HTML>
    <HEAD>
        网页头部信息
    </HEAD>
    <BODY>
            网页主体正文部分
    </BODY>
</HTML>
```

- HTML 标记：<HTML>标记用于 HTML 文档的最前面，用来标识 HTML 文档的开始。而</HTML>标记恰恰相反，它放在 HTML 文档的最后面，用来标识 HTML 文档的结束，两个标记必须一起使用。
- Head 标记：<Head>和</Head>构成 HTML 文档的开头部分，在此标记对之间可以使用<Title></Title>、<Script></Script>等标记对，它们都是用来描述 HTML 文档相关信息的标记对。<Head></Head>标记对之间的内容不会在浏览器中显示，两个标记必须一起使用。
- Body 标记：<Body></Body>是 HTML 文档的主体部分，在此标记对之间可包含<p> </p>、<h1> </h1>、
 </br>等众多的标记对，它们所定义的文本、图像等将在浏览器中显示。两个标记必须一起使用。
- Title 标记：使用过浏览器的人可能都会注意到浏览器窗口最上边蓝色部分显示的文本信息，那些信息一般是网页的"标题"。要将网页的标题显示到浏览器的顶部其实很简单，只要在<Title></Title>标记对之间加入要显示的文本即可。

1.2.5　网页脚本语言

使用 VBScript、JavaScript 等简单易懂的脚本语言，结合 HTML 代码，即可快速完成网站的应用程序。

脚本语言介于 HTML 和 C、C++、Java、C#等编程语言之间。脚本是使用一种特定的描述性语言，依据一定的格式编写的可执行文件，又称为宏或批处理文件。脚本通常可以由应用程序临时调用并执行。各类脚本目前被广泛地应用于网页设计中，因为脚本不仅可以减小网页的规模和提高网页浏览速度，而且可以丰富网页的表现，如动画、声音等。

脚本与 VB、C 语言的主要区别是：

- 脚本语法比较简单，容易掌握。
- 脚本与应用程序密切相关，所以包括相对应用程序自身的功能。
- 脚本一般不具备通用性，所能处理的问题范围有限。
- 脚本多为解释执行。

如图 1-12 所示为使用脚本语言制作的漂浮特效广告网页。

图 1-12 使用脚本语言制作的漂浮特效广告网页

1.2.6 动态网页编程语言 ASP

ASP（Active Server Pages）是微软公司开发的服务器端脚本环境，内含 IIS 3.0 及以上版本，通过 ASP 可以结合 HTML 网页、ASP 指令和 ActiveX 控件，建立动态、可交互且高效的 Web 服务器应用程序。有了 ASP 就不必担心客户的浏览器是否能够运行所有编写代码，因为所有的程序都将在服务器端执行，包括所有嵌在普通 HTML 中的脚本程序。当程序执行完毕后，服务器仅将执行的结果返回给客户端浏览器，这样就减轻了客户端浏览器的负担，大大提高了交互速度。

如图 1-13 所示为使用 ASP 开发的动态网页，在"用户名"和"密码"文本框中输入正确的内容，然后单击"登录"按钮，即可进入后台管理页面。

图 1-13 使用 ASP 开发的动态网页

1.3 静态网页和动态网页

1.3.1 静态网页

静态网页又称 HTML 文件，是一种可以在互联网上传输，能被浏览器认识和翻译成页面并显示出来的文件。

静态网页是网站建设初期经常采用的一种形式。网站建设者把内容设计成静态网页,访问者只能被动地浏览网站建设者提供的网页内容。其特点如下。

● 网页内容不会发生变化,除非网页设计者修改了网页的内容。

● 不能实现和浏览网页的用户之间的交互。信息流向是单向的,即从服务器到浏览器。服务器不能根据用户的选择调整返回给用户的内容。静态网页的浏览过程如图 1-14 所示。

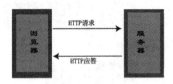

图 1-14　静态网页的浏览过程

1.3.2　动态网页

所谓动态网页是指网页文件里包含了程序代码,通过后台数据库与 Web 服务器的信息交互,由后台数据库提供实时数据更新和数据查询服务。这种网页的扩展名一般根据不同的程序设计语言而不同,常见的有.asp、.jsp、.php、.perl、.cgi 等形式的扩展名。动态网页能够根据不同时间和不同访问者而显示不同内容。如 BBS、留言板和购物系统通常用动态网页实现。

动态网页制作比较复杂,需要用到 ASP、PHP、JSP 和 ASP.NET 等专门的动态网页设计语言。动态网页的浏览过程如图 1-15 所示。

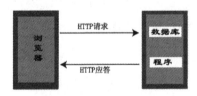

图 1-15　动态网页的浏览过程

动态网页的一般特点如下。

● 动态网页以数据库技术为基础,可以大大降低网站维护的工作量。

● 采用动态网页技术的网站可以实现更多的功能,如用户注册、用户登录、搜索查询、用户管理、订单管理等。

● 动态网页并不是独立存在于服务器上的网页文件,只有当用户请求时服务器才返回一个完整的网页。

● 动态网页中的"?"对搜索引擎检索存在一定的问题,搜索引擎一般不可能从一个网站的数据库中访问全部网页,因此采用动态网页的网站在进行搜索引擎推广时需要做一定的技术处理才能适应搜索引擎的要求。

第 2 章 用色彩搭配赏心悦目 的网站

学前必读

　　能给用户留下深刻的第一印象的既不是网站丰富的内容，也不是网站合理的版面布局，而是网站的色彩。色彩对人的视觉效果影响非常明显，其冲击力是最强的，很容易给用户留下深刻的印象。一个网站的设计成功与否，在某种程度上取决于设计者对色彩的运用和搭配。因此，在设计网页时，必须要高度重视色彩的搭配。本章主要讲述网页色彩基本知识和网页色彩搭配技巧。

学习流程

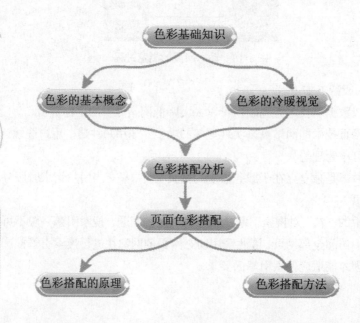

2.1　色彩基础知识

无论平面设计还是网页设计，色彩永远是最重要的一环。浏览者首先看到的不是优美的版式或美丽的图片，而是整体的色彩。为了能更好地应用色彩来设计网页，先来了解一些色彩的基本知识。

2.1.1　色彩的基本概念

自然界中有许多种色彩，如香蕉是黄色的、天是蓝色的、橘子是橙色的等，五颜六色，千变万化。我们日常见的光，实际由红、绿、蓝 3 种波长的光组成。物体经光源照射，吸收和反射不同波长的红、绿、蓝光，经由人的眼睛传到大脑，形成了我们看到的各种颜色，也就是说，物体的颜色就是它们反射的光的颜色。红、绿、蓝 3 种波长的光是自然界中所有颜色的基础，光谱中的所有颜色都是这 3 种光不同强度的构成。把红、绿、蓝 3 种颜色交互重叠，就产生了混合色：青、洋红、黄，如图 2-1 所示。

图 2-1　红、绿、蓝交互产生混合色

2.1.2　网页色彩的冷暖视觉

我国古代把黑、白、玄（偏红的黑）称为"色"，把青、黄、赤称为"彩"，合称"色彩"。现代色彩学也把色彩分为两大类，即无彩色系和有彩色系。无彩色系是指黑和白，只有明度属性；有彩色系有 3 个基本特征，分别为色相、纯度和明度，在色彩学上也称它们为色彩的"三要素"或"三属性"。

1. 色相

色相指色彩的名称，这是色彩最基本的特征，是一种色彩区别于另一种色彩的最主要的因素。红、橙、黄、绿、蓝、紫等各自代表一类具体的色相，它们之间的差别属于色相差别。最初的基本色相为红、橙、黄、绿、蓝、紫。在各色中间加上中间色，其头尾色相，按光谱顺序为红、橙红、黄橙、黄、黄绿、绿、绿蓝、蓝绿、蓝、蓝紫、紫、紫红十二基本色相，如图 2-2所示。

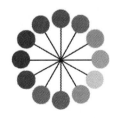

图 2-2　十二基本色相

13

2. 明度

明度指色彩的明暗程度。明度越高，色彩越亮；明度越低，色彩越暗。色彩的明度变化产生出浓淡差别，这是绘画中用色彩塑造形体、表现空间和体积的重要因素。初学者往往容易将色彩的明度与纯度混淆，比如想要画面明亮些，就调粉加白，结果明度是提高了，但色彩纯度却降低了。明度差的色彩更容易调和，如紫色与黄色、暗红与草绿、暗蓝与橙色等。如图 2-3所示为色彩的明度变化。

图 2-3　色彩的明度变化

3. 纯度

纯度指色彩的鲜艳程度，纯度高则色彩鲜亮；纯度低则色彩黯淡，含灰色。颜色中以三原色红、黄、蓝为最高纯度色，而接近黑、白、灰的颜色为低纯度色。凡是靠视觉能够辨认出来的，具有一定色相倾向的颜色都有一定的灰度，而其纯度的高低取决于它含中性色黑、白、灰总量的多少。如图 2-4 所示为色彩的纯度变化。

图 2-4　色彩的纯度变化

此外还需要了解以下几个色彩的特性。

- 相近色：色环中相邻的 3 种颜色，如图 2-5 所示。相近色的搭配给人的视觉效果舒适而自然，所以相近色在网站设计中极为常用。
- 互补色：色环中相对的两种色彩，如图 2-6 中的亮绿色与紫色、红色与绿色、蓝色与橙色等。

图 2-5　相近色

图 2-6　互补色

- 暖色：图 2-7 中的黄色、橙色、红色和紫色等都属于暖色系列。暖色与黑色调和可以达到很好的效果。暖色一般应用于购物类网站、儿童类网站等。
- 冷色：图 2-7 中的绿色、蓝色和蓝紫色等都属于冷色系列。冷色与白色调和可以达到一种很好的效果。冷色一般应用于一些高科技和游戏类网站，主要表达严肃、稳重等效果。

图 2-7　冷色和暖色

2.2　常见网页色彩搭配分析

色彩与人的心理感觉和情绪有一定的关系，利用这一点可以在设计网页时形成独特的色彩效果，给浏览者留下深刻的印象。不同的颜色会给我们不同的心理感受。

2.2.1　绿色

在商业设计中，绿色所传达的是清爽、理想、希望、生长的意味，符合服务业、卫生保健业、教育行业、农业的要求。绿色通常与环保意识有关，也经常被联想为有关健康方面的事物。图 2-8 所示为绿色的色阶。

图 2-8　绿色的色阶

绿色在黄色和蓝色之间，属于较中庸的颜色，是和平色，偏向自然美，宁静、生机勃勃、宽容，可与多种颜色搭配从而达到和谐的效果，是网页中使用最为广泛的颜色之一。如图 2-9 所示为常见的绿色搭配。

绿色与人类息息相关，是自然之色，代表了生命与希望，充满了青春活力。它本身具有与自然、健康相关的感觉，所以也经常用于与自然、健康相关的站点，还经常用于一些公司的儿童站点、教育站点或园林旅游网站。如图 2-10 所示为绿色旅游类网页。

R 0 G 153 B 102 #009966	R 255 G 255 B 255 #FFFFFF	R 255 G 255 B 0 #FFFF00	R 51 G 153 B 204 #339933	R 255 G 255 B 51 #FFFFFF	R 153 G 51 B 204 #9933CC	R 255 G 255 B 204 #FFFFCC	R 204 G 204 B 102 #CCCC66	R 51 G 102 B 102 #336666
R 51 G 153 B 51 #339933	R 153 G 204 B 204 #99CC00	R 255 G 255 B 204 #FFFFCC	R 51 G 153 B 51 #339933	R 204 G 153 B 102 #CC9900	R 102 G 102 B 102 #666666	R 153 G 204 B 51 #99CC33	R 255 G 255 B 102 #FFFF66	R 51 G 102 B 51 #336600
R 51 G 153 B 51 #339933	R 255 G 255 B 255 #FFFFFF	R 0 G 0 B 0 #000000	R 51 G 153 B 51 #339966	R 204 G 204 B 204 #CCCCCC	R 102 G 51 B 102 #003366	R 204 G 102 B 204 #006633	R 204 G 204 B 153 #CCCC33	R 204 G 153 B 51 #CC9933
R 51 G 153 B 51 #339933	R 204 G 204 B 204 #CCCCCC	R 102 G 153 B 204 #6699CC	R 51 G 153 B 51 #339933	R 255 G 204 B 51 #FFCC33	R 51 G 102 B 153 #336699	R 51 G 153 B 204 #339933	R 102 G 102 B 204 #666633	R 204 G 204 B 204 #CCCC66
R 102 G 153 B 51 #669933	R 204 G 204 B 204 #CCCCCC	R 0 G 0 B 0 #000000	R 51 G 102 B 51 #006633	R 102 G 153 B 51 #669933	R 102 G 204 B 153 #99CC99	R 51 G 102 B 102 #336666	R 153 G 102 B 51 #996633	R 204 G 204 B 51 #CCCC33
R 0 G 51 B 0 #003300	R 102 G 153 B 51 #669933	R 204 G 204 B 153 #CCCC99	R 0 G 102 B 51 #006633	R 153 G 0 B 51 #990033	R 255 G 153 B 0 #FF9900	R 0 G 51 B 0 #006633	R 51 G 51 B 0 #333300	R 204 G 204 B 153 #CCCC99

图 2-9　常见的绿色搭配

图 2-10　绿色旅游类网页

2.2.2　黄色

黄色给人的感觉是冷漠、高傲、敏感，具有扩张和不安宁的视觉印象。黄色是各种色彩中最为娇气的，也是有彩色系中最明亮的颜色，因此给人留下明亮、辉煌、灿烂、愉快、高贵、柔和的印象，同时又容易引起味觉的条件反射，给人以甜美、香酥感。如图 2-11 所示为黄色的色阶。

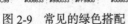

图 2-11　黄色的色阶

黄色是在网页配色中使用最为广泛的颜色之一，和其他颜色配合很活泼，有温暖感，具有快乐、希望、智慧和轻快的个性。黄色有着金色的光芒，有希望与功名等象征意义，象征着土地、权力，并且还具有神秘的宗教寓意。图 2-12 所示为常见的黄色搭配。

黄色是明亮的且可以给人甜蜜幸福感觉的颜色，在很多设计作品中，黄色都用来表现喜庆的气氛和富丽的商品。在商品网站中，通常使用黄色与红色搭配渲染热闹气氛，比较适合活泼跳跃、色彩绚丽的配色方案。如图 2-13 所示为黄色与黑色搭配的网页。

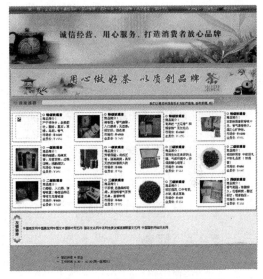

R 255 G 255 B 204 #FFFFCC	R 204 G 255 B 255 #CCFFFF	R 255 G 204 B 204 #FFCCCC	R 255 G 255 B 204 #FFFF00	R 255 G 255 B 255 #FFFFFF	R 204 G 204 B 204 #CCCC00	R 153 G 204 B 255 #99CCFF	R 255 G 204 B 255 #FFCC33	R 255 G 255 B 204 #FFFFCC
R 255 G 204 B 0 #FFCC00	R 0 G 0 B 204 #0000CC	R 255 G 255 B 99 #FFFF99	R 255 G 204 B 51 #FFCC33	R 255 G 255 B 102 #FFFFCC	R 153 G 153 B 102 #999966	R 255 G 204 B 0 #FFCC00	R 102 G 204 B 0 #66CC00	R 255 G 255 B 99 #FFFF99
R 153 G 204 B 255 #99CCFF	R 255 G 204 B 51 #FFCC33	R 255 G 255 B 33 #FFFF33	R 153 G 153 B 0 #FF9900	R 255 G 255 B 0 #FFFF00	R 0 G 153 B 204 #0099CC	R 153 G 255 B 51 #FFFF33	R 153 G 204 B 255 #99CCFF	R 204 G 204 B 204 #CCCCCC
R 204 G 153 B 153 #CC9999	R 255 G 255 B 204 #FFFFCC	R 102 G 204 B 204 #6666CC	R 153 G 153 B 51 #999933	R 255 G 255 B 204 #FFFFCC	R 204 G 153 B 204 #CC99CC	R 204 G 102 B 0 #CCCC00	R 102 G 102 B 0 #666600	R 204 G 204 B 255 #CCCCFF
R 255 G 153 B 102 #FF9966	R 255 G 255 B 204 #FFFFCC	R 153 G 204 B 153 #99CC99	R 255 G 255 B 0 #FFFF00	R 255 G 255 B 255 #FFFFFF	R 153 G 51 B 255 #9933FF	R 255 G 204 B 153 #FFCC33	R 255 G 102 B 102 #FF6666	R 51 G 255 B 102 #FFFF66
R 255 G 204 B 153 #FFCC99	R 153 G 153 B 102 #999966	R 255 G 255 B 0 #FFFF00	R 255 G 255 B 153 #FFFF99	R 153 G 153 B 204 #99CC99	R 102 G 102 B 0 #666600	R 153 G 153 B 102 #FFFF99	R 255 G 153 B 153 #FFFF99	R 51 G 51 B 51 #333333

图 2-12　常见的黄色搭配　　　　　　图 2-13　黄色与黑色搭配的网页

2.2.3　蓝色

　　蓝色给人以沉稳的感觉，且具有深远、永恒、沉静、博大、理智、诚实、寒冷的意象，同时蓝色还能够表现出和平、淡雅、洁净、可靠等。在商业设计中为强调科技、商务的企业形象，大多选用蓝色作为标准色。如图 2-14 所示为蓝色的色阶。

图 2-14　蓝色的色阶

　　蓝色是网站设计中运用最多的颜色。如图 2-15 所示为常见的蓝色搭配。

　　蓝色朴实、不张扬，可以衬托那些活跃、具有较强扩张力的色彩，为它们提供一个深远、广博、平静的空间。蓝色还是一种在淡化后仍然能保持较强个性的颜色。在蓝色中分别加入少量的红、黄、黑、橙、白等色，均不会对蓝色的表达效果构成较明显的影响。

　　蓝色是冷色系典型的代表，而黄、红色是暖色系最典型的代表，冷、暖色系对比度大，较为明快，很容易感染浏览者的情绪，有很强的视觉冲击力。

　　深蓝色是较常用的色调，能给人稳重、冷静、严谨、成熟的心理感受。它主要用于营造安稳、可靠、略带神秘色彩的氛围，一般用于企业宣传类网站的设计中。如图 2-16 所示为深蓝色的网页。

学用一册通：网页设计与网站建设

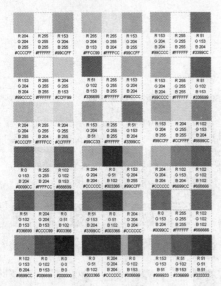

图 2-15　常见的蓝色搭配

图 2-16　深蓝色的网页

2.2.4　红色

　　红色的色感温暖，性格刚烈而外向，是一种对人有很强刺激性的颜色。红色容易引人注意，也容易使人兴奋、激动、紧张、冲动，还容易造成人视觉疲劳。红色在各种媒体中都有广泛的运用，除了具有较佳的明视效果外，更被用来传达有活力、积极、热诚、温暖、前进等含义的企业形象与精神。另外红色也常被用做警告、危险、禁止、防火等的标识色。如图 2-17 所示为红色的色阶。

　　在网页颜色应用中，纯粹使用红色为主色调的网站相对较少，多用做辅助色、点睛色，以达到陪衬、醒目的效果。常见的红色搭配如图 2-18 所示。

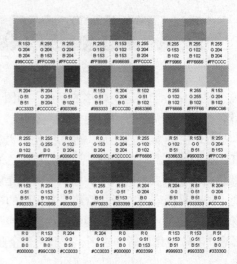

图 2-17　红色的色阶

图 2-18　常见的红色搭配

如图 2-19 所示的网页，在红色中加入少量的黄色，会使其热力强盛，极富动感和喜乐气氛。在商业设计中，红色与黑色的搭配被誉为商业成功色，在网页设计中也比较常见。红黑搭配色常用于前卫时尚、娱乐休闲等要求个性的网页中，如图 2-20 所示，红色通过与灰色、黑色等无彩色搭配使用，可以得到现代且激进的感觉。

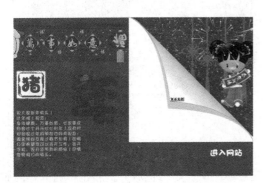

图 2-19　红色中加入少量黄色的页面　　　　图 2-20　红色中加入少量黑色的页面

2.2.5　紫色

紫色具有创造、谜、忠诚、神秘、稀有等内涵。象征女性化，代表着高贵和奢华、优雅与魅力，也象征神秘与庄重、神圣和浪漫。如图 2-21 所示为紫色的色阶。

图 2-21　紫色的色阶

紫色通常用于以女性为对象或以艺术品介绍为主的站点，但很多大公司的站点中也喜欢使用包含神秘和尊贵高尚色彩的紫色。如图 2-22 所示为常见的紫色搭配。

紫色加入少量的白色，就会成为一种十分优美、柔和的色彩。随着白色的不断加入，也就不断地产生许多层次的淡紫色，可使紫色沉闷的性格消失，变得优雅、娇气，并充满女性魅力。

紫色与粉红色都是非常女性化的颜色，给人的感觉通常都是浪漫、柔和、华丽、高贵优雅。不同色调的紫色可以营造非常浓郁的女性化气息，而且在灰色的衬托下，紫色可以显示出更大的魅力。高彩度的紫红色可以表现出超凡的华丽，而低彩度的粉红色可以表现出高雅的气质。如图 2-23 所示，该页面具有非常强烈的现代感，紫色的色彩配合时尚的卡通，符合该页面主题表达的环境，让人容易记住它。

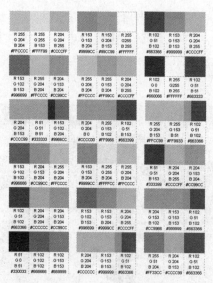 

图 2-22　常见的紫色搭配　　　　　图 2-23　紫色搭配的网页

2.2.6　灰色

灰色居于黑与白之间，属于中等明度。灰色是色彩中最被动的色彩，受彩色影响极大，靠邻近的色彩获得生命。灰色若靠近鲜艳的暖色，就会显出冷静的品格；若靠近冷色，则变为温和的暖灰色。灰色是视觉中最安静的色彩，有很强的调和对比作用。

在商业设计中，灰色具有柔和、高雅的意象，属中性色彩，男女皆能接受，所以灰色也是永远流行的主要颜色。在许多高科技产品中，尤其是和金属材料有关的，几乎都采用灰色来传达高级、科技的形象。使用灰色时，大多利用不同的层次变化组合或搭配其他色彩，才不会产生过于平淡、沉闷、呆板、僵硬的感觉。如图 2-24 所示为灰色的网页。

图 2-24　灰色的网页

2.2.7　黑色

　　黑色是一种流行的主要颜色，适合和许多色彩进行搭配。黑色具有高贵、稳重、庄严、坚毅、科技的意象，许多科技网站的用色（如电视、摄影机、音响的色彩）都采用黑色，另外黑色也常用在音乐网站中。如图 2-25 所示为黑色与红色搭配的网页。

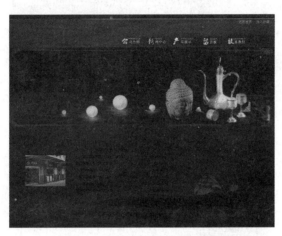

图 2-25　黑色与红色搭配的网页

2.3　页面色彩搭配

　　网页的色彩是树立网站形象的关键之一，因此在设计网页时，必须要高度重视色彩的搭配。为了能更好地应用色彩来设计网页，下面讲述网页色彩搭配方面的知识。

2.3.1　网页色彩搭配原理

　　色彩搭配既是一项技术性工作，同时也是一项艺术性很强的工作。因此在设计网页时除了考虑网站本身的特点外，还要遵循一定的艺术规律，从而设计出色彩鲜明、性格独特的网站。

　　一个页面使用的色彩尽量不要超过 4 种，用太多的色彩会让人觉得没有方向，没有侧重点。当主题色彩确定好以后，在考虑其他配色时，一定要考虑其他配色与主题色的关系，要体现什么样的效果。另外还要考虑哪种因素占主要地位，是色相、亮度，还是纯度。

　　网页色彩搭配的技巧有以下几点。

- 色彩的鲜明性：网页的色彩要鲜明，这样容易引人注目。一个网站的用色必须要有自己独特的风格，这样才能个性鲜明，给浏览者留下深刻的印象，如图 2-26 所示。

- 色彩的独特性：网页要有与众不同的色彩，网页的用色必须要有自己独特的风格，这样才能给浏览者留下深刻的印象，如图 2-27 所示。

- 色彩的艺术性：网站设计也是一种艺术活动，因此必须遵循艺术规律，在考虑到网站本身特点的同时，按照内容决定形式的原则，大胆进行艺术创新，设计出既符合网站要求、又有一定艺术特色的网站。不同色彩会产生不同的联想，选择色彩要和网页的内涵相关联，如图 2-28 所示。

图 2-26　色彩的鲜明性

图 2-27　色彩的独特性

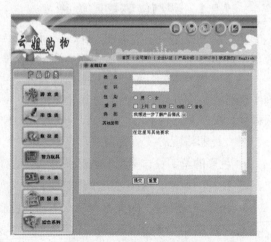

图 2-28　色彩的艺术性

- 色彩搭配的合理性：网页设计虽然属于平面设计的范畴，但又与其他平面设计不同，它在遵循艺术规律的同时，还考虑人的生理特点。色彩搭配一定要合理，以给人一种和谐、愉快的感觉，避免采用纯度很高的单一色彩，这样容易造成视觉疲劳。
- 色彩的合适性：网页的色彩和表达的内容气氛要相适应，如可用粉色体现女性站点的柔性。
- 色彩的联想性：不同的色彩会让人产生不同的联想，例如，看到蓝色想到天空，看到黑色想到黑夜，看到红色想到喜事等，选择色彩要和网页的内涵相关联。

2.3.2 网页配色方法

一个网站的整体色彩效果取决于主色调，以及前景色与背景色的关系。网站是倾向于冷色还是暖色，或者是倾向于明朗鲜艳还是素雅质朴，这些色彩倾向所形成的不同色调给人们的印象即是网站色彩的总体效果。网站色彩的整体效果取决于网站的主题需要及访问者对色彩的喜好，并以此为依据来决定色彩的选择与搭配。例如药品网站的色彩大都为白色、蓝色和绿色等冷色，这是根据人们的心理特点决定的。这样的总体色彩效果才能给人一种安全、宁静和可靠的印象，使网站宣传的药品易于被人们接受。如果不考虑网站内容与消费者对色彩的心理反应，仅凭主观想象设计色彩，其结果必定适得其反。

1．网站的主色调

网站的色调一般由多种色彩组成，为了获得统一的整体色彩效果，要根据网站主题和视觉传达要求，选择一种处于支配地位的色彩作为主色，并以此构成画面的整体色彩倾向。其他色彩围绕主色变化，形成以主色为代表的统一的色彩风格。

2．同种色彩搭配

同种色彩搭配是指首先选定一种色彩，然后调整透明度或饱和度，将色彩变淡或加深，产生新的色彩。这样的页面看起来色彩统一，有层次感，如图 2-29 所示。

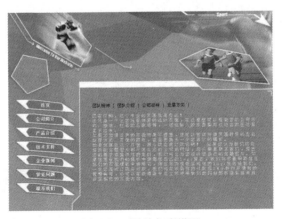

图 2-29　同种色彩搭配

3．前景色与背景色的关系

网页画面中既然有反映主题形象的主体色，就必须有衬托前景色的背景色。主体与背景所形成的关系是平面广告设计中主要的对比关系，可用多种柔和、相近的色彩或中间色突出前景

23

色，也可用统一的暗色突出较明亮的前景色。背景色明度的高低视前景色的明度而定，一般情况下，前景色彩都比背景色彩更为强烈、明亮且鲜艳。这样既能突出主题形象，又能拉开主体与背景的色彩距离，产生醒目的视觉效果。因此在处理主体与背景色彩关系时，一定要考虑二者之间的适度对比，以达到主题形象突出、色彩效果强烈的目的。

4．色彩均衡

网页的色彩均衡相当重要，因为一个网页中不可能仅使用一种颜色。色彩均衡包括色彩的位置、每种颜色所占的比例及面积等。如鲜艳明亮的色彩，面积小一点可以让人感觉舒适，不刺眼，这就是一种均衡的色彩搭配。

5．对比色搭配

一般来说，色彩的三原色（红、黄、蓝）最能体现色彩间的差异。色彩的对比强，看起来就有诱惑力，能够起到集中视线的作用。对比色可以突出重点，产生强烈的视觉效果。通过合理使用对比色，能够使网站特色鲜明、重点突出。在设计时一般以一种颜色为主色调，对比色作为点缀，可以起到画龙点睛的作用。

第 2 篇

设计令人流连忘返的静态网页

第3章 快速掌握 Dreamweaver CS6 设计基本网页

学前必读

    Dreamweaver CS6 提供了更加完善的网页编辑功能,并在管理站点方面有了很大的改善。它提供了非常完善的站点管理机制, 创建完 Dreamweaver 站点以后, 就可以轻松地创建和管理站点中的文件或文件夹。文本是网页中最重要的元素,是网页的主体, 负责传达信息。虽然利用多媒体的影音效果也可以达到同样的目的, 但是网页文字的优势很难被取代。Dreamweaver 提供了强大的文本处理和网页设计功能, 可以很容易地运用文本设计网页。

学习流程

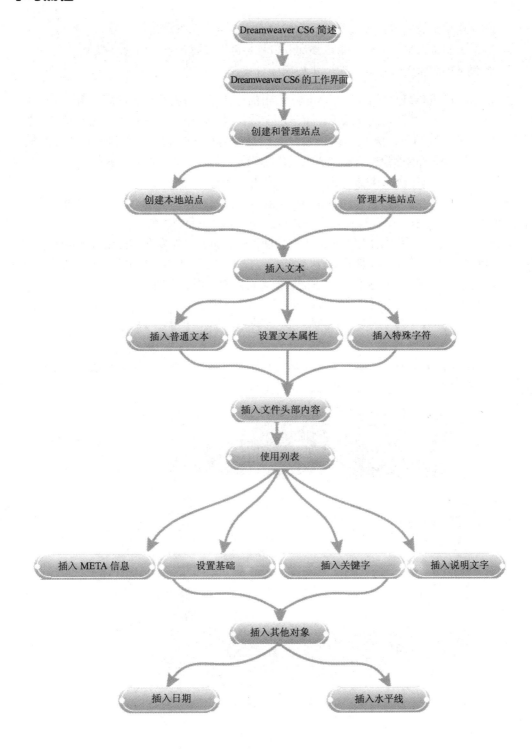

3.1 Dreamweaver CS6 简述

随着计算机的广泛普及，计算机网络也得到了飞速的发展，当你在互联网上自由遨游时，是否也会被那些风格各异、五彩缤纷的网页所吸引？是否也想制作出自己的网页，实现网上安家的梦想呢？

Dreamweaver 是世界顶级软件厂商 Adobe 推出的一套拥有可视化编辑界面，用于制作并编辑网站和移动应用程序的网页设计软件。由于它支持代码、拆分、设计、实时视图等多种方式来创作、编写和修改网页，无论是刚接触网页设计的初学者还是专业的 Web 开发人员，Dreamweaver 都在前卫的设计理念和强大的软件功能方面给予了充分而且可靠的支持，因此占领了大部分的网页设计市场，深受初学者和专业人士的欢迎。

为迎合现代网站的开发要求，Dreamweaver 在动态网站建设的功能上做了很大的改进。在界面功能的设计方面，Dreamweaver 对使用方便性也做了相当大的调整。

Dreamweaver CS6 新版本使用了自适应网格版面创建页面，在发布前使用多屏幕预览审阅设计，可大大提高工作效率。改善的 FTP 性能，可以更高效地传输大型文件。"实时视图"和"多屏幕预览"面板可呈现 html5 代码，更能够检查自己的工作。

3.2 Dreamweaver CS6 的工作界面

Dreamweaver CS6 是 Dreamweaver CS5 的升级版本，较前一版本在界面和功能上都有较大幅度的改进。下面就来认识它的工作界面，如图 3-1 所示。

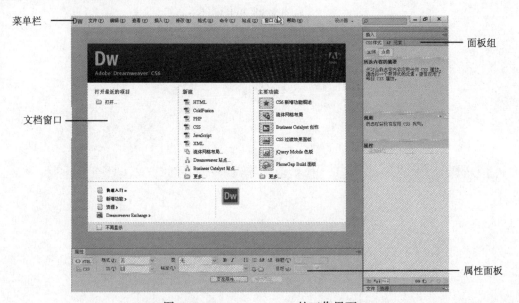

图 3-1　Dreamweaver CS6 的工作界面

3.2.1　菜单栏

标题栏下方显示的是菜单栏，它包括文件、编辑、查看、插入、修改、格式、命令、站点、窗口和帮助 10 个菜单项，如图 3-2 所示。

文件(F)　编辑(E)　查看(V)　插入(I)　修改(M)　格式(O)　命令(C)　站点(S)　窗口(W)　帮助(H)

图 3-2　菜单项

- 文件：用来管理文件，包括创建和保存、导入与导出、预览和打印文件等。
- 编辑：用来编辑文本，包括撤销与恢复、复制与粘贴、查找与替换、首选参数设置和快捷键设置等。
- 查看：用来查看对象，包括代码的查看、网格线与标尺的显示、面板的隐藏及工具栏的显示等。
- 插入：用来插入网页元素，包括插入图像、多媒体、AP Div、框架、表格、表单、电子邮件链接、日期、特殊字符及标签等。
- 修改：用来实现对页面元素修改的功能，包括页面元素、面板、快速标签编辑器、链接、表格、框架、导航条、对象的对齐方式、层与表格的转换、模板、库及时间轴等。
- 格式：用来对文本进行操作，包括字体、字形、字号、字体颜色、HTML/CSS 样式、段落格式化、扩展、缩进、列表、文本的对齐方式和检查拼写等。
- 命令：收集了所有的附加命令项，包括应用记录、编辑命令清单、获得更多命令、插件管理器、应用源代码格式、清除 HTML/Word HTML、设置配色方案、格式化表格、表格排序等。
- 站点：用来创建与管理站点，包括站点显示方式、新建、打开与自定义站点、上传与下载、登记与验证、查看链接和查找本地/远程站点等。
- 窗口：用来打开与切换所有的面板和窗口，包括插入栏、"属性"面板、站点窗口、CSS 面板等。
- 帮助：内含 Dreamweaver 联机帮助、注册服务、技术支持中心和 Dreamweaver 的版本说明。

3.2.2　插入栏

插入栏包含用于创建和插入对象的按钮。当鼠标指针移到一个按钮上时，会出现一个工具提示栏，其中含有该按钮的名称。单击该按钮即可插入相应的元素，如图 3-3 所示。

3.2.3　浮动面板

Dreamweaver 中的面板被组织到面板组中，每个面板组都可以展开或折叠，并且可以和其他面板组停靠在一起或取消停靠。面板组还可以停靠到集成的应用程序窗口中，这使得用户能够很容易地访问所需的面板，如图 3-4 所示。

学用一册通：网页设计与网站建设

图 3-3　插入栏　　　　　　　　　图 3-4　浮动面板

 3.2.4　"属性"面板

"属性"面板显示了文档窗口中所选中元素的属性，并允许用户在"属性"面板中对元素属性直接进行修改。选中的元素不同，"属性"面板中的内容也不同，如图 3-5 所示为表格元素的属性面板。

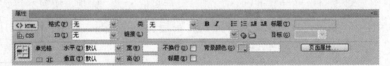

图 3-5　"属性"面板

 3.2.5　文档窗口

文档窗口如图 3-6 所示，显示当前创建和编辑的网页文档。可以在设计视图、代码视图、拆分视图和实时视图中分别查看文档。

- 设计视图：一个用于可视化页面布局、可视化编辑和快速应用程序开发的设计环境。
- 代码视图：一个用于编写和编辑 HTML、JavaScript、服务器语言代码的手工编码环境。
- 拆分视图：可以在一个窗口中同时看到同一文档的代码视图和设计视图。
- 实时视图：与设计视图类似，实时视图更逼真地显示文档在浏览器中的表示形式。

图 3-6　文档窗口

3.3　创建和管理站点

借助经过改进的"Dreamweaver 站点定义"对话框轻松设置站点。添加使用自定义名称的多台服务器，以利用分阶段、联网网站或其他站点类型。

3.3.1　上机练习——创建本地站点

站点是存放和管理网站所有文件的地方，每个网站都有自己的站点。在使用 Dreamweaver 创建网站前，必须创建一个本地站点，以便更好地创建网页和管理网页文件。创建本地站点的具体操作步骤如下。

（1）启动 Dreamweaver，执行"站点"|"新建站点"命令，如图 3-7 所示。

（2）弹出"站点设置对象创建本地站点"对话框，在对话框中选择"站点"选项，在"站点名称"文本框中输入名称，可以根据网站的需要任意起一个名字，如图 3-8 所示。单击"本地站点文件夹"文本框右侧的浏览文件夹按钮。

图 3-7　选择"新建站点"

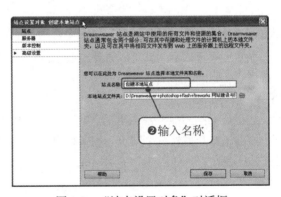

图 3-8　"站点设置对象"对话框

（3）弹出"选择根文件夹"对话框，选择站点文件，如图 3-9 所示。

（4）单击"选择"按钮，选择站点文件后如图 3-10 所示。

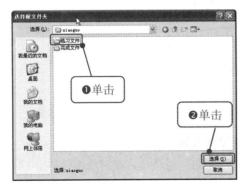

图 3-9　"选择根文件夹"对话框

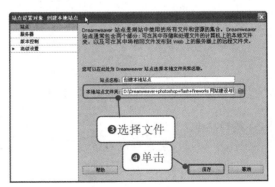

图 3-10　选择站点

（5）单击"保存"按钮，更新站点缓存，如图 3-11 所示。

（6）更新完以后在"文件"面板中可以看到创建的站点文件，如图 3-12 所示。

图 3-11　更新站点缓存　　　　　　　　　　　图 3-12　新建站点

 3.3.2　上机练习——管理本地站点

站点创建完成后，就可以创建 Web 页来填充管理站点了。利用站点窗口，可以对本地站点进行创建、删除、移动和复制等操作。

1．打开站点

当运行 Dreamweaver CS6 后，系统会自动打开上次退出 Dreamweaver CS6 时正在编辑的站点。如果想打开另外一个站点，在文档窗口右边的"文件"面板左边的下拉列表中将会显示已定义的所有站点，如图 3-13 所示。在列表中选择需要打开的站点，即可打开已定义的站点。

图 3-13　打开站点

2．编辑站点

在创建完站点以后，可以对站点进行编辑，具体操作步骤如下。

（1）执行"站点"|"管理站点"命令，弹出"管理站点"对话框，在对话框中单击"编辑当前选定的站点"按钮，如图 3-14 所示。

（2）弹出"站点设置对象"对话框，在"高级设置"选项组中可以编辑站点的相关信息，编辑完毕后，单击"保存"按钮，如图 3-15 所示。

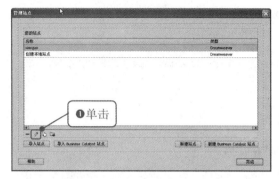

图 3-14　"管理站点"对话框

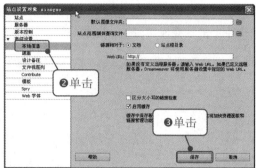

图 3-15　"站点设置对象"对话框

（3）返回到"管理站点"对话框，单击"完成"按钮，即可完成站点的编辑。

3．删除站点

如果不再需要站点，可以将其从站点列表中删除，删除站点的具体操作步骤如下。

（1）执行"站点"|"管理站点"命令，弹出"管理站点"对话框，在对话框中单击"删除当前选定的站点"按钮，如图 3-16 所示。

（2）系统弹出提示对话框，询问用户是否要删除本地站点，如图 3-17 所示。单击"是"按钮，即可将本地站点删除。

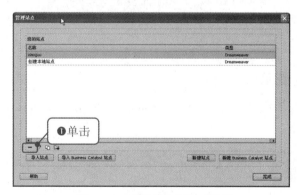

图 3-16　"管理站点"对话框

图 3-17　系统提示框

★ 指点迷津 ★

　　该操作实际上只是删除了 Dreamweaver 同该站点之间的关系，但是实际上本地站点内容，包括文件夹和文档等，仍然都保存在磁盘相应的位置，可以重新创建指向其位置的新站点，重新对其进行管理。

4．复制站点

有时希望创建多个结构相同或类似的站点，可以利用站点的复制功能，复制站点的具体操作步骤如下。

（1）执行"站点"|"管理站点"命令，弹出"管理站点"对话框，在对话框中单击"复制当前选定的站点"按钮，如图 3-18 所示。

（2）新复制出的站点名称会出现在"管理站点"对话框的站点列表中，在"管理站点"对话框中单击"完成"按钮，完成对站点的复制，如图 3-19 所示。

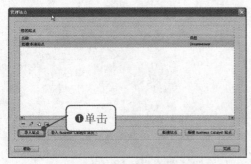

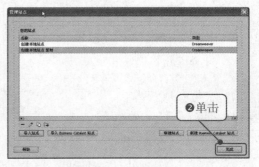

图 3-18　"管理站点"对话框　　　　　　　　图 3-19　复制站点

3.4　插入文本

文本处理是整个网页设计中最简单的一部分，学习网页设计也应该从基本的文本处理开始。只有将文本内容处理好，才能使网页更加美观易读，使访问者在浏览时赏心悦目，激发浏览的兴趣。在文档窗口中首先将光标定位在要添加文本的位置，然后输入文本即可，也可以将其他应用程序中的文本复制到相应的位置。

 3.4.1　上机练习——插入普通文本

下面通过实例讲述如何在网页中输入文字，插入文本前的效果如图 3-20 所示，输入文本后的效果如图 3-21 所示，具体操作步骤如下。

图 3-20　插入文本前的效果　　　　　　　　图 3-21　插入文本后的效果

练习文件　实例素材/练习文件/CH03/3.4/index.html

完成文件　实例素材/完成文件/CH03/3.4/index.html

（1）打开光盘中的素材文件 index.html，如图 3-22 所示。

（2）将光标置于要插入文本的位置，输入文本，如图 3-23 所示。

图 3-22　打开文件

图 3-23　输入文本

（3）保存文档，按 F12 键在浏览器中预览，效果如图 3-21 所示。

3.4.2　上机练习——设置文本属性

网页中的文本有许多不同的表现形式，这是通过编辑文本实现的。在 Dreamweaver CS6 中的文本"属性"面板中，可以设置文本的各项属性，如字符格式、字体、文本大小、文本颜色和段落格式等。

1．设置字体

在"字体"下拉列表中可以设置所选的文本字体，默认字体是"宋体"。

（1）选中要设置属性的文字，在"属性"面板中的"字体"下拉列表中选择"编辑字体列表"选项，弹出"编辑字体列表"对话框，如图 3-24 所示。

（2）在对话框中的"可用字体"列表框中选择"宋体"，单击 按钮，添加到"选择的字体"列表框中，如图 3-25 所示。

图 3-24　"编辑字体列表"对话框

图 3-25　添加字体

2．设置字体大小

选择一种合适的字号是决定网页美观、布局合理的关键。在设置网页时，应对文本设置相应的字号，具体操作步骤如下。

（1）选中要设置字号的文本，在"属性"面板中的"大小"下拉列表中选择字号的大小，或者直接在文本框中输入相应大小的字号，如图 3-26 所示。

（2）弹出"新建 CSS 规则"对话框，在对话框中的"选择器类型"中选择"类"，在"选择器名称"中输入名称，在"规则定义"中选择"仅限该文档"，如图 3-27 所示。单击"确定"按钮，完成字号的设置。

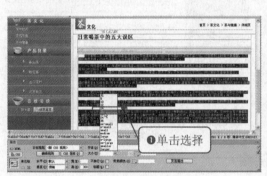

图 3-26　选择字体大小

图 3-27　"新建 CSS 规则"对话框

代码揭秘：字体标签 font

<font>标签用来控制字体、字号和颜色等属性，它是 HTML 中最基本的标记之一。

```
<font face="字体的名称" size="文字大小" color="字体的颜色">……</font>
```

face 属性用来定义字体，任何安装在操作系统中的文字都可以显示在浏览器中，可以给 face 属性一次定义多个字体，字体直接使用"，"分割开，浏览器在读取字体时，如果第一种字体不存在，则使用第二种字体代替，依此类推。如果设置的几种字体在浏览器中都不存在，则会以默认字体显示。

size 属性可以设置文字大小，文字的大小有绝对和相对两种方式。绝对数：从 1 到 7 的整数，代表字体大小的绝对字号；相对数：从-4 到+4 的整数（不包含 0）。

color 用于设置文本的颜色。可以是一个已命名的颜色，也可以是一个十六进制的颜色值。如 color="#3333CC"或 color="#red"。

3.4.3　上机练习——插入特殊字符

特殊字符包括换行符、不换行空格、版权信息、注册商标等，这些都是网页中经常用到的特殊符号。当在网页中插入特殊符号时，在代码视图中显示的是特殊字符的源代码，在设计视图中显示的则是一个标志。

下面通过实例讲述如何在网页中插入特殊字符，原始效果如图 3-28 所示，最终效果如图 3-29 所示，具体操作步骤如下。

图 3-28　插入特殊字符前的效果

图 3-29　插入特殊字符后的效果

练习文件　实例素材/练习文件/CH03/3.4.3/index.html

完成文件　实例素材/完成文件/CH03/3.4.3/index.html

（1）打开光盘中的素材文件 index.html，如图 3-30 所示。

（2）将光标置于要插入特殊符号的位置，执行"插入"|"HTML"|"特殊字符"|"版权"命令，如图 3-31 所示。

图 3-30　打开文件

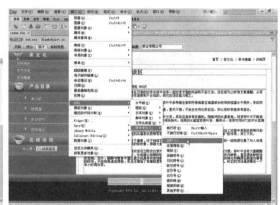

图 3-31　选择"版权"选项

（3）执行命令后，弹出系统提示框，单击"确定"按钮，如图 3-32 所示。

（4）插入版权字符，如图 3-33 所示。保存文档，按 F12 键在浏览器中预览，效果如图 3-29 所示。

学用一册通：网页设计与网站建设

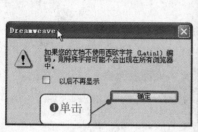

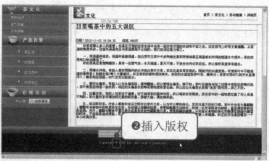

图 3-32　提示框　　　　　　　　　　　图 3-33　插入版权

3.5　使用列表

为了更有效地排列网页上的文字，常用设置列表的方式来呈现多行文字。列表分为项目列表和编号列表两种，项目列表可以排列一组没有顺序的文本，而编号列表可以数字编号排列一组有顺序的文本。

3.5.1　上机练习——插入项目列表

项目列表中各个项目之间没有顺序级别之分，通常使用一个项目符号作为每条列表项的前缀。插入项目列表前效果如图 3-34 所示，插入项目列表后效果如图 3-35 所示。插入项目列表的具体操作步骤如下。

图 3-34　原始效果

图 3-35　插入项目列表后效果

 练习文件　实例素材/练习文件/CH03/3.5.1/index.html

完成文件　实例素材/完成文件/CH03/3.5.1/index.html

（1）打开光盘中的素材文件 index.html，将光标置于相应的位置，执行"格式"|"列表"|"项目列表"命令，如图 3-36 所示。

（2）执行命令后，即可插入项目列表，如图 3-37 所示。用同样的方法可以插入其余的项目列表，保存文档，按 F12 键在浏览器中预览，效果如图 3-35 所示。

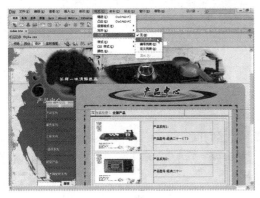

图 3-36　打开文件

图 3-37　插入项目列表

 3.5.2　插入编号列表

编号列表通常使用阿拉伯数字、英文字母、罗马数字等符号来编排项目，各个项目之间通常有一种先后关系。

打开网页文档，执行"格式"|"列表"　|　"编号列表"命令，插入编号列表，如图 3-38 所示。

图 3-38　插入编号列表

代码揭秘：无序列表标签 ul 和有序列表标签 ol

列表元素是网页设计中使用频率非常高的元素，在传统网站设计上，无论是新闻列表，还是产品或其他内容，均需要以列表的形式来体现。通过列表标记的使用能使这些内容在网页中条理清晰、层次分明、格式美观地表现出来。

1．无序列表

无序列表（Unordered List）是一个没有特定顺序的相关条目的集合，在无序列表中，各个列表项之间属并列关系，没有先后顺序之分。ul 用于设置无序列表，各个列表项间没有顺序级别之分。<ul>和</ul>表示无序列表的开始和结束，<li>则表示一个列表项的开始。

```
<ul>
<li>天祥系列</li>
<li>尊贵系列</li>
<li>汇祥系列</li>
</ul>
```

2．有序列表

有序列表使用编号而不是项目符号来编排项目。列表中的项目采用数字或英文字母开头，通常各项目间有先后的顺序性。在有序列表中，主要使用<ol>和<li>两个标记，以及 type 和 start 属性。

在有序列表的默认情况下，使用数字序号作为列表的开始，可以通过 type 属性将有序列表的类型设置为英文或罗马字母。在默认的情况下，有序列表从数字 1 开始记数，这个起始值可以通过 start 属性调整。

```
<ol type="序号类型" start="起始数值" >
<li>列表项</li>
<li>列表项</li>
<li>列表项</li>
</ol>
```

3.6　在网页中插入文件头部内容

文件头标签也就是通常所说的 META 标签，它在网页中是看不到的，包含在网页中<head>与</head>标签之间。所有包含在该标签之间的内容在网页中都是不可见的。

文件头标签主要包括标题、META、关键字、说明、刷新、基础和链接，下面介绍常用的文件头标签的使用。

3.6.1　插入 META 信息

META 对象常用于插入一些为 Web 服务器提供选项的标记符，方法是通过 http-equiv 属性和其他各种在 Web 页面中包括的、不会使浏览者看到的数据。设置 META 的具体操作步骤如下。

（1）执行"插入"|"HTML"|"文件头标签"|"META"命令，弹出"META"对话框，如图 3-39 所示。

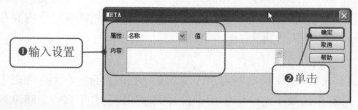

图 3-39　"META"对话框

在"META"对话框中主要有以下设置：

- 在"属性"下拉列表中可以选择"名称"或"http-equiv"选项，指定 META 标签是否包含有关页面的描述信息或 HTTP 标题信息。
- 在"值"文本框中指定在该标签中提供的信息类型。
- 在"内容"文本框中输入实际的信息。

（2）设置完毕后，单击"确定"按钮即可。

★ 指点迷津 ★

单击"常用"插入栏中的 按钮，在弹出的下拉列表中选择"META"选项，也可以弹出"META"对话框，插入 META 信息。

3.6.2　设置基础

"基础"定义了文档的基本 URL 地址，在文档中，所有相对地址形式的 URL 都是相对于这个 URL 地址而言的。设置基础元素的具体操作步骤如下。

（1）执行"插入"|"HTML"|"文件头标签"|"基础"命令，弹出"基础"对话框，如图 3-40 所示。

图 3-40　"基础"对话框

在"基础"对话框中可以设置以下参数。

- HREF：基础 URL。单击文本框右侧的"浏览"按钮，在弹出的对话框中选择一个文件，或在文本框中直接输入路径。
- 目标：在其下拉列表中选择打开链接文档的框架集。这里共包括以下 4 个选项。
  - ➢ blank：将链接的文档载入一个新的、未命名的浏览器窗口。
  - ➢ parent：将链接的文档载入包含该链接的框架的父框架集或窗口。如果包含链接的框架没有嵌套，则相当于_top，链接的文档将被载入整个浏览器窗口。
  - ➢ self：将链接的文档载入链接所在的同一框架或窗口。此目标是默认的，所以通常不需要指定它。
  - ➢ top：将链接的文档载入整个浏览器窗口，从而删除所有框架。

（2）在对话框中进行相应的设置，单击"确定"按钮即可。

★ 指点迷津 ★

单击"常用"插入栏中的 按钮，在弹出的下拉列表中选择"基础"选项，也可以弹出"基础"对话框。

3.6.3　插入关键字

关键字也就是与网页的主题内容相关的简短而有代表性的词汇，这是给网络中的搜索引擎准备的。关键字一般要尽可能地概括网页内容，这样浏览者只要输入很少的关键字，就能最大程度地搜索网页。插入关键字的具体操作步骤如下。

（1）执行"插入"|"HTML"|"文件头标签"|"关键字"命令，弹出"关键字"对话框，如图3-41所示。

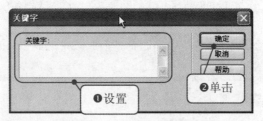

图3-41　"关键字"对话框

（2）在"关键字"文本框中输入一些值，单击"确定"按钮即可。

 3.6.4　插入说明

插入说明的具体操作步骤如下。

（1）执行"插入"|"HTML"|"文件头标签"|"说明"命令，弹出"说明"对话框，如图3-42所示。

图3-42　"说明"对话框

（2）在"说明"文本框中输入一些值，单击"确定"按钮即可。

3.6.5　设置刷新

设置网页的自动刷新特性，使其在浏览器中显示时，每隔一段指定的时间，就跳转到某个页面或是刷新自身。插入刷新的具体操作步骤如下。

（1）执行"插入"|"HTML"|"文件头标签"|"刷新"命令，弹出"刷新"对话框，如图3-43所示。

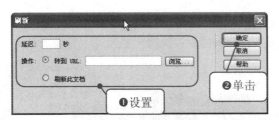

图 3-43　"刷新"对话框

在"刷新"对话框中可以进行以下设置。

● 在"延迟"文本框中输入刷新文档要等待的时间。

● 在"操作"区域中，可以选择重新下载页面的地址。选择"转到 URL"单选按钮时，单击文本框右侧的"浏览"按钮，在弹出的"选择文件"对话框中选择要重新下载的 Web 页面文件。选择"刷新此文档"单选按钮时，将重新下载当前的页面。

（2）设置完毕后，单击"确定"按钮即可。

3.7　插入其他对象

> 在网页中除了插入文本外，还可以插入时间和水平线等其他的文本元素。

 ## 3.7.1　上机练习——插入日期

当需要在网页的指定位置插入准确的日期资料时，可以执行"插入"|"日期"命令来实现。添加日期的好处是：既可以选用不同日期格式，规范而准确地表达日期，同时该命令还可以设置自动更新，让网页显示当前最新的日期和时间。原始效果如图 3-44 所示，插入日期后的效果如图 3-45 所示。

图 3-44　原始效果

图 3-45　插入日期效果

练习文件　实例素材/练习文件/CH03/3.7.1/index.html

完成文件　实例素材/完成文件/CH03/3.7.1/index.html

（1）打开光盘中的原始文件 index.html，如图 3-46 所示。

（2）将光标置于要插入日期的位置，执行"插入"|"日期"命令，如图 3-47 所示。

图 3-46　打开文件　　　　　　　　图 3-47　执行"日期"命令

（3）执行命令后，弹出"插入日期"对话框，在对话框中的"星期格式"下拉列表中选择"不要星期"，在"日期格式"列表框中选择"1974-03-07"，在"时间格式"文本框中输入"22:18"，勾选"储存时自动更新"复选框，如图 3-48 所示。

（4）单击"确定"按钮，插入日期，将"对齐"设置为右对齐，如图 3-49 所示。

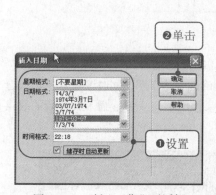

图 3-48　"插入日期"对话框　　　　图 3-49　插入日期

（5）保存文档，按 F12 键在浏览器中预览，效果如图 3-45 所示。

3.7.2　上机练习——插入水平线

水平线对于组织信息很有用，在页面上，可以使用一条或多条水平线分隔插入到页面中的对象，并且在最终的浏览器中，水平线也会被看到。

下面通过实例讲解如何在网页中插入水平线，原始效果如图 3-50 所示，插入水平线后的效果如图 3-51 所示，具体操作步骤如下。

图 3-50　插入水平线前的效果　　　　图 3-51　插入水平线后的效果

练习文件　实例素材/练习文件/CH03/3.7.2/index.html

完成文件　实例素材/完成文件/CH03/3.7.2/index.html

（1）打开光盘中的素材文件 index.html，如图 3-52 所示。

（2）将光标置于要插入水平线的位置，执行"插入"|"HTML"|"水平线"命令，如图 3-53 所示。

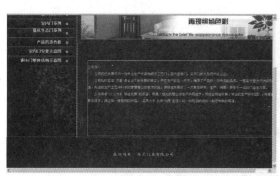

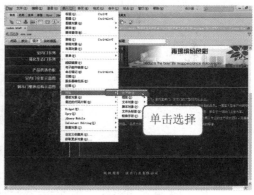

图 3-52　打开文件　　　　　　　　图 3-53　执行"水平线"命令

（3）执行命令后，即可插入水平线，如图 3-54 所示。

（4）选中插入的水平线，执行"窗口"|"属性"命令，打开"属性"面板，可以设置水平线的属性，如图 3-55 所示。

水平线"属性"面板中主要有以下参数。

- 宽：在其文本框中输入水平线的宽度值，默认单位是像素，也可以选择百分比。
- 高：在其文本框中输入水平线的高度值，它的单位只能是像素。
- 对齐：在其下拉列表中包括 4 种对齐方式，分别是"默认"、"左对齐"、"居中对齐"和"右对齐"，表示水平线在表格内的不同对齐方式，可根据需要进行选择。

● 阴影：勾选此复选框，则水平线将产生阴影效果。

图 3-54　插入水平线

图 3-55　属性面板

（5）选中插入的水平线，打开代码视图，在代码视图中输入 color="#FFCC99"，设置水平线的颜色，如图 3-56 所示。

（6）保存文档，按 F12 键在浏览器中预览，如图 3-51 所示。

图 3-56　设置水平线颜色

3.8　综合应用

本章主要讲述了基本文本网页的创建，包括创建站点、输入文本、设置文本格式、创建项目列表和编号列表、设置头信息等，下面通过两个实例巩固一下本章所学知识。

综合应用 1——创建本地站点实例

站点是存放和管理网站中所有文件的地方，每个网站都有自己的站点。要制作一个网站，第一步操作都是一样的，就是要创建一个"站点"，这样可以使整个网站的脉络结构清晰地展现在面前，避免了以后再进行纷杂的管理。创建本地站点的具体操作步骤如下。

（1）启动 Dreamweaver，执行"站点"|"新建站点"命令，弹出"站点设置对象"对话框，如图 3-57 所示。

（2）在"站点名称"文本框中输入名称，可以任意起一个名字，如图 3-58 所示。

第 3 章　快速掌握 Dreamweaver CS6 设计基本网页

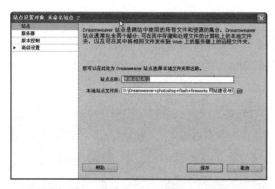

図 3-57　"站点设置对象"对话框

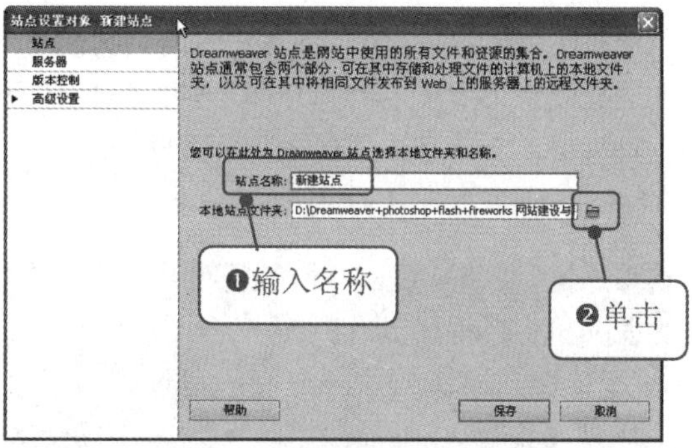

図 3-58　输入名称

（3）单击"本地站点文件夹"文本框右侧的"浏览文件夹"按钮，弹出"选择根文件夹"对话框，选择站点文件，如图 3-59 所示。

（4）单击"选择"按钮，选择站点文件，如图 3-60 所示。

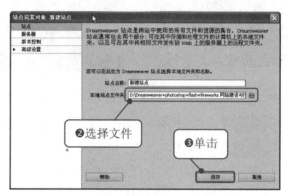

図 3-59　"选择根文件夹"对话框

図 3-60　添加文件

（5）单击"保存"按钮，更新站点缓存，如图 3-61 所示。

（6）在"文件"面板中可以看到创建的站点文件，如图 3-62 所示。

図 3-61　更新站点缓存

図 3-62　新建站点

综合应用 2——创建基本文本网页实例

　　实际中不少类型的栏目网页都会拥有较多的文本，如新闻栏目、专题栏目、故事栏目等。下面使用实例讲述基本文本网页的创建，原始效果如图 3-63 所示，添加文本后的效果如图 3-64 所示，具体操作步骤如下。

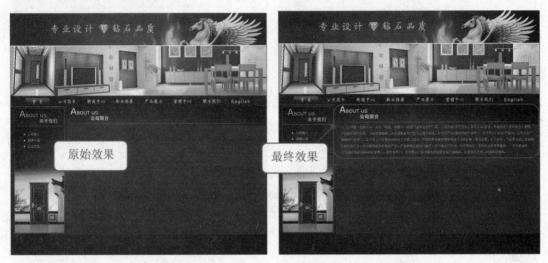

图 3-63　原始效果　　　　　　　　　　　图 3-64　添加文本后的效果

　　练习文件　实例素材/练习文件/CH03/3.8.2/index.html

　　完成文件　实例素材/完成文件/CH03/3.8.2/index.html

（1）打开光盘中的素材文件 index.html，如图 3-65 所示。

（2）将光标置于相应的位置，输入文字，如图 3-66 所示。

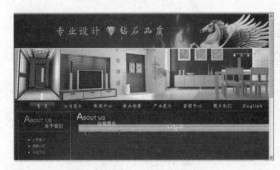

图 3-65　打开文件　　　　　　　　　　　　图 3-66　输入文字

　　（3）将光标置于文字开头，按住鼠标的左键向下拖动到文字结尾，选中所有的文字，如图 3-67 所示。

　　（4）打开"属性"面板，单击"编辑规则"按钮，弹出"新建 CSS 规则"对话框，在对话框的"选择器名称"中输入名称，如图 3-68 所示。

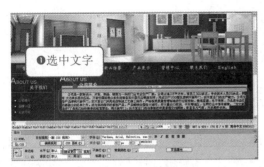

图 3-67　选中文字

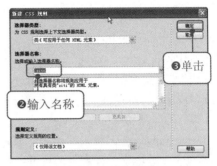

图 3-68　添加行为

（5）单击"确定"按钮，打开".ziti 的 CSS 规则"对话框，在该对话框中设置字体的样式、大小和颜色等属性，如图 3-69 所示。

（6）打开"属性"面板，单击"编辑规则"按钮，弹出"新建 CSS 规则"对话框，在对话框的"选择器名称"中输入名称，如图 3-70 所示。

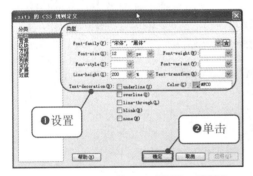

图 3-69　".ziti 的 CSS 规则"对话框

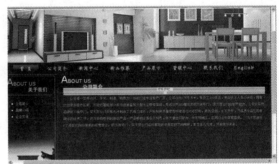

图 3-70　设置字体样式

（7）保存网页，按 F12 键在浏览器中预览，效果如图 3-65 所示。

3.9　专家秘籍

1．怎样在 Dreamweaver 中输入多个空格？

平时输入的空格是半角字符，在 Dreamweaver 中只能输入一个，要想输入多个空格，只要输入全角空格就可以了。输入全角空格的方法是：打开中文输入法，按 Shift+Space 组合键切换到全角状态。

2．为何插入的水平线无法修改颜色？

在 Dreamweaver 中插入水平线时，在水平线"属性"面板中并没有提供关于水平线颜色的设置，这是由于早期的 Netscape 浏览器并不支持水平线的颜色属性，所以在 Dreamweaver 中也没有在面板中提供其设置。可以通过在水平线"属性"面板中的快速标签编辑器中来设置水平线的颜色。

3．为什么让一行字居中，其他行也居中？

在 Dreamweaver 中进行居中、右对齐操作时，默认的区域是 P、H1-H6、Div 等格式标识符，因此，如果语句没有用上述标识符隔开，Dreamweaver 会将整段文字均做居中处理，解决方法就是将居中文本用 P 隔开。

4. 为什么在 Dreamweaver 中按 Enter 键换行时，与上一行的距离却很大？

这是因为按下 Enter 键时默认的是一个段落，而不是一般的单纯的换行所造成的。因此若要换行，则先按下 Shift 键不放，然后再按下 Enter 键，这样两行间的距离就不会差一大段了。

5. 如何隐藏浮动面板？

打开 Dreamweaver，给人的第一印象是一堆浮动面板，往往使人眼花缭乱。虽然它可以拖开，但毕竟占据着本来就很有限的屏幕，若把它关闭了，稍后用它时又要去打开。其实只要按 F4 键，所有浮动面板就都会不见，再按 F4 键它们又都会重现于屏幕上。

6. 如何清除网页中不必要的 HTML 代码？

虽然 Dreamweaver 不会为网页任意添加不必要的 HTML 代码，但有时因为网页过于复杂，或者在网页上过度频繁地移动图片，文本或者其他对象，一些沉淤的代码就会产生。不必要的代码会影响网页的下载速度和网页的兼容性，所以，在编辑完网页后，必须手动清除它们。在 Dreamweaver 中，执行"命令"|"清理 HTML/XHTML"命令，弹出"清理 HTML/XHTML"对话框。如图 3-71 所示，有 5 种选择来清除不需要的代码：空标签区块、多余的嵌套标签、不属于 Dreamweaver 的 HTML 注解、Dreamweaver 特殊标记和指定的标签。

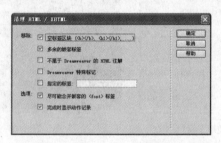

图 3-71　清理 HTML 源代码对话框

7. 为何页面顶部和左边有明显的空白？

要使页面中的上下部分不留白，需要将页面的上边距与左边距都设置为 0。在 Dreamweaver 中，执行"修改"|"页面属性"命令，弹出"页面属性"对话框，在"分类"选项组中选择"外观（CSS）"选项，在"外观（CSS）"页面属性中将页面的上边距与左边距都设置为 0，这样就不会有空白了，如图 3-72 所示。

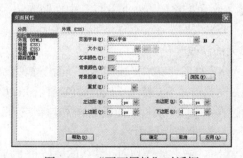

图 3-72　"页面属性"对话框

第 4 章　设计丰富多彩的图像和多媒体网页

学前必读

　　图像是网页上最常用的对象之一，制作精美的图像可以大大增强网页的视觉效果，令网页更加生动多彩。在网页中恰当地使用图像，能够极大地吸引浏览者的眼球。因此，利用好图像，也是网页设计的关键。本章主要介绍在网页中插入图像、网页图像的应用和网页链接的创建等，通过本章的学习可以创建出精美的图文混排网页。利用 Dreamweaver 还可以迅速、方便地为网页添加声音和影片，插入和编辑多媒体对象，如 Java Applet 小程序、Flash 影片、音乐文件、视频对象等。

学习流程

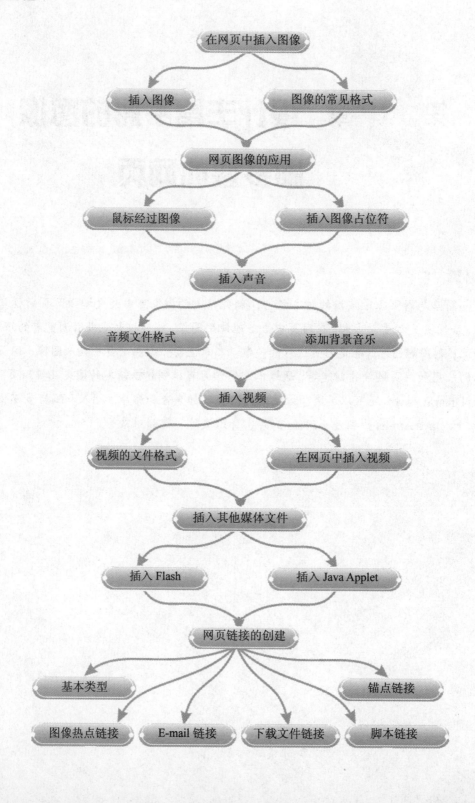

4.1　在网页中插入图像

在网页适当位置处放置一些图像，能够使网页比单纯使用文字更具有吸引力，这些图像是文本的说明及解释，不仅可以使文本清晰易读，而且可以使文档更美观。

4.1.1　网页中图像的常见格式

网页中图像的格式通常有 3 种，即 GIF、JPEG 和 PNG。目前 GIF 和 JPEG 文件格式的支持情况最好，大多数浏览器都可以查看它们。由于 PNG 文件具有较大的灵活性且文件较小，所以它对于几乎任何类型的网页图形都是最适合的。但是 Microsoft Internet Explorer 和 Netscape Navigator 只能部分支持 PNG 图像的显示。建议使用 GIF 或 JPEG 格式以满足更多人的需求。

1. GIF

GIF 是 Graphic Interchange Format 的缩写，即图像交换格式，文件最多使用 256 种颜色，最适合显示色调不连续或具有大面积单一颜色的图像，例如导航条、按钮、图标、徽标或其他具有统一色彩和色调的图像。

GIF 格式的最大优点就是制作动态图像，可以将数张静态文件作为动画帧串联起来，转换成一张动画文件。

GIF 格式的另一优点就是可以将图像以交错的方式在网页中呈现。所谓交错显示，就是当图像尚未下载完成时，浏览器会先以马赛克的形式将图像慢慢显示，让浏览者可以大略猜出下载图像的雏形。

2. JPEG

JPEG 是 Joint Photographic Experts Group 的缩写，它是一种图像压缩格式，是用于摄影或连续色调图像的高级格式，这是因为 JPEG 文件可以包含数百万种颜色。随着 JPEG 文件品质的提高，文件的大小和下载时间也会随之增加。通常可以通过压缩 JPEG 文件在图像品质和文件大小之间达到良好的平衡。

3. PNG

PNG 是英文单词 Portable Network Graphic 的缩写，即便携网络图像，是一种替代 GIF 格式的无专利权限制的格式，它包括对索引色、灰度、真彩色图像，以及 Alpha 通道透明的支持。PNG 是 Fireworks 固有的文件格式。PNG 文件可保留所有原始层、矢量、颜色和效果信息，并且在任何时候所有元素都可以完全编辑。

4.1.2　上机练习——插入图像

美观的网页是图文并茂的，一幅幅图像和一个个漂亮的按钮、标记不但使网页更加美观、形象和生动，而且使网页中的内容更加丰富多彩。可见，图像在网页中的作用是非常重要的。

在 Dreamweaver 中插入图像前的效果如图 4-1 所示，插入图像后的效果如图 4-2 所示，具体操作步骤如下。

图 4-1　原始效果　　　　　　　　　图 4-2　插入图像效果

练习文件　实例素材/练习文件/CH04/4.1.2/index.html

完成文件　实例素材/完成文件/CH04/4.1.2/index1.html

（1）打开光盘中的素材文件 index.html，将光标置于要插入图像的位置，如图 4-3 所示。

（2）执行"插入"|"图像"命令，弹出"选择图像源文件"对话框，在对话框中选择图像文件，如图 4-4 所示。

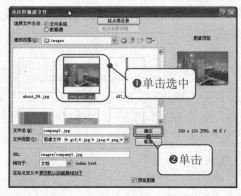

图 4-3　打开文件　　　　　　　　　图 4-4　"选择图像源文件"对话框

★ 提示 ★

单击插入栏中的 按钮，也可以弹出"选择图像源文件"对话框。

（3）单击"确定"按钮，即可插入图像，如图 4-5 所示。

（4）保存文档，在浏览器中预览，效果如图 4-2 所示。

图 4-5　插入图像

代码揭秘：图片标签 img

在网页上使用图片，从视觉效果而言，能使网页充满生机，并且能直观巧妙地表达出网页的主题，这是仅靠文字很难达到的效果。在网页文档中，显示图片所用的标签是 img，其常用属性如表 4-1 所示，其中 scr 属性用来指定图像源，即图像的 URL 路径。该路径可以是相对路径，也可以是绝对路径。

```
<img src="images/company1.jpg" width=200 height=133 hspace=5
vspace=5 align="left">
```

这里插入的图片名称是 company1.jpg，宽度为 200，高为 133，水平间距为 5，垂直间距为 5，对齐方式为左对齐。

表 4-1　<ing>的属性及其功能说明

<ing>的属性	功能说明
scr	指定图片源，即图片的 URL 路径
width	指定图片的显示宽度
height	指定图片的显示高度
hspace	指定图片的水平间距
vspace	指定图片的垂直间距
Align	指定图片的对齐方式
Border	指定图片的边框大小
alt	指定图片的说明文字

4.2　网页图像的应用

在网页中恰当地使用图像，能够极大地吸引浏览者的眼球。在网页中不仅可以插入普通图像，还可以插入鼠标经过图像等。

4.2.1　上机练习——鼠标经过图像

鼠标经过图像就是当鼠标经过图像时，原图像会变成另外一张图像。鼠标经过图像其实是由两张图像组成的：原始图像（页面显示时的图像）和鼠标经过图像（当鼠标经过时显示的图像）。组成鼠标经过图像的两张图像必须有相同的大小；如果两张图像的大小不同，Dreamweaver CS6 会自动将第二张图像调整成与第一张图像同样大小。

下面讲解如何插入鼠标经过图像，在网页中插入鼠标经过图像前的效果如图 4-6 所示，鼠标经过图像时的效果如图 4-7 所示，具体操作步骤如下。

图 4-6　原始效果

图 4-7　鼠标经过时的效果

练习文件　实例素材/练习文件/CH04/4.2.1/index.html

完成文件　实例素材/完成文件/CH04/4.2.1/index1.html

（1）打开光盘中的素材文件 index.html，如图 4-8 所示。

（2）执行"插入"|"图像对象"|"鼠标经过图像"命令，弹出"插入鼠标经过图像"对话框，如图 4-9 所示。

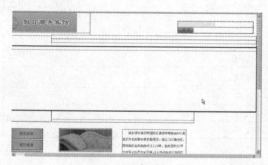
图 4-8　打开文件

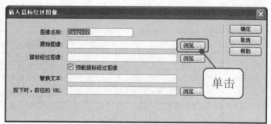
图 4-9　"插入鼠标经过图像"对话框

（3）在对话框中单击"原始图像"文本框右侧的"浏览"按钮，弹出"原始图像"对话框，单击"确定"按钮，添加原始图像。如图 4-10 所示。

（4）在"插入鼠标经过图像"对话框中，单击"鼠标经过图像"文本框右侧的"浏览"按钮，在弹出的"鼠标经过图像"对话框中单击"确定"按钮，添加鼠标经过图像，如图 4-11 所示。

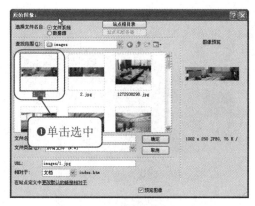

图 4-10 "原始图像"对话框

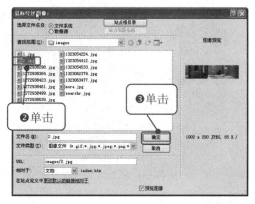

图 4-11 "鼠标经过图像"对话框

（5）在"插入鼠标经过图像"对话框中，单击"确定"按钮，插入鼠标经过图像，如图 4-12 所示。保存文档，按 F12 键在浏览器中预览效果，如图 4-7 所示。

图 4-12 "原始图像"对话框

代码揭秘：鼠标经过图像代码

鼠标经过图像是鼠标指针指向该图像时发生变化的图像。例如，当鼠标指针指向网页上的某个按钮时该按钮可能会变亮。鼠标经过图像只在浏览器中起作用。为了确保鼠标经过图像正常工作，应该在浏览器中预览文档效果。鼠标经过图像代码如下：

```
<a href="#" onMouseOut="MM_swapImgRestore()"
onMouseOver="MM_swapImage('Image16','','images/2.jpg',1)">
<img src="images/1.jpg" width="1002" height="250" id="Image16"></a>
```

onMouseOut 事件是指当光标离开页面元素上方时发生的事件。

onMouseOver 事件是指当光标移动到页面元素上方时发生的事件，这里将显示图片 2.jpg。

img src="images/1.jpg"表示原始的图片为 1.jpg。

 4.2.2 上机练习——插入图像占位符

当没有已制作好的图片，而根据页面布局的需要，要在网页中插入一幅图片时，可以使用占位符来代替图片位置。

在网页中插入图像占位符前效果如图 4-13 所示，插入图像占位符后的效果如图 4-14 所示，具体操作步骤如下。

57

图 4-13　原始效果　　　　　　　　　　图 4-14　插入图像占位符效果

练习
文件　实例素材/练习文件/CH04/4.2.2/index.html

完成
文件　实例素材/完成文件/CH04/4.2.2/index1.html

（1）打开光盘中的素材文件 index.html，将光标放置在要插入图像占位符的位置，如图 4-15 所示。

（2）执行"插入"|"图像对象"|"图像占位符"命令，弹出"图像占位符"对话框，在对话框中进行相应的设置，如图 4-16 所示。

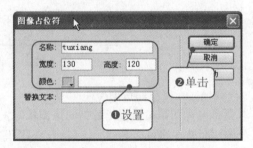

图 4-15　打开文件　　　　　　　　　　图 4-16　"图像占位符"对话框

（3）单击"确定"按钮，插入图像占位符，如图 4-17 所示。

（4）保存文档，按 F12 键在浏览器中预览，如图 4-14 所示。

图 4-17　插入图像占位符

4.3 插入声音

声音文件有很多种，目前在网页中运用的音乐文件主要是 MP3、MID、WMA 格式，在网页中对音乐文件的应用一般有背景音乐、音乐连接和音乐嵌入 3 种方式。

4.3.1 音频文件格式

.midi 或 .mid（乐器数字接口）格式用于器乐。许多浏览器都支持 MIDI 文件并且不要求插件。尽管其声音品质非常好，但根据访问者声卡的不同，声音效果也会有所不同。很小的 MIDI 文件也可以提供较长时间的声音剪辑。MIDI 文件不能被录制，并且必须使用特殊的硬件和软件在计算机上合成。

.wav（Waveform 扩展名）格式文件具有较好的声音品质，许多浏览器都支持此类格式文件并且不要求插件。可以从 CD、磁带、麦克风等录制你自己的 WAV 文件。但是，其较大的文件容量严格限制了可以在 Web 页面上使用的声音剪辑的长度。

.aif（音频交换文件格式，即 AIFF）格式与 WAV 格式类似，也具有较好的声音品质，大多数浏览器都可以播放它并且不要求插件；还可以从 CD、磁带、麦克风等录制 AIFF 文件。但是，其较大的文件容量严格限制了可以在 Web 页面上使用的声音剪辑的长度。

.mp3（运动图像专家组音频，即 MPEG-音频层-3）格式是一种压缩格式，它可令声音文件明显缩小，其声音品质也非常好，如果正确录制和压缩 MP3 文件，其质量甚至可以和 CD 质量相媲美。这一新技术可以对文件进行"流式处理"，访问者不必等待整个文件下载完成即可收听该文件。但是，其文件大小要大于 Real Audio 文件，因此通过普通电话线连接下载整首歌曲可能仍要花较长的时间。若要播放 MP3 文件，访问者必须下载并安装辅助应用程序或插件，如 QuickTime、Windows Media Player 或 RealPlayer 等。

.ra、.ram、.rpm 或 Real Audio 格式具有非常高的压缩程度，文件大小要小于 MP3。全部歌曲文件可以在合理的时间范围内下载。因为可以在普通的 Web 服务器上对这些文件进行"流式处理"，所以访问者在文件完全下载完之前即可听到声音。其声音品质比 MP3 文件质要差，但新推出的播放器和编码器在声音品质方面已有显著改善。访问者必须下载并安装 RealPlayer 辅助应用程序或插件才可以播放这些文件。

4.3.2 上机练习——添加背景音乐

通过代码提示，可以在代码视图中插入代码。在输入某些字符时，将显示一个列表，列出完成条目所需的选项。下面通过代码提示讲解背景音乐的插入，如图 4-18 所示。

练习文件 实例素材/练习文件/CH04/4.3.2/index.html

完成文件 实例素材/完成文件/CH04/4.3.2/index1.html

图 4-18　设置背景音乐效果

（1）打开光盘中的素材文件 index.html，如图 4-19 所示。

（2）切换到拆分视图，在代码视图中找到标签<body>，并在其后面输入"<"以显示标签列表，输入"<"时会自动弹出一个下拉列表框，双击标签 bgsound 以插入该标签，如图 4-20 所示。

图 4-19　打开文件

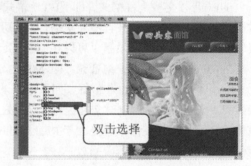

图 4-20　插入 bgsound 标签

（3）如果该标签支持属性，则按空格键以显示该标签允许的属性列表，从中选择属性"src"，如图 4-21 所示。

（4）双击出现的"浏览"字样，弹出"选择文件"对话框，从对话框中选择音乐文件，如图 4-22 所示。选择音乐文件后，单击"确定"按钮。

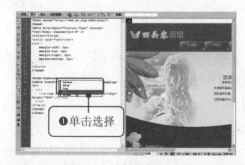

图 4-21　选择属性"src"

图 4-22　"选择文件"对话框

（5）在新插入的代码后按空格键，在属性列表中选择属性"loop"，出现"-1"并选中。如图 4-23 所示。

（6）在最后的属性值后，为该标签输入">"，如图 4-24 所示。保存文档，按 F12 键在浏览器中预览，效果如图 4-18 所示。

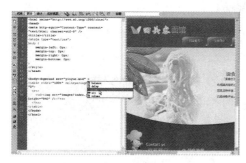

图 4-23　选择属性"loop"

图 4-24　输入">"

代码揭秘：背景音乐标签

许多有特色的网页上都放置了背景音乐，随网页的打开而循环播放。为网页添加背景音乐的方法一般有两种，第一种是通过<bgsound>标签来添加，另一种是通过<embed>标签来添加。

使用<bgsound>标签的代码如下：

```
<bgsound src="背景音乐的地址" loop="播放次数">
```

其中，loop="-1"表示音乐无限循环播放，如果你要设置播放次数，则改为相应的数字即可。

使用<embed>标签来添加音乐的代码如下：

```
<embed src="music.mp3" autostart="true" loop="true" hidden="true"></embed>
```

其中 autostart 用来设置打开页面时音乐是否自动播放，而 hidden 设置是否隐藏媒体播放器。

4.4　插入视频

Dreamweaver 能够轻松地在网页中插入 Flash 视频，无须使用 Flash 创作工具。Dreamweaver 插入 Flash 视频组件，在浏览器中查看该组件时，它将显示选择的 Flash 视频内容及一组播放控件。

 4.4.1　视频的文件格式

Real 是一种高压缩率的数据流，可以在 Internet 上实时播放带声音和动态图像的 Real 文件，就像在看电影一样。这种文件格式现在已经在 Internet 上广泛使用了。可以用制作 Real 文件的工具把 WAV、AVI、MOV、QT、AU 等文件压缩成 Real 特有的 RM 文件。

可以通过不同的方式和使用不同格式将视频添加到 Web 中。视频可以被用户下载，或者可以对视频进行视频流式处理以便在下载它的同时播放。Web 上用于视频文件传输的最常见流式处理格式有 RealMedia、QuickTime 和 Windows Media。必须下载辅助帮助应用程序以查看这些格式。使用这些格式，可同时对音频和视频进行流式处理。

如果想包括可被下载而不是流式处理简短的剪辑，则可以链接到该剪辑或将该剪辑嵌入到页面中。这些剪辑通常采用 AVI 或 MPEG 文件格式。

4.4.2 上机练习——在网页中插入视频

在网页中插入视频前的效果如图 4-25 所示，在网页中插入视频后的效果如图 4-26 所示，具体操作步骤如下。

图 4-25　原始效果　　　　　　　　　　图 4-26　插入视频后的效果

练习文件　实例素材/练习文件/CH04/4.4.2/index.html

完成文件　实例素材/完成文件/CH04/4.4.2/index1.html

（1）打开光盘中的素材文件 index.html，如图 4-27 所示。

（2）将光标置于插入视频文件的位置，执行"插入"|"媒体"|"FLV"命令，弹出"插入 FLV"对话框，如图 4-28 所示。

图 4-27　打开文件　　　　　　　　　　图 4-28　"插入 FLV"对话框

（3）在对话框中单击"URL"文本框右边的"浏览"按钮，弹出"选择 FLV"对话框，在对话框中选择视频文件"shipin.flv"，如图 4-29 所示。

（4）单击"确定"按钮，添加视频文件，如图 4-30 所示。

图 4-29　"选择 FLV"对话框

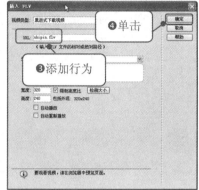

图 4-30　添加视频文件

（5）单击"确定"按钮，插入视频文件，如图 4-31 所示。

（6）保存文档，按 F12 键在浏览器中预览，效果如图 4-26 所示。

图 4-31　插入 Flash 视频

4.5　插入其他媒体文件

在网页中插入 Flash 影片、Java Applet 等，可以增加网页的动感性，使网页更具吸引力，因此多媒体元素在网页中应用越来越广泛。

 ## 4.5.1　上机练习——插入 Flash

Flash 影片是在专门的 Flash 软件中完成的，在 Dreamweaver CS6 中能将现有的 Flash 动画插入到文档中。

在网页中插入 Flash 影片前的效果如图 4-32 所示，在网页中插入 Flash 后的效果如图 4-33 所示，具体操作步骤如下。

63

学用一册通：网页设计与网站建设

图 4-32　原始效果　　　　　　　　图 4-33　插入 Flash 的效果

练习文件　实例素材/练习文件/CH04/4.5.1/index.html

完成文件　实例素材/完成文件/CH04/4.5.1/index1.html

（1）打开光盘中的素材文件 index.html，如图 4-34 所示。

（2）将光标置于要插入 Flash 影片的位置，执行"插入"|"媒体"|"SWF"命令，弹出"选择 SWF"对话框，在对话框中选择文件 Top.swf，如图 4-35 所示。

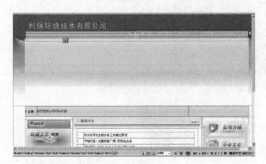 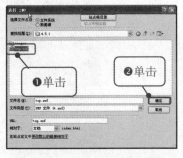

图 4-34　打开文件　　　　　　　　图 4-35　"选择 SWF"对话框

（3）单击"确定"按钮，插入 Flash，如图 4-36 所示。

（4）选中插入的 Flash，执行"窗口"|"属性"命令，打开 Flash 的"属性"面板，如图 4-37 所示。

 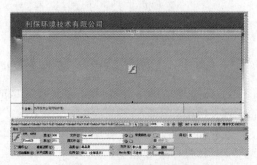

图 4-36　插入 Flash　　　　　　　　图 4-37　"属性"面板

在 Flash 的"属性"面板中可以进行如下设置。

- 宽和高：以像素为单位设置影片的宽和高。
- 文件：指定 Flash 文件的路径。单击 □ 按钮以浏览某一文件，或直接在文本框中输入文件的路径。
- 循环：勾选该复选框，动画将在浏览器端循环播放。
- 自动播放：勾选该复选框，则文档被浏览器载入时，自动播放 Flash 动画。
- 垂直边距和水平边距：指定影片上、下、左、右空白的像素数。
- 品质：在影片播放期间控制失真。设置越高，影片的观看效果就越好，但要求更快的处理器以使影片在屏幕上正确显示。
- 比例：用来设置显示比例，有"默认（全部显示）"、"无边框"和"严格匹配"3 个选项。
- 对齐：设置 Flash 影片的对齐方式。
- 背景颜色：为当前 Flash 动画设置背景颜色。
- 编辑：用于自动打开 Flash 软件对源文件进行处理。
- 播放：用于在设计视图中播放 Flash 动画。
- 参数：单击该按钮，在弹出的对话框中输入能使该 Flash 顺利运行的附加参数。

（5）保存文档，按 F12 键在浏览器中预览，效果如图 4-33 所示。

4.5.2　上机练习——插入 Java Applet

　　Java 是一款允许开发、可以嵌入 Web 页面的轻量级应用程序（小程序）的编程语言。在创建 Java 小程序后，可以使用 Dreamweaver 将该程序插入到 HTML 文档中，Dreamweaver 使用 <applet> 标签来标识对小程序文件的引用。

　　插入 Java Applet 影片的原始效果如图 4-38 所示，插入 Java Applet 影片后的效果如图 4-39 所示，具体操作步骤如下。

图 4-38　原始效果

图 4-39　插入 Java Applet

练习文件　实例素材/练习文件/CH04/4.5.2/index.html

完成文件　实例素材/完成文件/CH04/4.5.2/index1.html

（1）打开光盘中的素材文件 index.html，如图 4-40 所示。

（2）将光标置于要插入 Applet 影片的位置，执行"插入"|"媒体"|"Applet"命令，弹出"选择文件"对话框，在对话框中选择相应的文件，如图 4-41 所示。

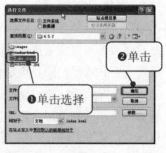

图 4-40　打开文档　　　　　　　　　　图 4-41　"选择文件"对话框

提示　　要插入的 Java 小程序的扩展名为.class，该文件需放在引用文件相同的文件夹下，引用文件时区分大小写。

（3）单击"确定"按钮，插入 Applet 影片，如图 4-42 所示。

（4）打开代码视图，在代码视图中修改代码，如图 4-43 所示。

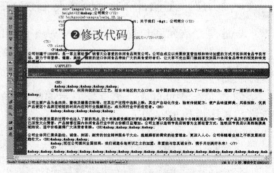

图 4-42　插入 Applet 影片　　　　　　　　图 4-43　修改代码

```
<applet code="Lake.class" width="250" height="220" align="right">
<PARAM NAME= "image" VALUE="mihoutao.jpg">
 // mihoutao.jpg 换为你的图像名
</applet>
```

Java Applet "属性"面板中可以进行如下设置。

● 宽和高：设置 Java Applet 的宽度和高度，可以输入数值，单位是像素。

● 代码：设置程序的 Java Applet 路径。

● 基址：指定包含这个程序的文件夹。

● 对齐：设置程序的对齐方式。

- 替换：设置当程序无法显示时，将显示的替换图像。
- 垂直边距：设置程序上方及上方其他页面元素，程序下方及下方其他页面元素的距离。
- 水平边距：设置程序左侧及左侧其他页面元素，程序右侧及右侧其他页面元素的距离。

（5）保存文档，按 F12 键在浏览器中预览，效果如图 4-39 所示。

代码揭秘：Java Applet 代码

Java Applet 就是用 Java 语言编写的一些小应用程序，它们可以直接嵌入到网页中，并能够产生特殊的效果。当用户访问这样的网页时，Applet 被下载到用户计算机上执行，但前提是用户使用的是支持 Java 的网络浏览器。由于 Applet 是在用户计算机上执行的，因此它的执行速度不受网络宽带或者 MODEM 存取速度的限制，可以更好地欣赏网页上 Applet 产生的多媒体效果。

插入 Applet 将使用<applet>标签，实例代码如下：

```
<applet code="Lake.class" width="250" height="220" align="right">
<PARAM NAME= "image" VALUE="mihoutao.jpg">
</applet>
```

- code：同 Dreamweaver "属性" 面板中的 "代码"，表示 applet 代码的路径和名称。
- width：表示 applet 的宽度。
- height：表示 applet 的高度。
- value：表示图片的名称。

4.6　网页链接的创建

　　网站就是由若干个网页组成的，这些网页之间就是通过超链接的方式链接起来的，在 Dreamweaver 中，利用超链接不仅可以进行网页之间的相互链接，还可以使网页链接到相关的图像文件、多媒体文件及下载程序等。

 4.6.1　网页链接的基本类型

链接即网页的桥梁。通过链接，可以从当前网页跳转到站点中另外一页，或从当前站点跳转到网络上另外一个站点。有了链接，才使得网页、网站、网络成为一个有机体。在网页中制作超链接的方法很多，几乎每个网页元素都能创建链接。

- 图像热点链接：一般一张图像只能链接一个文件路径。如果在该图像的不同区域建立不同的链接，这个时候就会应用到 "图像热点链接"。图像热点链接可以用在地图对区域的链接介绍、人体图对肢体的链接介绍，以及在制作的一张整图中进行各部分链接的导航等。
- 锚点链接：通过锚点链接，可以迅速在一个页面中寻找已定义的某内容。
- 电子邮件链接：在网页中单击电子邮件链接时，网页浏览器会自动调用 Microsoft Outlook 邮件程序，使用该程序可以进行邮件的即时发送。
- 空链接：指向的被链接文件是文件本身。空链接很多时，在网页中需要一种超级链接的样式效果，但不需要其链接跳转到任何其他页面或者站点。此时，空链接无疑是最合适的。

- 下拉菜单链接：多个超级链接使用一个下拉菜单，单击菜单选择其中的链接文本即可打开对应的超级链接，多应用在超级链接较多、超级链接分类的页面中。
- 框架网页链接：主要应用在框架结构的网页中，在效果方面的显示是这样的一个页面：在某块区域为页面的链接导航，某块区域为内容的显示，单击不同的超级链接，该区域显示不同的信息内容。

4.6.2 上机练习——图像热点链接

当需要对一张图像的特定部位进行链接时就用到了热区链接，当用户单击某个热点时，会链接到相应的网页。矩形主要针对图像轮廓较规则且呈方形的图像，椭圆形主要针对圆形规则的轮廓，不规则多边形则针对复杂的轮廓外形，在这里以矩形为例介绍热区链接的创建。

在网页中创建图像热点链接方法非常简单，下面讲解网页中图像热点链接，原始效果如图 4-44 所示，单击梦幻木马后的效果如图 4-45 所示，具体操作步骤如下。

图 4-44 创建图像热点前的效果　　　　　图 4-45 创建图像热点后的效果

练习文件　实例素材/练习文件/CH04/4.6.2/index.html

完成文件　实例素材/完成文件/CH04/4.6.2/index1.html

（1）打开光盘中的素材文件 index.html，如图 4-46 所示。

（2）选中图像，打开"属性"面板，在"属性"面板中选择矩形热点工具，如图 4-47 所示。

图 4-46 打开文件　　　　　　　　　　图 4-47 选择矩形热点工具

（3）将光标置于图像"梦幻木马"上，绘制一个矩形热点，在"属性"面板中的"链接"文本框中输入链接的文件，如图 4-48 所示。

（4）使用同样的方法绘制其他的热点链接，如图 4-49 所示。保存文档，按 F12 键在浏览器中预览，效果如图 4-45 所示。

图 4-48　绘制热区

图 4-49　绘制其余热区

代码揭秘：图像热点链接代码

同一个图像的不同部分可以链接到不同的文档，这就是热区链接。<map>定义一个客户端图像映射，图像映射（image-map）指带有可点击区域的一幅图像。<area>标签定义图像映射中的区域。<img>标签中的 usemap 属性与 map 元素 name 属性相关联，创建图像与映射之间的联系。

```
<img src="index.jpg" width="1005" height="736" usemap="#Map" border="0" />
<map name="Map" id="Map">
  <area shape="rect" coords="618,431,711,464" href="muma.jpg" />
  <area shape="rect" coords="180,174,276,207" href="#" />
  <area shape="rect" coords="283,241,384,279" href="#" />
  <area shape="rect" coords="388,293,474,323" href="#" />
  <area shape="rect" coords="381,404,470,440" href="#" />
  <area shape="rect" coords="479,387,572,423" href="#" />
  <area shape="rect" coords="450,506,546,536" href="#" />
</map>
```

<img>中的 usemap 属性可引用<map>中的 id 或 name 属性，所以我们应同时向<map>添加 id 和 name 属性。

4.6.3　上机练习——E-mail 链接

电子邮件地址作为超链接的链接目标与其他链接目标不同。当用户在浏览器上单击指向电子邮件地址的超链接时，将会打开默认的邮件管理器的新邮件窗口，其中会提示用户输入信息并将该信息传送给指定的 E-mail 地址。在网页中创建 E-mail 链接原始效果如图 4-50 所示，创建 E-mail 链接后的效果如图 4-51 所示。

图 4-50　原始效果

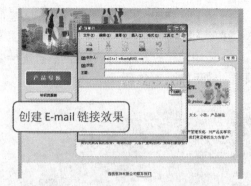

图 4-51　创建 E-mail 链接效果

 练习文件　实例素材/练习文件/CH04/4.6.3/index.html

完成文件　实例素材/完成文件/CH04/4.6.3/index1.html

（1）打开光盘中的素材文件 index.html，如图 4-52 所示。

（2）将光标放置在要插入 E-mail 链接的位置，执行"插入"｜"电子邮件链接"命令，弹出"电子邮件链接"对话框，在该对话框的"文本"文本框中输入"联系我们"，在"电子邮件"文本框中输入"mailto: sdhzmdq@163.com"，如图 4-53 所示。

图 4-52　打开文件

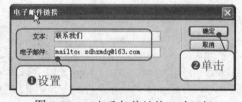

图 4-53　"电子邮件链接"对话框

> 提示　单击"常用"插入栏中的"电子邮件链接"按钮 ，也可以弹出"电子邮件链接"对话框。

（3）单击"确定"按钮，插入 E-mail 链接，如图 4-54 所示。

（4）保存文档，按 F12 键在浏览器中预览，效果如图 4-51 所示。

代码揭秘：E-mail 链接代码

在网页上创建 E-mail 链接，可以使浏览者快速反馈自己的意见。当浏览者单击 E-mail 链接时，可以立即打开浏览器默认的 E-mail 处理程序，收件人的邮件地址由 E-mail 超链接中指定的地址自动更新，无须浏览者输入。

```
<a href="mailto: sdhzmdq@163.com">联系我们</a>
```

在该语句中的 mailto:后面输入电子邮件的地址。

图 4-54　插入 E-mail 链接

4.6.4　上机练习——下载文件链接

如果要在网站中提供下载资料，就需要为文件提供下载链接，如果超级链接指向的不是一个网页文件，而是其他文件，如 ZIP、MP3、EXE 文件等，单击链接时就会下载文件。

在网页中添加下载文件链接的方法非常简单，原始效果如图 4-55 所示，单击下载文件链接后的效果如图 4-56 所示，具体操作步骤如下。

图 4-55　原始效果

图 4-56　最终效果

◎练习文件　实例素材/练习文件/CH04/4.6.4/index.html

◎完成文件　实例素材/完成文件/CH04/4.6.4/index1.html

（1）打开光盘中的素材文件 index.html，如图 4-57 所示。

（2）执行"窗口"|"属性"命令，打开"属性"面板，选中要创建链接的文字，在"属性"面板中单击"链接"文本框右边的浏览文件按钮，如图 4-58 所示。

（3）弹出"选择文件"对话框，选择要下载的文件，如图 4-59 所示。

（4）单击"确定"按钮，将文件添加到"属性"面板的"链接"文本框中，如图 4-60 所示。

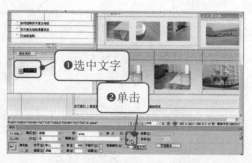

图 4-57 打开文件   图 4-58 打开"属性"面板

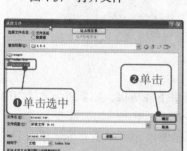

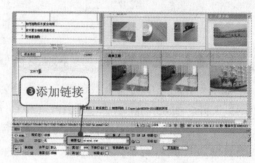

图 4-59 "选择文件"对话框   图 4-60 添加链接

（5）保存文档，按 F12 键在浏览器中预览，效果如图 4-56 所示。

提示　网站中每个下载文件必须对应一个下载链接，而不能为多个文件或一个文件夹建立下载链接，如果需要对多个文件或文件夹提供下载，只能利用压缩软件将这些文件或文件夹压缩为一个文件。

代码揭秘：下载文件链接代码

超链接的范围很广泛，利用它不仅可以进行网页间的相互链接，还可以使网页链接到相关的图像文件及下载文件等。

```
<a href="xiazai.rar">文件下载</a>
```

<a>标签的属性如下表所示。

属　　性	说　　明
href	指定链接地址
name	给链接命名
title	给链接添加提示文字
target	指定链接的目标窗口

4.6.5 上机练习——锚点链接

在制作网页时，有些页面内容较多，页面较长。为了方便浏览，可以在页面的底部增加返回到顶部的链接。原始效果如图 4-61 所示，锚点链接效果如图 4-62 所示。具体操作步骤如下。

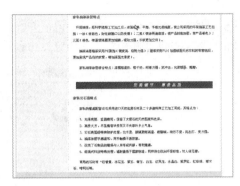

图 4-61　原始效果　　　　　　　　　图 4-62　锚点链接效果

练习
文件　实例素材/练习文件/CH04/4.6.5/index.html

完成
文件　实例素材/完成文件/CH04/4.6.5/index1.html

（1）打开光盘中的素材文件 index.html，如图 4-63 所示。

（2）将光标置于文字"公司介绍"的前面，执行"插入"|"命名锚记"命令，弹出"命名锚记"对话框，在对话框中的"锚记名称"文本框中输入"jianjie"，如图 4-64 所示。

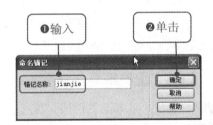

图 4-63　打开文件　　　　　　　　图 4-64　"命名锚记"对话框

（3）单击"确定"按钮，插入命名锚记"jianjie"，如图 4-65 所示。

（4）选中文字"公司简介"，在"属性"面板中的"链接"文本框中输入"#jianjie"，如图 4-66 所示。

图 4-65　插入命名锚记　　　　　　　图 4-66　设置属性

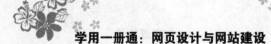

（5）同理，插入其他的命名锚记，并设置链接，如图 4-67 所示。

（6）保存文档，按 F12 键在浏览器中预览，效果如图 4-62 所示。

图 4-67　插入命名锚记

代码揭秘：锚点链接代码

在给定名称的一个网页中的某一位置，在创建锚点链接前首先要建立锚点。利用锚点名称可以链接到相应的位置。这个名称只能包含小写 ASII 和数字，并且不能以数字开头，同一个网页中可以有无数个锚点，但是不能有相同名称的两个锚点。

```
<a name="锚点的名称"></a>
```

建立了锚点以后，就可以创建到锚点的链接，需要用"#"及锚点的名称作为 href 属性值。

```
<a href="#锚点的名称">……</a>
```

 4.6.6　上机练习——脚本链接

脚本链接是一种特殊的链接，访问者单击这类链接可以执行相应的 JavaScript 程序。下面通过实例讲述脚本链接的使用方法。原始效果如图 4-68 所示，应用脚本以后的效果如图 4-69 所示。具体操作步骤如下。

图 4-68　原始效果　　　　　　　　　　　图 4-69　应用脚本后的效果

 实例素材/练习文件/CH04/4.6.6/index.html

 实例素材/完成文件/CH04/4.6.6/index1.html

（1）打开光盘中的原始文件 index.html，在文档中相应的位置输入文本"关闭网页"，如图 4-70 所示。

（2）选中文本"关闭网页"，在"属性"面板中的"链接"文本框中输入脚本"javascript: window.close()"，如图 4-71 所示。

图 4-70　打开文件

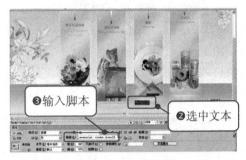

图 4-71　输入脚本

（3）保存文档，按 F12 键在浏览器中预览，效果如图 4-69 所示。

代码揭秘：脚本链接代码

脚本链接执行 JavaScript 代码或调用 JavaScript 函数。它非常有用，能够在不离开当前 Web 页面的情况下为访问者提供有关某项的附加信息。脚本链接还可用于在访问者单击特定项时，执行计算、验证表单和完成其他处理任务。

```
<a href="javascript: window.close()">关闭网页</a>
```

window.close（）关闭指定的浏览器窗口。

4.6.7　上机练习——空链接

在网页中为了保持页面文本效果的统一或者对一些文本或图像应用行为，就需要创建一些空链接。在网页中创建空链接的方法非常简单，打开网页文档，选中文本，打开"属性"面板，在"属性"面板中的"链接"文本框中输入"＃"，即可进行空链接，如图 4-72 所示。

图 4-72　设置空链接效果

学用一册通：网页设计与网站建设

4.7　综合应用

在网页中添加精美的图像可以使网页更吸引人，而且能够使它表达出很多文字难以说明的意思。在设计和处理网页图像时要求图像有尽可能高的清晰度与尽可能小的尺寸，从而保证图像的质量。

综合应用 1——图文混排网页

图文混排恰当的网页总是让人得到视觉上的享受，所以作为一名网页设计者，掌握好网页图像和文本的运用就显得尤为重要。下面通过具体的实例来讲述网页中图像和文本的排版。图文混排网页原始效果如图 4-73 所示，最终效果如图 4-74 所示。具体操作步骤如下。

图 4-73　原始效果

图 4-74　图文混排效果

◎练习文件　实例素材/练习文件/CH04/实例 1/index.html

◎完成文件　实例素材/完成文件/CH04/实例 1/index1.html

（1）打开光盘中的素材文件 index.html，如图 4-75 所示。

（2）将光标置于要输入文字的位置，输入文字，如图 7-76 所示。

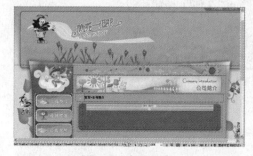

图 4-75　打开文件

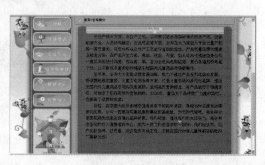

图 4-76　输入文字

76

第 4 章　设计丰富多彩的图像和多媒体网页

（3）选中输入文字，在"属性"面板中单击"大小"下拉列表中的 12，弹出"新建 CSS 规则"对话框，单击"确定"按钮，如图 4-77 所示。

（4）设置字体大小为 12，如图 4-78 所示。

图 4-77　"新建 CSS 规则"对话框

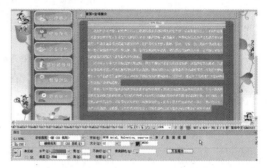

图 4-78　设置字体大小

（5）单击"颜色"按钮，在弹出的颜色列表中选择要设置字体的颜色，如图 4-79 所示。

（6）将光标置于文字中，执行"插入"|"图像"命令，弹出"选择图像源文件"对话框，在对话框中选择相应的图像文件，如图 4-80 所示。

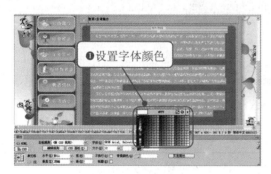

图 4-79　设置颜色

图 4-80　"选择图像源文件"对话框

（7）单击"确定"按钮，插入图像，如图 4-81 所示。

（8）保存文档，在浏览器中预览，效果如图 4-76 所示。

图 4-81　插入图像

77

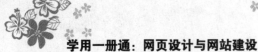

综合应用 2——创建网页锚点链接

在网页中创建锚点链接的效果如图 4-82 所示。

图 4-82　锚点链接的效果

練習
文件　实例素材/练习文件/CH04/实例 2/index.html

完成
文件　实例素材/完成文件/CH04/实例 2/index1.html

（1）打开光盘中的素材文件 index.html，如图 4-83 所示。

（2）将光标置于文字"公司介绍"的前面，执行"插入"|"命名锚记"命令，弹出"命名锚记"对话框，在"锚记名称"文本框中输入"jieshao"，如图 4-84 所示。

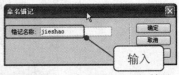

图 4-83　打开文件　　　　图 4-84　"命名锚记"对话框

（3）单击"确定"按钮，插入命名锚记"jieshao"，如图 4-85 所示。

（4）选中文字"公司介绍"，在"属性"面板中的"链接"文本框中输入"#jieshao"，如图 4-86 所示。

图 4-85　插入命名锚记

图 4-86　设置属性

（5）将光标置于文字"大记事"的前面，执行"插入"|"命名锚记"命令，弹出"命名锚记"对话框，在"锚记名称"文本框中输入"dajishi"，如图 4-87 所示。

（6）单击"确定"按钮，插入命名锚记，如图 4-88 所示。

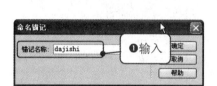

图 4-87　"命名锚记"对话框

图 4-88　插入命名锚记

（7）选中文字"大记事"，在"属性"面板中的"链接"文本框中输入"#dajishi"，如图 4-89 所示。

（8）将光标置于文字"企业文化"的前面，执行"插入"|"命名锚记"命令，在"锚记名称"文本框中输入"qiyewenhua"，单击"确定"按钮，如图 4-90 所示。

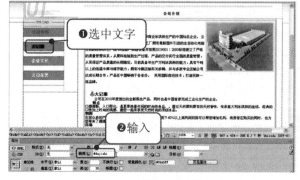

图 4-89　插入命名锚记

图 4-90　"命名锚记"对话框

（9）插入命名锚记，如图 4-91 所示。

（10）选中"企业文化"，在"链接"文本框中输入"#qiyewenhua"，如图 4-92 所示。

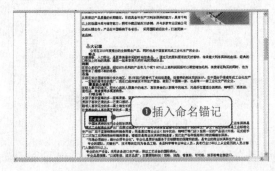

图 4-91　插入命名锚记　　　　　　　　图 4-92　设置属性

（11）将光标置于文字"公司荣誉"的前面，执行"插入"|"命名锚记"命令，弹出"命名锚记"对话框，在"锚记名称"文本框中输入"gongsirongyu"，如图 4-93 所示。

（12）单击"确定"按钮，插入命名锚记，如图 4-94 所示。

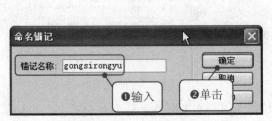

图 4-93　"命名锚记"对话框　　　　　　图 4-94　插入命名锚记

（13）选中文字"公司荣誉"，在"属性"面板中的"链接"文本框中输入"#gongsirongyu"，如图 4-95 所示。

（14）保存文档，按 F12 键在浏览器中预览，效果如图 4-82 所示。

图 4-95　设置属性

4.8　专家秘籍

1. 为何我设置的背景图像不显示？

在 Dreamweaver 中显示是正常的，而启动 IE 浏览这个页面，背景图却看不到。这时返回到 Dreamweaver 中，查看光标所在处的代码，会发现 background 设置在<tr>标签中。在 IE 中表格的背景不能设置在<tr>中，只能放在<td>中。将背景代码移到<td>中，保存文档后再浏览，背景图就能正常显示。

2. 如何制作鼠标移到图片上时的说明文字？

选中要设置的图片及链接，在"属性"面板中的"替换"文本框中输入说明文字，在浏览时会自动出现输入的说明文字。

3. 为何我做的网页传到网上后不显示图片？

出现这种情况，一般有下面两种可能。第一种情况是使用了绝对路径，并且使用了本地盘符，则上传后就找不到此图片文件。第二种情况是图像文件名或图像文件所在的目录中有大写字母或中文，因为服务器一般使用的是 UNIX 或 Linux 平台，而 UNIX 系统是区分大小写的。

4. 怎样给网页图像添加边框？

在文档中选中要添加边框的图像，在"属性"面板中的"边框"文本框中输入数值，即可设置图像边框。

5. 如何调整图片与文字的间距？

在设置了文字和图片的对齐方式后，有时还需要设置文字与图片之间的间距，这时只要选中图像，在"属性"面板中的"垂直边距"和"水平边距"文本框中输入一定的数值即可。

6. 如何避免自己的图片被其他站点使用？

为图片起一个很怪的名字，这样可以避免被搜索到。除此之外，还可以利用 Photoshop 的水印功能加密。当然也可以在自己的图片上加上一段版权文字，如添加上自己的名字除非使用人截取图片，不然就是侵权了。

7. 为何浏览网页时不能显示插入的 Flash 动画？

出现这种情况可能有以下原因。

- 确认 Flash 动画的名称是否为中文，如果是中文要改为英文。
- 确认插入的 Flash 是否为 SWF 格式的文件。
- 确认网页文档中指定的 Flash 动画的路径是否与实际 Flash 动画的路径相同。

第 5 章 使用表格和 Spry 排版网页

学前必读

　　表格是用于在 HTML 页上显示表格式数据，以及对文本和图形进行排版的强有力的工具。Dreamweaver CS6 提供了多种方法来创建和排列网页数据，最常用的方法就是使用表格。表格在排版中是很重要的，可以说，不会使用表格就相当于不会设计网页，所以读者一定要做到能够熟练地使用它。

学习流程

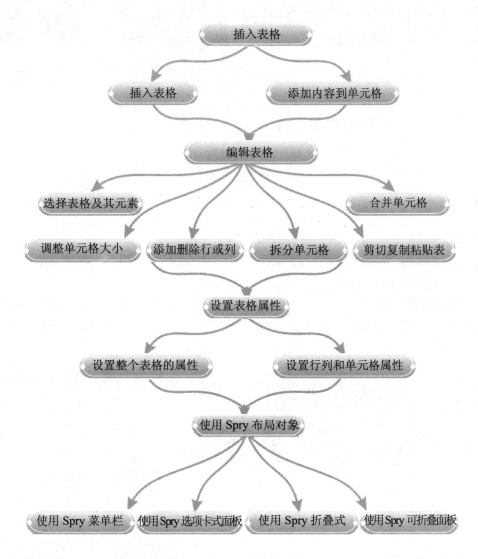

5.1 插入表格

> 表格是网页中对文本和图像布局的强有力的工具。一个表格通常由行、列和单元格组成，每行由一个或多个单元格组成。表格中的横向称为行，纵向称为列，一行与一列相交所产生的区域称为单元格。

5.1.1 上机练习——插入表格

在网页中插入表格的方法非常简单，插入表格前的效果如图 5-1 所示，插入表格后的效果如图 5-2 所示，具体操作步骤如下。

学用一册通：网页设计与网站建设

图 5-1　插入表格前的效果　　　　　　　图 5-2　插入表格后的效果

练习
文件　实例素材/练习文件/CH05/5.1.1/index.html

完成
文件　实例素材/完成文件/CH05/5.1.1/index1.html

（1）打开光盘中的素材文件 index.html，如图 5-3 所示。

（2）将光标置于要插入表格的位置，执行"插入"|"表格"命令，弹出"表格"对话框，在对话框中将"行数"设置为 6，"列数"设置为 3，"表格宽度"设置为 95%，边框粗细设置为 1，如图 5-4 所示。

图 5-3　打开文件

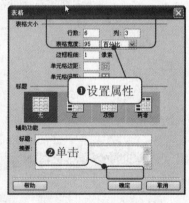

图 5-4　"表格"对话框

"表格"对话框中主要有以下参数。

- 行数：在该文本框中输入新建表格的行数。
- 列：在该文本框中输入新建表格的列数。
- 表格宽度：设置表格的宽度，其右侧的下拉列表中包含百分比和像素。
- 边框粗细：设置表格边框的宽度，如果设置为 0，则在浏览时看不到表格的边框。
- 单元格边距：单元格内容和单元格边界之间的像素数。
- 单元格间距：单元格之间的像素数。

84

- 标题：可以定义表头样式，4 种样式可以任选一种。
- 辅助功能：定义表格的标题。
  - ➤ 对齐标题：定义表格标题的对齐方式。
  - ➤ 摘要：用来对表格进行注释。

（3）单击"确定"按钮，插入表格，如图 5-5 所示。

（4）保存文档，按 F12 键在浏览器中预览，效果如图 5-2 所示。

★ 指点迷津 ★

如果没有明确指定单元格间距和单元格边距的值，大多数浏览器都将单元格边距设置为 1、单元格间距设置为 2 来显示表格。若要确保浏览器不显示表格中的边距和间距，可以将单元格边距和间距设置为 0。大多数浏览器按边框设置为 1 显示表格。

图 5-5　插入表格

代码揭秘：表格的基本标签

在 HTML 语言中，表格涉及多种标记，下面一一进行介绍。

- <table>标签：用来定义一个表格。每一个表格只有一对<table></table>。一个网页中可以有多个表格。
- <tr>标签：用来定义表格的行，一对<tr></tr>代表一行。一个表格中可以有多个行，所以<tr></tr>也可以在<table></table>中出现多次。
- <td>标签：用来定义表格中的单元格，一对<td></td>代表一个单元格。每行中可以出现多个单元格，即<tr>和</tr>之间可以存在多个<td></td>。在<td>和</td>之间，将出现表格每一个单元格中的具体内容。
- <th>标签：用来定义表格的表头，一对<th></th>代表一个表头。表头是一种特殊的单元格，在其中添加的文本，将默认为居中并且加粗。实际中并不常用。

上面讲到的 4 个表格标签在使用时一定要配对出现，既要有开始标记，也要有结束标记。缺少其中任何一个，都将无法得到正确的结果。

5.1.2　上机练习——添加内容到单元格

当表格插入到文档后，即可向表格中添加文本或图像等内容。向表格中添加内容的方法很简单，只需将光标定位到要输入内容的单元格，即可输入文本或插入图像。原始效果如图 5-2 所示，添加相应的内容后的效果如图 5-6 所示，具体操作步骤如下。

图 5-6　添加相应的内容后的效果

练习文件 实例素材/练习文件/CH05/5.1.2/index.html

完成文件 实例素材/完成文件/CH05/5.1.2/index1.html

（1）打开光盘中的素材文件 index.html，如图 5-7 所示。

（2）将光标置于第 1 行第 1 列单元格中，执行"插入"|"图像"命令，弹出"选择图像源文件"对话框，在对话框中选择图像"1x.jpg"，如图 5-8 所示。

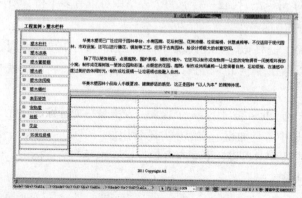

图 5-7　打开文件

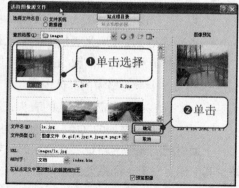

图 5-8　"选择图像源文件"对话框

（3）单击"确定"按钮，插入图像，如图 5-9 所示。

（4）将光标置于第 2 行第 1 列的单元格中，输入文字"塑木栏杆"，如图 5-10 所示。

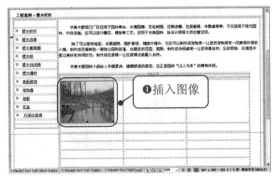
图 5-9 插入图像

图 5-10 输入文字

（5）在第 1、3、5 行其余单元格中分别插入相应的图像，如图 5-11 所示。

（6）在第 2、4、6 行其余单元格中输入文字"塑木栏杆"，如图 5-12 所示。保存文档，按 F12 键在浏览器中预览，效果如图 5-6 所示。

图 5-11 插入图像

图 5-12 输入文字

5.2 编辑表格

> 表格创建好以后可能达不到需要的效果，这时就需要对表格进行编辑操作，如选择表格、单元格的合并及拆分、行或列的删除等，下面具体讲解如何进行这些操作。

 ### 5.2.1 选择表格及其元素

可以一次选择整个表格、行或列，也可以选择一个或多个单独的单元格。

1. 选取整个表格

● 单击表格的任意一条边框线，可以选择整个表格，如图 5-13 所示。

● 将光标置于表格内的任意位置，执行"修改"|"表格"|"选择表格"命令，如图 5-14 所示。

87

图 5-13　表格边框线　　　　　　　　图 5-14　"修改"菜单

- 将光标放置在表格的左上角，拖动到表格的右下角，然后单击鼠标右键，在弹出的快捷菜单中执行"表格"|"选择表格"命令，如图 5-15 所示。
- 将光标置于表格内任意位置，单击文档窗口左下角的<table>标记，如图 5-16 所示。

图 5-15　快捷菜单　　　　　　　　图 5-16　<table>标记

2. 选择表格的行与列

- 当鼠标位于要选择的行首或列顶，鼠标指针形状变成黑箭头时，单击即可选中行或列，如图 5-17 和图 5-18 所示。

图 5-17　单击行首　　　　　　　　图 5-18　单击列顶

88

- 按住鼠标左键不放从左至右或从上至下拖曳，即可选中列或行，如图 5-19 和图 5-20 所示。

图 5-19　上下拖动　　　　　　　　　　　　　图 5-20　左右拖动

3．选择单个单元格

- 按住 Ctrl 键，然后单击要选中的单元格即可。
- 将光标置于要选择的单元格中，然后按 Ctrl+A 组合键并单击该单元格，即可选中该单元格。
- 将光标置于要选择的单元格中，然后执行"编辑"|"全选"命令，即可选中该单元格。
- 将光标置于要选择的单元格中，然后单击文档窗口左下角的<td>标记，也可以选中单元格，如图 5-21 所示。

图 5-21　选择单元格

4．选择多个相邻的单元格

首先应该将光标移动到要选择的相邻单元格中的第一个单元格中，然后单击并拖动鼠标至最后一个单元格，即可选中该组相邻的单元格，如图 5-22 所示。另外还可以先单击一个单元格，然后按住 Shift 键在最后一个单元格中单击，也可选中该组相邻的单元格。

5．选择多个不相邻的单元格

按住 Ctrl 键，然后依次单击想要选择的单元格即可，如图 5-23 所示。在按住 Ctrl 键的同时再次单击选中的单元格，可以取消对该单元格的选择。

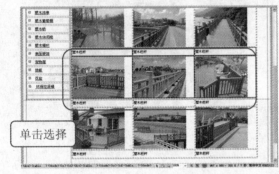

图 5-22　选择多个相邻的单元格　　　　图 5-23　选择多个不相邻的单元格

6．选择不相邻的多个行

在选中一行的基础上，按住 Ctrl 键依次在表格行的左边框附近位置单击，即可选中多个不相邻的表格行，如图 5-24 所示。

7．选择多个相邻的行

将光标移动到表格的左端，当鼠标指针变为指向右的黑色箭头形状时，单击并且上下拖动，即可选中相邻的表格行，如图 5-25 所示。

图 5-24　选择不相邻的多个行　　　　图 5-25　选择多个相邻的表格行

8．选择不相邻的多个列

在选中一列的基础上，按住 Ctrl 键依次在表格列的上边框附近位置单击，即可选中多个不相邻的表格列，如图 5-26 所示。

9．选择多个相邻的表格列

将光标移到表格列的上方，当鼠标指针变成指向下的黑色箭头形状时，单击并且左右拖动，即可选中多个相邻的表格列，如图 5-27 所示。

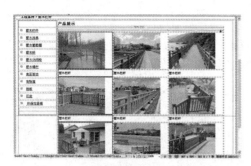

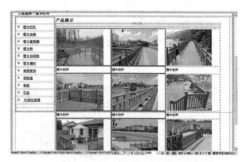

图 5-26　选择不相邻的多个表格列　　　　　　图 5-27　选择多个相邻的表格列

5.2.2　调整表格和单元格的大小

用"属性"面板中的"宽"和"高"文本框能精确地调整表格的大小，而用鼠标拖动调整则显得更为方便快捷。

1．调整列宽

把光标置于表格右边的边框上，当光标变为时，拖动鼠标即可调整单元格的宽度，如图 5-28所示，同时也调整表格的宽度，对行不产生影响。把光标置于表格中间列边框上，当光标变成<i>⊣⊢</i>时，拖动鼠标可以调整中间列边框两边列单元格的宽度，调整列宽后的效果如图 5-29 所示。

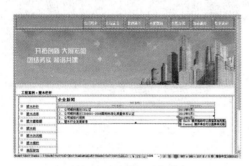

图 5-28　调整列宽前　　　　　　　　　　　图 5-29　调整列宽后

2．调整行高

把光标置于表格底部边框或者中间行线上，当光标变成<i>⊥</i>时，拖动鼠标即可调整行的高度，如图 5-30 所示，调整行高后的效果如图 5-31 所示。

图 5-30　调整行高前　　　　　　　　　　　图 5-31　调整行高后

3．调整表格宽度

选中整个表格，将光标置于表格右边框控制点 ■ 上，当光标变成双箭头 ⇥ 时，如图 5-32 所示，拖动鼠标即可调整表格整体宽度，调整后的效果如图 5-33 所示。

图 5-32　调整表格宽度前

图 5-33　调整表格宽度后

4．调整表格高度

选中整个表格，将光标置于表格底部边框控制点 ■ 上，当光标变成双箭头 ↕ 时，如图 5-34 所示，拖动鼠标即可调整表格整体高度，调整后的效果如图 5-35 所示。

图 5-34　调整表格高度前

图 5-35　调整表格高度后

5．同时调整表宽和表高

选中整个表格，将光标置于表格右下角控制点 ■ 上，当光标变成双箭头 ⬂ 时，如图 5-36 所示，拖动鼠标即可调整表格整体高度和宽度，各行各列都会被均匀调整，调整后的效果如图 5-37 所示。

图 5-36　调整表格高度和宽度前

图 5-37　调整表格高度和宽度后

92

5.2.3 添加、删除行或列

在已创建的表格中添加行或列，要先将光标置于要添加行或列的单元格中，执行"修改"|"表格"|"插入行"命令，即可在光标所在单元格的上面增加一行，如图 5-38 所示。

图 5-38 插入行

将光标置于表格的第 1 列中，执行"修改"|"表格"|"插入列"命令，即可在光标所在单元格的左侧增加一列，如图 5-39 所示。

执行"修改"|"表格"|"插入行或列"命令，弹出"插入行或列"对话框，在对话框中进行相应的设置，如图 5-40 所示，单击"确定"按钮，即可插入行或列。

图 5-39 增加列

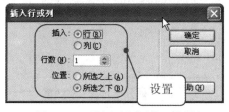

图 5-40 "插入行或列"对话框

将光标置于要删除的行中的任意一个单元格中，执行"修改"|"表格"|"删除行"命令，即可删除当前行，如图 5-41 所示为删除行后的效果。

将光标置于要删除的列中的任意一个单元格中，执行"修改"|"表格"|"删除列"命令，即可删除当前列，如图 5-42 所示为删除列后的效果。

图 5-41　删除行　　　　　　　　　　　图 5-42　删除列

 5.2.4　拆分单元格

拆分单元格的具体操作步骤如下。

（1）执行"修改"|"表格"|"拆分单元格"命令，弹出"拆分单元格"对话框，如图 5-43 所示。

（2）在对话框中，如果设置"把单元格拆分"为"行"，则下边将出现"行数"文本框，然后在文本框中输入要拆分为多少行；如果设置"把单元格拆分"为"列"，则下边将出现"列数"文本框，然后在文本框中输入要拆分为多少列。如图 5-44 所示是把当前单元格拆分为 2 列后的效果。

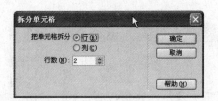

图 5-43　"拆分单元格"对话框　　　　　　　　　图 5-44　拆分单元格

拆分单元格还有以下两种方法：

将光标置于要拆分的单元格中，单击鼠标右键，在弹出的快捷菜单中执行"表格"|"拆分单元格"命令，弹出"拆分单元格"对话框，也可以拆分单元格。

将光标置于要拆分的单元格中，在"属性"面板中单击"拆分单元格为行或列"按钮，弹出"拆分单元格"对话框，也可以拆分单元格。

5.2.5 合并单元格

如果要合并单元格，需要先选中要合并的单元格，然后执行"修改"|"表格"|"合并单元格"命令，如图 5-45 所示为合并单元格后的效果。

图 5-45 合并单元格后的效果

> **提示** 选中要合并的单元格，然后单击鼠标右键，在弹出的快捷菜单中执行"表格"|"合并单元格"命令，也可以将单元格合并。
>
> 选中要合并的单元格，单击"属性"面板中的"合并所选单元格，使用跨度"按钮，也可以合并单元格。

5.2.6 剪切、复制、粘贴表格

选中表格后，执行"编辑"|"拷贝"命令，或者按 Ctrl+C 组合键，即可将选中的表格复制。而执行"编辑"|"剪切"命令，或者按 Ctrl+X 组合键，即可将选中的表格剪切，如图 5-46 所示。

执行"编辑"|"粘贴"命令，或者按 Ctrl+V 组合键，即可粘贴表格，如图 5-47 所示。

图 5-46 复制表格

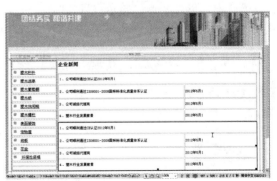

图 5-47 粘贴表格

5.3　设置表格属性

为了使表格更具特色，需要在表格"属性"面板中对表格的背景和边框等进行设置。通过修改面板中的参数可以快速编辑表格的外观。如果窗口中没有显示"属性"面板，可执行"窗口"|"属性"命令，打开"属性"面板。

5.3.1　设置整个表格的属性

选中插入的表格，打开"属性"面板，将"填充"设置为 0，"间距"设置为 0，"边框"默认，如图 5-48 所示。

图 5-48　"属性"面板

表格"属性"面板中主要有以下参数。

- 表格：表格的 ID。
- 行和列：表格中行和列的数量。
- 宽：以像素为单位或表示占浏览器窗口宽度的百分比。
- 填充：单元格内容和单元格边界之间的像素数。
- 间距：相邻的表格单元格间的像素数。
- 对齐：设置表格的对齐方式，该下拉列表中共包括 4 个选项，即"默认"、"左对齐"、"居中对齐"和"右对齐"。
- 边框：用来设置表格边框的宽度。
- 类：对该表格设置一个 CSS 类。
- ：用于清除列宽。
- ：将表格宽度转换为像素。
- ：将表格宽度转换为百分比。
- ：用于清除行高。

5.3.2　设置行、列和单元格属性

选中插入的表格，打开"属性"面板，将"填充"设置为 0，"间距"设置为 0，"边框"默认，如图 5-49 所示。

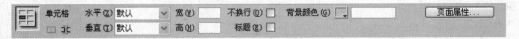

图 5-49　"属性"面板

单元格"属性"面板中主要有以下参数。

- 水平：设置单元格中对象的对齐方式，该下拉列表框中包括"默认"、"左对齐"、"居中对齐"和"右对齐"4 个选项。
- 垂直：也是设置单元格中对象的对齐方式，该下拉列表中包括"默认"、"顶端"、"居中"、"底部"和"基线"5 个选项。
- 宽与高：用于设置单元格的宽与高。
- 不换行：表示单元格的宽度将随文字长度的不断增加而加长。
- 标题：将当前单元格设置为标题行。
- 背景颜色：单击█按钮，在弹出的颜色选择器中选择颜色。

代码揭秘：表格的属性代码

为了使创建的表格更加美观、醒目，需要对表格的属性进行设置，如表 5-1 所示。

表 5-1　表格属性及其功能说明

表 格 属 性	功 能 说 明
frame	设置表格外围边框的显示状况
rules	设置表格内部分割线的显示状况
bordercolordark	设置表格的暗边框
bordercolorlight	设置表格的亮边框
dir	设置表格内容的排列方向

5.4　使用 Spry 布局对象

> Spry 框架支持一组用标准 HTML、CSS 和 JavaScript 编写的可重用构件。可以方便地插入这些构件（采用最简单的 HTML 和 CSS 代码），然后设置构件的样式。框架行为允许用户执行下列操作的功能：显示或隐藏页面上的内容、更改页面的外观（如颜色）与菜单项交互等。

5.4.1　上机练习——使用 Spry 菜单栏

菜单栏构件是一组可导航的菜单按钮，当站点访问者将光标悬停在其中的某个按钮上时，将显示相应的子菜单。使用菜单栏构件可在紧凑的空间中显示大量可导航信息，站点访问者无须深入浏览站点即可了解站点上提供的内容。

使用 Spry 菜单栏的具体操作步骤如下。

（1）新建一空白文档，将光标置于页面中，执行"插入"|"布局对象"|"Spry 菜单栏"命令，如图 5-50 所示。

（2）弹出"Spry 菜单栏"对话框，在对话框中有两种菜单栏构件：垂直构件和水平构件。选择"水平"单选按钮，如图 5-51 所示。

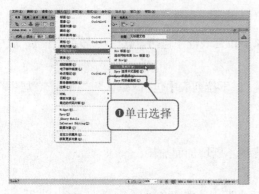

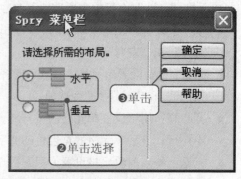

图 5-50　Spry 菜单栏　　　　　　　　　图 5-51　"Spry 菜单栏"对话框

（3）单击"确定"按钮，插入 Spry 菜单栏，如图 5-52 所示。

图 5-52　插入 Spry 菜单栏

5.4.2　使用 Spry 选项卡式面板

　　选项卡式面板构件是一组面板，用来将内容存储到紧凑空间中。站点访问者可通过单击他们要访问的面板上的选项卡来隐藏或显示存储在选项卡式面板中的内容。当访问者单击不同的选项卡时，构件的面板会相应地打开。在给定时间内，选项卡式面板构件中只有一个内容面板处于打开状态，具体操作步骤如下。

　　将光标置于页面中，执行"插入"|"布局对象"|"Spry 选项卡式面板"命令，插入 Spry 选项卡式面板，如图 5-53 所示。

　　选项卡式面板构件的 HTML 代码中包含一个含有所有面板的外部 div 标签、一个标签列表、一个用来包含内容面板的 div 及各面板对应的 div。在选项卡式面板构件的 HTML 中，在文档头中和选项卡式面板构件的 HTML 标记之后还包括脚本标签。

提示　　当将光标置于标签 2 选项卡中时，就会出现 按钮，单击此按钮，即可进入标签 2 选项卡对其进行编辑。

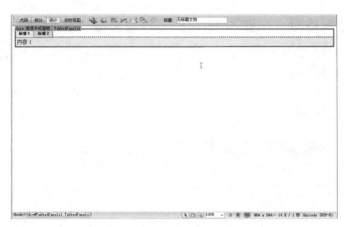

图 5-53　插入 Spry 选项卡式面板

5.4.3　使用 Spry 折叠式

折叠构件是一组可折叠的面板，可以将大量内容存储在一个紧凑的空间中。站点访问者可通过单击该面板上的选项卡来隐藏或显示存储在折叠构件中的内容。当访问者单击不同的选项卡时，折叠构件的面板会相应地展开或收缩。在折叠构件中，每次只能有一个内容面板处于打开且可见的状态。

将光标置于页面中，执行"插入"|"布局对象"|"Spry 折叠式"命令，插入 Spry 折叠式，如图 5-54 所示。

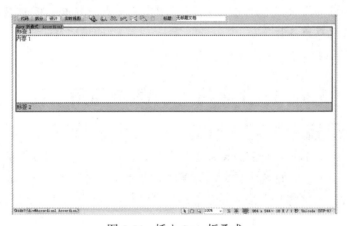

图 5-54　插入 Spry 折叠式

　　折叠构件的默认 HTML 中包含一个含有所有面板的外部 div 标签以及各面板对应的 div 标签，各面板的标签中还分别有一个标题 div 和内容 div。折叠构件可以包含任意数量的单独面板。在折叠构件的 HTML 中，在文档头中和折叠构件的 HTML 标记之后还包括脚本标签。

5.4.4 上机练习——使用 Spry 可折叠面板

"设置状态栏文本"行为在浏览器窗口的底部左侧的状态栏中显示消息，可以使用此行为在状态栏中说明链接的目标，而不是显示与其关联的 URL。

将光标置于页面中，执行"插入"|"布局对象"|"Spry 可折叠面板"命令，即可插入 Spry 可折叠面板，如图 5-55 所示。

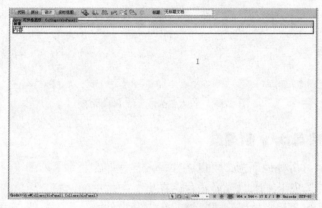

图 5-55 插入 Spry 可折叠面板

 提示　　可折叠面板构件的 HTML 中包含一个外部 div 标签，其中包含内容 div 标签和选项卡容器 div 标签，在文档头中和可折叠面板的 HTML 标记之后还包括脚本标签。

5.5　综合应用——制作圆角表格

表格是 Dreamweaver 中最重要的排版工具。众所周知，任何结构的产生，都需要对其进行排列，网页自然也不会例外，而排列时使用的工具就是表格了。表格是以插入的对象为单位，而框架则不同，它是以插入的网页为单位，它提供了一种较为固定的网页结构。

圆角表格是最常用的一种背景色块。但在 Dreamweaver 中，表格都是矩形的形状，边角都为直角，填充背景颜色只能得到矩形的色块，那么圆角该如何处理呢？我们有一个办法，就是把这个圆角做成图像，然后插入到表格中来，虽然它和设置背景色的原理不同，但在浏览器中的显示却是没有分别的。

如果表格的四周加上圆角，这样可以避免直接使用直角表格，不会显得呆板。下面通过实例来讲述在网页中插入圆角表格，由于在网页排版布局时需要有很强的逻辑性和条理性，因此读者要多加练习，才能将其完全掌握。效果如图 5-56 所示，具体操作步骤如下。

图 5-56 圆角表格效果

练习文件 实例素材/练习文件/CH05/index.html

完成文件 实例素材/完成文件/CH05/index1.html

（1）打开光盘中的原始文件 index.html，如图 5-57 所示。

（2）将光标置于页面中，执行"插入"|"表格"命令，弹出"表格"对话框，在对话框中将"行数"设置为 2，"列"设置为 1，"表格宽度"设置为 100%，如图 5-58 所示。

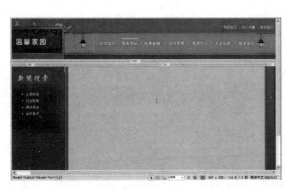

图 5-57 打开文件

图 5-58 "表格"对话框

（3）单击"确定"按钮，插入表格，此表格记为表格 1，如图 5-59 所示。

（4）将光标置于表格 1 的第 1 行单元格中，打开代码视图，在代码中输入背景图像 background= images/c_04.jpg，如图 5-60 所示。

（5）返回到设计视图，将光标置于背景图像上，插入 3 行 1 列的表格 2，如图 5-61 所示。

（6）将光标置于表格 2 的第 1 行单元格中，插入 1 行 1 列的表格，"表格宽度"设置为 90%，"对齐"设置为"居中对齐"，此表格记为表格 3，如图 5-62 所示。

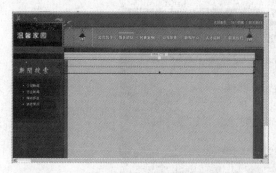

图 5-59　插入表格 1　　　　　　　　图 5-60　添加背景图像

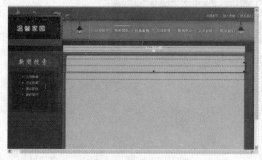　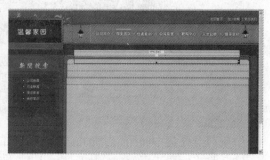

图 5-61　插入表格 2　　　　　　　　图 5-62　插入表格 3

（7）将光标置于表格 3 的单元格中，执行"插入"|"图像"命令，插入图像 images/top1.gif，如图 5-63 所示。

（8）将光标置于表格 2 的第 2 行单元格中，执行"插入"|"图像"命令，插入图像 images/c_06.jpg，如图 5-64 所示。

图 5-63　插入表格 3 图像　　　　　　　图 5-64　插入表格 2 图像

（9）将光标置于表格 2 的第 3 行单元格中，插入 1 行 1 列的表格，将"表格宽度"设置为 95%，"对齐"设置为"居中对齐"，此表格记为表格 4，如图 5-65 所示。

（10）将光标置于表格 4 中，输入相应的文本，并设置字体的大小，如图 5-66 所示。

102

图 5-65　插入表格 4

图 5-66　输入文本

（11）将光标置于表格 1 的第 2 行单元格中，执行"插入"|"图像"命令，插入图像 images/c_12.jpg，如图 5-67 所示。

（12）执行"文件"|"保存"命令，保存文档，按 F12 键在浏览器中预览，如图 5-56 所示。

图 5-67　插入图像

5.6　专家秘籍

1．怎样让表格给网页留白？

在 Dreamweaver 的新网页上输入文字时，默认格式是"顶天立地"的，十分不美观。要避免这一缺憾其实很简单，只要大家用好表格工具就行了。具体做法是：在新页面上插入一张居中对齐的表格，为了能够使表格方便控制，最好设定奇数列，并且数值不要太大。这样在单元格内输入的文字就被限制在一个可以随意调整宽度的区域内。

2．如何去掉图片和表格接触地方的空隙？

要使图片和表格接触的地方不留空隙，仅在表格属性面板上把外框线（border）设为 0 是不行的，还需要在表格的属性面板上把单元格的两个属性设为 0（即 cellspacing="0" 和 cellpadding="0"）。

3．为何在 Dreamweaver 中把单元格宽度或高度设置为"1"没有效果？

Dreamweaver 生成表格时会自动地在每个单元格里填充一个" "代码，即空格代码。如果有这个代码存在，那么把该单元格宽度和高度设置为 1 就没有效果。

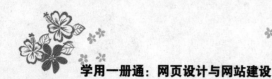

实际预览时该单元格会占据 10px 左右的宽度。如果把 " " 代码去掉，再把单元格的宽度或高度设置为 1，就可以在 IE 中看到预期的效果。但是在 NS（Netscape）中该单元格不会显示，就好像表格中缺了一块。在单元格内放一个透明的 GIF 图像，然后将"宽度"和"高度"都设置为 1，这样就可以同时兼容 IE 和 NS 了。

4. 为何两个表格不能并排？

使两个表格并排的方法是：先插入一个 1 行 2 列的表格，在表格中的第 1 列和第 2 列单元格中分别插入表格，这样两个表格就并排了。

5. 制作细线表格有哪些方法？

选中一个 1 行 1 列的表格，设置它的"填充"为 0，"边框"为 0，"间距"为 1，"背景颜色"为要显示的边框线的颜色。之后将光标置入表格内，设置单元格的"背景颜色"与网页的底色相同即可。

选中一个 1 行 1 列的表格，设置它的"填充"为 1，"边框"为 0，"间距"为 0，"背景颜色"为要显示的边框线的颜色。之后将光标置入表格内，插入一个与该表格"宽"和"高"都相等的嵌套表格，嵌套表格的"填充"、"边框"和"间距"均为 0，"背景颜色"与网页的底色相同即可。

第 6 章　使用模板和库快速创建网页

学前必读

　　在制作大量网页时，很多页面会用到同样的版式、导航和 Logo 等，为了避免重复劳动，可以用 Dreamweaver 提供的模板和库将具有相同版面结构的页面制作成模板，然后通过模板来创建其他网页。利用模板和库可以创建具有统一结构和外观的网站，在需要更改整个网站的外观时，只需将相应的模板文件和库项目稍微修改，然后应用模板和库对整个网站快速更新。

学习流程

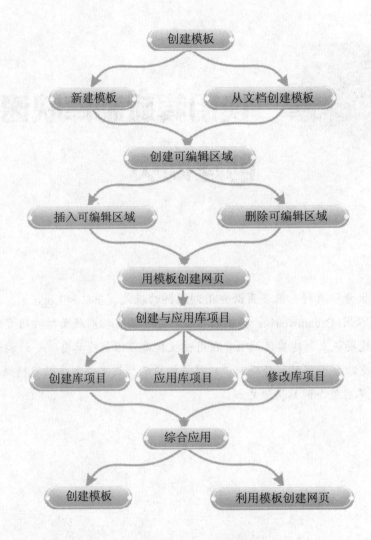

6.1　创建模板

模板一般保存在本地站点根文件夹中一个特殊的 Templates 文件夹中。如果 Templates 文件夹在站点中不存在，则在创建新模板时将自动创建该文件夹。创建模板有两种方法：一种是以现有的文档创建模板，一种是从空白文档创建模板。

 6.1.1　上机练习——新建模板

从空白文档创建模板的具体操作步骤如下。

（1）执行"文件"|"新建"命令，弹出"新建文档"对话框，在对话框中选择"空模板"|

"HTML 模板" | "无" 选项，如图 6-1 所示。

（2）单击"创建"按钮，即可创建空白模板网页，如图 6-2 所示。

图 6-1　"新建文档"对话框　　　　　图 6-2　新建模板

（3）执行"文件" | "另存为"命令，弹出 Dreamweaver 提示对话框，如图 6-3 所示。

（4）单击"确定"按钮，弹出"另存为"对话框，在"文件名"文本框中输入"index.dwt"，如图 6-4 所示。

图 6-3　Dreamweaver 提示对话框　　　　图 6-4　"另存为"对话框

（5）单击"保存"按钮，即可完成模板的创建。

 提示　不要随意移动模板到 Templates 文件夹之外的文件夹，或者将任何非模板文件放在 Templates 文件夹中。此外，不要将 Templates 文件夹移动到本地根文件夹之外，以免引用模板时路径出错。

代码揭秘：模板代码

新建模板的代码如下：

```
<!-- TemplateBeginEditable name="doctitle" -->
<title>无标题文档</title>
<!-- TemplateEndEditable -->
```

```
<!-- TemplateBeginEditable name="head" -->
<!-- TemplateEndEditable -->
```

<!-- TemplateBeginEditable name="doctitle" -->是可编辑区域语法，name=""为可编辑区域的名称，在可编辑区域中，你可以将其他模块加入到该模板文件中显示。<!-- TemplateEndEditable -->是结束语句。

6.1.2 上机练习——从现有文档创建模板

如果要创建的模板文档和现有的网页文档相同，那么就可以将现有文档保存成模板文件，具体操作步骤如下。

 实例素材/练习文件/CH06/6.1.2/index.html

实例素材/完成文件/CH06/6.1.2/index1.html

（1）打开光盘中的素材文件 index.html，如图 6-5 所示。

（2）执行"文件"|"另存为模板"命令，弹出"另存模板"对话框，在"另存为"文本框中输入模板的名称，在"站点"下拉列表中选择保存的站点，如图 6-6 所示。

图 6-5　打开文件

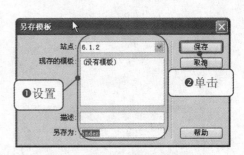

图 6-6　"另存模板"对话框

（3）单击"保存"按钮，弹出如图 6-7 所示的提示对话框。

（4）单击"是"按钮，即可在站点的 Templates 文件夹中创建一个模板文件，如图 6-8 所示。

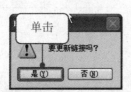

图 6-7　提示对话框

图 6-8　创建一个模板文件

6.2 创建可编辑区域

可编辑区域就是基于模板文档的未锁定区域，是网页套用模板后可以编辑的区域。在创建模板后，模板的布局就固定了，如果要在模板中针对某些内容进行修改，即可为该内容创建可编辑区域。

6.2.1 上机练习——插入可编辑区域

创建可编辑区域的具体操作步骤如下。

（1）打开光盘中的素材文件 index.html，如图 6-9 所示。

（2）将光标置于页面中，执行"插入"|"模板对象"|"可编辑区域"命令，弹出"新建可编辑区域"对话框，在"名称"文本框中输入可编辑区域的名称，如图 6-10 所示。

图 6-9 打开文件

图 6-10 "新建可编辑区域"对话框

（3）单击"确定"按钮，即可插入可编辑区域，如图 6-11 所示。

图 6-11 插入可编辑区域

★ 指点迷津 ★

创建一个站点，保持统一的风格很重要。风格主要从视觉方面来辨别。其一，网站的色调使用。不能这个页面采用黑色，另一个页面采用黄色，这样会使浏览者彻底感觉到站点不统一。其二，网页的布局结构，不能出现这个页面结构是上下的，那个页面结构是左右的，这样不便于网站的导航，令浏览者不知所措。

109

6.2.2 删除可编辑区域

使用"删除模板标记"命令可以取消可编辑区域的标记，使之成为不可编辑区域。

选中插入的可编辑区域，执行"修改"|"模板"|"删除模板标记"命令，即可将可编辑区域删除，如图 6-12 所示。

图 6-12 "删除模板标记"命令

★ 指点迷津 ★

选中要删除的可编辑区域，单击鼠标右键，在弹出的快捷菜单中选择"模板"|"删除模板标记"命令，也可以将可编辑区域删除。

6.3 使用模板创建网页

下面通过实例讲解如何利用模板创建网页，效果如图 6-13 所示，具体操作步骤如下。

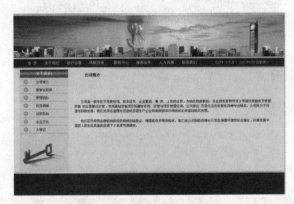

图 6-13 利用模板创建网页

 练习文件　实例素材/练习文件/CH06/6.3/Templates/index.dwt

完成文件　实例素材/完成文件/CH06/6.3/index1.html

（1）执行"文件"｜"新建"命令，弹出"新建文档"对话框，在对话框中选择"模板中的页"｜"6.1.2"｜"index"选项，如图6-14所示。

（2）单击"创建"按钮，创建一个基于模板的文档，如图6-15所示。

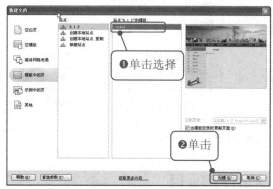

图6-14 "新建文档"对话框

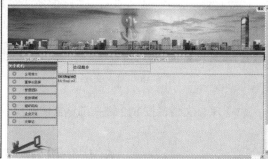

图6-15 创建模板文档

（3）将光标置于可编辑区中，执行"插入"｜"表格"命令，弹出"表格"对话框，将"行数"设置为1，"列"设置为1，"表格宽度"设置为95%，如图6-16所示。

（4）单击"确定"按钮，插入表格，在"属性"面板中将"对齐"设置为"居中对齐"，如图6-17所示。

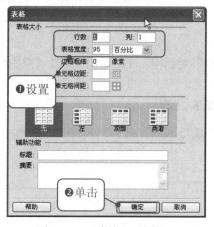

图6-16 "表格"对话框

图6-17 插入表格

（5）将光标置于表格中，输入文字，将"大小"设置为12像素，"颜色"设置为#403300，如图6-18所示。

（6）执行"文件"｜"保存"命令，弹出"另存为"对话框，在"文件名"文本框中输入名称，如图6-19所示。

图 6-18　输入文字　　　　　　　　　图 6-19　"另存为"对话框

（7）保存文档，按 F12 键在浏览器中预览，效果如图 6-13 所示。

6.4　创建与应用库项目

> 库是一种用来存储要在整个站点上经常重复使用或更新的页面元素的方法。通过库可以有效地管理和使用站点上的各种资源。

6.4.1　上机练习——创建库项目

在 Dreamweaver 中，可以将文档页面中的元素创建成库项目，这些元素包括文本、表格、表单等。创建库项目的具体操作步骤如下。

完成文件　实例素材/完成文件/CH06/6.4.1/ top.lbi

（1）执行"文件"|"新建"命令，弹出"新建文档"对话框，在对话框中选择"空白页"|"库项目"选项，如图 6-20 所示。

（2）单击"创建"按钮，创建一个空白文档，如图 6-21 所示。

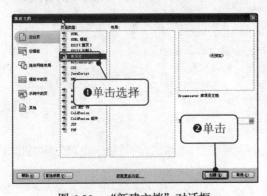

图 6-20　"新建文档"对话框　　　　　图 6-21　新建空白文档

（3）执行"文件"|"保存"命令，弹出"另存为"对话框，在"文件名"文本框中输入"top.lbi"，如图 6-22 所示。

（4）单击"保存"按钮，保存文档，如图 6-23 所示。

112

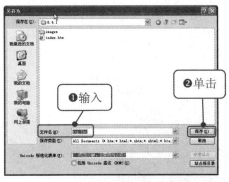
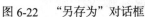

图 6-22　"另存为"对话框

图 6-23　保存文档

（5）将光标置于页面中，执行"插入"|"表格"命令，弹出"表格"对话框，在对话框中将"行数"设置为 2，"列"设置为 1，如图 6-24 所示。

（6）单击"确定"按钮，插入表格，如图 6-25 所示。

图 6-24　"表格"对话框

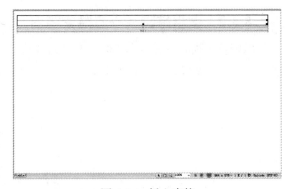

图 6-25　插入表格

（7）将光标置于第 1 行单元格中，执行"插入"|"图像"命令，弹出"选择图像源文件"对话框，在对话框中选择图像 images/top1.jpg，如图 6-26 所示。

（8）单击"确定"按钮，插入图像，如图 6-27 所示。

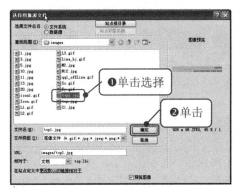

图 6-26　"选择图像源文件"对话框

图 6-27　插入图像

（9）将光标置于第 2 行单元格中，执行"插入"|"图像"命令，插入图像 images/top.jpg，如图 6-28 所示。

（10）执行"文件"|"保存"命令，保存文档即可。

图 6-28　文档效果

6.4.2　上机练习——应用库项目

将库项目添加到页面时，实际内容及对项目的引用就会被插入到文档中。下面应用库项目创建网页的，原始效果如图 6-29 所示，应用库项目效果如图 6-30 所示，具体操作步骤如下。

图 6-29　原始效果

图 6-30　应用库项目效果

练习文件　实例素材/练习文件/CH06/6.4.2/index.html

完成文件　实例素材/完成文件/CH06/6.4.2/index1.html

（1）打开光盘中的素材文件 index.html，如图 6-31 所示。

（2）将光标置于要应用库项目的位置，执行"窗口"|"资源"命令，打开"资源"面板，在面板中单击 按钮，显示创建的库，如图 6-32 所示。

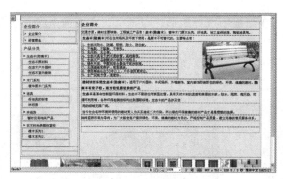

图 6-31　打开文件

图 6-32　"资源"面板

（3）选中库 top，单击面板左下角的"插入"按钮，插入库项目，如图 6-33 所示。

（4）保存文档，按 F12 键在浏览器中预览，效果如图 6-30 所示。

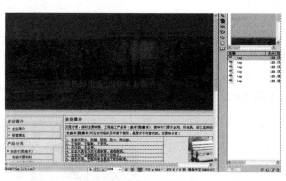

图 6-33　插入库项目

6.4.3　上机练习——修改库项目

在 Dreamweaver 中，可以编辑库项目。在编辑库项目时，可以选择更新站点中所有含有此库项目的页面，从而达到批量更改页面的目的。编辑与更新库项目的操作步骤如下。

（1）执行"窗口"|"资源"命令，打开"资源"面板，在面板中单击"库"按钮，显示库文件，如图 6-34 所示。

（2）选中库项目，单击"编辑"按钮，即可在 Dreamweaver 中打开库项目，如图 6-35 所示。

图 6-34　"资源"面板

图 6-35　打开库项目

（3）选中图像，打开"属性"面板，在面板中选择矩形热点工具，在图像上绘制热区，并输入相应的链接，如图 6-36 所示。

（4）同样绘制其他的热点，并设置相应的图像热区链接，如图 6-37 所示。

图 6-36　绘制热区　　　　　　　　　　　图 6-37　绘制其他热区

（5）执行"修改"|"库"|"更新页面"命令，弹出"更新页面"对话框，在对话框中选择库文件所在的站点，勾选"库项目"复选框，单击"开始"按钮，如图 6-38 所示。更新完毕后，单击"关闭"按钮即可。

（6）打开应用库制作的文档，可以看到应用的库被更新，如图 6-39 所示。

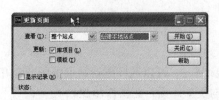

图 6-38　"更新页面"对话框　　　　　　　图 6-39　被更新的文档

6.5　综合应用

在一个大型网站中使用模板和库可以节省大量的工作时间，并且在日后方便对网站进行升级与维护。掌握库和模板的使用可以进一步提高制作网站的水平，因此学会创建与应用模板和库是非常重要的，下面通过两个实例来巩固以上所学到的知识。

综合应用 1——创建模板

在网页中使用模板可以统一整个站点的页面风格，在制作网页时使用模板可以节省大量的工作时间，并且为日后的更新和维护带来很大的方便。下面创建一个模板，具体操作步骤如下。

完成文件　实例素材/完成文件/CH06/实例 1/moban.dwt

（1）执行"文件"｜"新建"命令，弹出"新建文档"对话框，在对话框中选择"空模板"｜"HTML 模板"选项，如图 6-40 所示。

（2）单击"创建"按钮，即可创建一个空白模板网页，如图 6-41 所示。

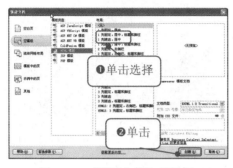

图 6-40　"新建文档"对话框

图 6-41　创建空白文档

（3）执行"文件"｜"保存"命令，弹出如图 6-42 所示的提示对话框。

（4）单击"确定"按钮，弹出"另存模板"对话框，在"站点"下拉列表中选择"6.5"，在"另存为"文本框中输入"moban"，如图 6-43 所示。

图 6-42　提示对话框

图 6-43　"另存模板"对话框

（5）将光标置于页面中，执行"修改"｜"页面属性"命令，弹出"页面属性"对话框，将"上边距"、"下边距"、"左边距"、"右边距"分别设置为 0，如图 6-44 所示。

（6）单击"确定"按钮，修改页面属性，将光标置于页面中，执行"插入"｜"表格"命令，弹出"表格"对话框，将"行数"设置为 1 行，"列"设置为 1，"表格宽度"设置为 1002 像素，如图 6-45 所示。

图 6-44　"页面属性"对话框

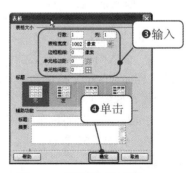

图 6-45　"表格"对话框

（7）单击"确定"按钮，插入表格，此表格记为表格 1，在属性面板中将对齐设置为"居中对齐"，如图 6-46 所示。

（8）将光标置于表格中，执行"插入"|"图像"命令，插入图像/images/职 back-pic.jpg，如图 6-47 所示。

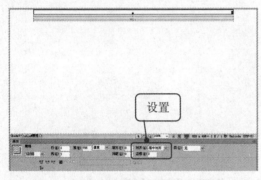

图 6-46　插入表格 1

图 6-47　表格 1 图像

（9）将光标置于表格的右边，执行"插入"|"表格"命令，插入 1 行 1 列的表格 2，在"属性"面板中将"对齐"设置为"居中对齐"，如图 6-48 所示。

（10）将光标置于表格 2 的第 1 行单元格中，在"属性"面板中单击"拆分单元格"按钮，弹出"拆分单元格"对话框，在该对话框中"把单元格拆分"勾选"行"，"行数"设置为 2，如图 6-49 所示。

图 6-48　插入表格 2

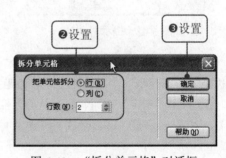

图 6-49　"拆分单元格"对话框

（11）单击"确定"按钮，将单元格拆分成 2 行。将光标置于第 1 行单元格中，执行"插入"|"图像"命令，插入图像 l01.jpg，如图 6-50 所示。

（12）将光标置于第 2 行单元格中，打开拆分视图，输入代码 background="../images/lm.gif"，设置背景图像，如图 6-51 所示。

（13）将光标置于背景图像上，执行"插入"|"表格"命令，插入 7 行 1 列的表格，此表格记为表格 3，如图 6-52 所示。

（14）执行"插入"|"图像"命令，分别在这 7 行单元格中插入相应的图像，如图 6-53 所示。

图 6-50　表格 2 图像

图 6-51　设置背景图像

图 6-52　插入表格 3

图 6-53　表格 3 图像

（15）将光标置于表格 2 的第 2 列单元格中，执行"插入"|"模板对象"|"可编辑区域"命令，弹出"新建可编辑区域"对话框，在"名称"文本框中输入名称，如图 6-54 所示。

（16）单击"确定"按钮，插入可编辑区域，如图 6-55 所示。

图 6-54　"新建可编辑区域"对话框

图 6-55　插入可编辑区域

（17）将光标置于表格 2 的右边，执行"插入"|"表格"命令，插入 1 行 1 列的表格，此表格记为表格 4，在"属性"面板中将"对齐"设置为"居中对齐"，如图 6-56 所示。

（18）将光标置于表格 4 中，执行"插入"|"图像"命令，插入图像 copyright.jpg，如图 6-57 所示。执行"文件"|"保存"命令，保存模板。

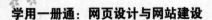

学用一册通：网页设计与网站建设

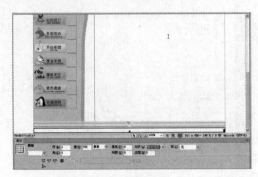

图 6-56　插入表格 4

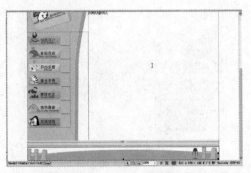

图 6-57　表格 4 图像

综合应用 2——利用模板创建网页

创建模板是使用模板的基础，可以在此基础上分别添加内容，从而创建一系列具有相同外观的页面。下面利用模板创建网页，效果如图 6-58 所示，具体操作步骤如下。

图 6-58　利用模板创建网页

练习文件　实例素材/练习文件/CH06/实例 2/moban.dwt

完成文件　实例素材/完成文件/CH06/实例 2/index1.html

（1）执行"文件"|"新建"选项，弹出"新建文档"对话框，在对话框中选择"模板中的页"|"6.5"|"moban"选项，如图 6-59 所示。

（2）单击"创建"按钮，利用模板创建文档，如图 6-60 所示。

（3）执行"插入"|"表格"命令，弹出"表格"对话框，在该对话框中将"行数"设置为 1，"列"设置为 1，"表格宽度"设置为 90%，如图 6-61 所示。

（4）单击"确定"按钮，插入 1 行 1 列的表格，在"属性"面板中将"对齐"设置为"居中对齐"，如图 6-62 所示。

120

图 6-59　"新建文档"对话框

图 6-60　创建文档

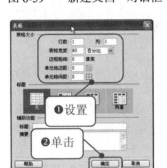

图 6-61　"表格"对话框

图 6-62　插入表格

（5）在表格中输入相应的文本，并在"属性"面板中将字体大小设置为12，如图 6-63 所示。

（6）保存文档，按 F12 键在浏览器中预览，效果如图 6-58 所示。

图 6-63　输入文本

6.6　专家秘籍

1．用 Dreamweaver 的模版制作的网页如何设置行为？

在使用模板做出来的网页中不能新增行为。这是因为新增行为需要在 HTML 文件的 Head 部分之中插入 JavaScript，而使用了 Template 后，HTML 文件的 Head 部分会被"封锁"住。如果要在使用模板生成的网页中应用行为，就需要事先在模板中定义好行为，然后把它定义为模

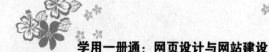

板的可编辑区域。随后，你就可以在网页中更改这个行为了。但这也只限于更改行为的触发事件和动作的具体内容，而不能更改动作的类型。

2. 哪些内容可以定义成库？

很多教程谈到库时，都建议把页脚的版权信息做成库，等到要修改版权时，只要修改库，就可以方便地更新所有的页面了。除了应用在页脚外，库其实还可以应用在许多地方，如导航条。

3. 为什么不能给库定义样式表 CSS？

这是刚刚接触库时经常碰到的问题，要解决这个问题首先要明白库是如何工作的。在一个使用了库的页面中，查看源代码，你会发现使用库的地方都被 Dreamweaver 定义了标记；而在库的源代码中，并不包含<head></head>标签，而 CSS 恰恰是定义在<head>与</head>之间的。使用库时，在库的源代码中同时添加 CSS 的代码，这样库也可以定义 CSS 了。

4. 从模板新建文件后，为什么不能连接 CSS？

定义一个 CSS 文件后，网站中的所有文件都连接这个文件，这是经常使用的技巧。但奇怪的是，使用模板新建的文件，竟然不能使用 CSS。

同样从源代码入手。通常创建模板时都会定义一个表或一幅图片的可编辑区域，Dreamweaver 对除了定义为可编辑区域外的区域，一律不能编辑。也就是说，如果定义了表格为可编辑区域，那么只有<table></table>之间是可以更改的。

问题的解决办法是在模板里预先定义好 CSS，然后输出 CSS 文件，直接在模板里连接 CSS 文件就可以了。

5. 模板和库有何区别？

模板可被理解成一种模型，用这个模型可以方便地做出很多页面，然后在此基础上可以对每个页面进行改动，加入个性化的内容。为了统一风格，一个网站的很多页面都要用到相同的页面元素和排版方式，使用模板可以避免重复地在每个页面输入或修改相同的部分，等网站改版的时候，只要改变模板这个文件的设计，就能自动更改所有基于这个模板的网页。可以说，模板最强大的用途之一就在于一次更新多个页面。从模板创建的文档与该模板保持连接状态（除非用户以后分离该文档），可以修改模板并立即更新基于该模板的所有文档中的设计。

库文件的作用是将网页中常用到的对象转化为库文件，然后作为一个对象插入到其他网页之中。这样就能够通过简单的插入操作创建页面内容了。

模板使用的是整个网页，库文件只是网页上的局部内容。

第 7 章　使用行为和脚本设计动感特效网页

学前必读

　　行为是 Dreamweaver CS6 中一个十分强大的工具，用户不用编写一行 JavaScript 代码就可实现多种动态网页效果。行为的关键在于 Dreamweaver CS6 提供了很多动作，这些动作其实就是标准的 JavaScript 程序，每个动作可以完成特定的任务。行为由事件和该事件触发的动作组成。在面板组的行为面板中，可以先指定一个动作，然后指定触发该动作的事件，从而将行为添加到页面中。

学习流程

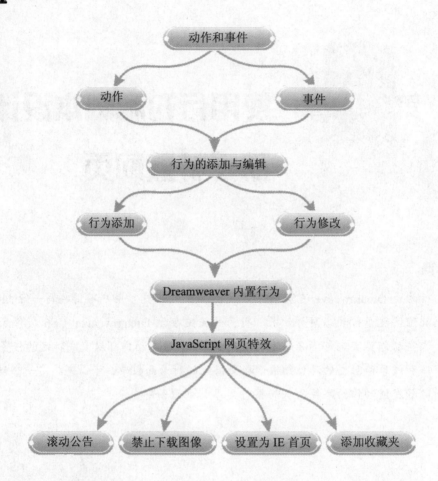

7.1 动作和事件

> "行为"就是事件与动作的组合。换个角度来说，一个事件的发生，会对应地产生一个动作，而"行为"就是"事件"与"动作"的呈现者。一些常用的 JavaScript 程序都放置在"行为"面板上，只要选定网页中的图片、文本、链接、多媒体、层等组件，即可使用"行为"面板上与组件相关的行为来设计网页。

 7.1.1 动作

所谓动作就是设定更换图片、弹出警告信息框等特殊的 JavaScript 效果，在设定的事件发生时运行动作。表 7-1 是 Dreamweaver 中默认提供动作的种类。

表 7-1　Dreamweaver 中常见的动作

动　作	说　明
弹出消息	设置的事件发生之后，显示警告信息
交换图像	发生设置的事件后，用其他图片来取代选定的图片
恢复交换图像	在运用交换图像动作之后，显示原来的图片
打开浏览器窗口	在新窗口中打开
拖动 AP 元素	允许在浏览器中自由拖动 AP 元素
转到 URL	可以转到特定的站点或者网页文档上
检查表单	检查表单文档有效性时使用
调用 JavaScript	调用 JavaScript 特定函数
改变属性	改变选定客体的属性
跳转菜单	可以建立若干个链接的跳转菜单
跳转菜单开始	在跳转菜单中选定要移动的站点之后，只有单击按钮才可以移动到链接的站点上
预先载入图像	为了在浏览器中快速显示图片，事先下载图片之后显示出来
设置框架文本	在选定的框架上显示指定的内容
设置文本域文字	在文本字段区域显示指定的内容
设置容器中的文本	在选定的容器上显示指定的内容
设置状态栏文本	在状态栏中显示指定的内容
显示-隐藏 AP 元素	显示或隐藏特定的 AP 元素

7.1.2　事件

　　事件是触发动作的原因，它可以被附加到各种页面元素上，也可以被附加到 HTML 标记中。一个事件总是针对页面元素或标记而言，如将鼠标指针移动到图片上、把鼠标指针放在图片之外、单击鼠标左键。不同类型的浏览器可能支持的事件种类和数量是不一样的，通常高版本的浏览器支持更多的事件。常见的事件如表 7-2 所示。

表 7-2　常见的事件

事　件	说　明
onAbort	在浏览器窗口中停止了加载网页文档的操作时发生的事件
onMove	移动窗口或者停顿时发生的事件
onLoad	选定的对象出现在浏览器上时发生的事件
onResize	访问者改变窗口或帧的大小时发生的事件
onunLoad	访问者退出网页文档时发生的事件
onClick	单击选定元素的一瞬间发生的事件
onBlur	鼠标指针移动到窗口或帧外部，即在这种非激活状态下发生的事件
onDragDrop	拖动并放置选定元素的那一瞬间发生的事件
onDragStart	拖动选定元素的那一瞬间发生的事件
onFocus	鼠标指针移动到窗口或帧上，即激活之后发生的事件
onMouseDown	单击鼠标右键一瞬间发生的事件
onMouseMove	鼠标指针指向字段并在字段内移动时发生的事件
onMouseOut	鼠标指针经过选定元素之外时发生的事件
onMouseOver	鼠标指针经过选定元素上方时发生的事件
onMouseUp	单击鼠标右键，然后释放时发生的事件
onScroll	访问者在浏览器上移动滚动条的时候发生的事件
onKeyDown	当访问者按下任意键时产生，浏览器不会觉察哪一个键被按下

续　表

事　件	说　明
onKeyPress	当访问者按下和释放任意键时产生，浏览器不会觉察哪一个键被按下
onKeyUp	在键盘上按下特定键并释放时发生的事件
onAfterUpdate	更新表单文档内容时发生的事件
onBeforeUpdate	改变表单文档项目时发生的事件
onChange	访问者修改表单文档的初始值时发生的事件
onReset	将表单文档重置为初始值时发生的事件
onSubmit	访问者传送表单文档时发生的事件
onSelect	访问者选定文本字段中的内容时发生的事件
onError	在加载文档的过程中，发生错误时发生的事件
onFilterChange	运用于选定元素的字段发生变化时发生的事件
Onfinish Marquee	用功能来显示的内容结束时发生的事件
Onstart Marquee	开始应用功能时发生的事件

在网页中选取所需要的内容，如文本、图像、AP 元素等，然后打开"行为"面板，即可为所选的网页内容添加行为，最后通过设置事件，即可让行为动作因为事件的触发而产生相应的效果。

7.2　行为的添加与编辑

7.2.1　行为的添加

向网页中添加行为和对行为控制主要是通过"行为"面板来实现的。执行"窗口"|"行为"命令，打开"行为"面板，如图 7-1 所示。

具体操作步骤如下。

（1）在编辑窗口中，选择要添加行为的对象元素，在编辑窗口中选择元素，或者在编辑窗口底部的标签选择器中单击相应的页面元素标签，如<body>。

（2）单击"行为"面板中的添加行为按钮，在打开的行为菜单中选择一种行为。

（3）选择行为后，一般会打开一个参数设置对话框，根据需要设置完成。

（4）单击"确定"按钮，这时在"行为"面板中将显示添加的事件及对应的动作。

图 7-1　"行为"面板

（5）如果要设置其他触发事件，可以单击"事件"列表右边的下拉箭头，打开"事件"下拉菜单，从中选择一个需要的事件。

在"行为"面板中包含以下 4 种按钮。

● ：弹出一个菜单，在此菜单中选择其中的命令，会弹出一个对话框，在对话框中设置选定动作或事件的各个参数。如果弹出的菜单中所有选项都为灰色，则表示不能对所选择的对象添加动作或事件。

- ▬：单击此按钮可以删除列表中所选的事件和动作。
- ▲：单击此按钮可以向上移动所选的事件和动作。
- ▼：单击此按钮可以向下移动所选的事件和动作。

7.2.2　行为的修改

在附加了行为之后，可以更改触发动作的事件、添加或删除动作以及更改动作的参数。其步骤如下。

（1）选择一个附加有行为的对象。

（2）执行"窗口"|"行为"命令，打开"行为"面板，若要编辑动作的参数，双击动作的名称或将其选中并按 Enter (Windows) 或 Return (Macintosh)键；然后更改对话框中的参数并单击"确定"。

若要更改给定事件的多个动作的顺序，选择某个动作后单击上下箭头，或者选择该动作，将其剪切并粘贴到其他动作之间的合适位置。

7.3　使用 Dreamweaver 内置行为

> 在 Dreamweaver CS6 中，无须编写触发事件及动作脚本代码，直接利用 Dreamweaver CS6"行为"面板中的各项设置，就可以轻松实现丰富的动态页面效果，达到用户与页面交互的目的。

7.3.1　上机练习——交换图像

"交换图像"行为是将一幅图像替换成另一幅图像，一个交换图像其实是由两幅图像组成的。

下面通过实例讲述"交换图像"行为的使用方法，鼠标未经过图像时的效果如图 7-2 所示，鼠标经过图像时的效果如图 7-3 所示，具体操作步骤如下。

图 7-2　鼠标未经过图像时的效果

图 7-3　鼠标经过图像时的效果

127

练习
文件　实例素材/练习文件/CH07/7.3.1/index.html

完成
文件　实例素材/完成文件/CH07/7.3.1/index1.html

（1）打开光盘中的素材文件 index.html，选中图像，如图 7-4 所示。

（2）执行"窗口"｜"行为"命令，打开"行为"面板，在"行为"面板中单击"添加行为"按钮 **+**，在弹出的菜单中选择"交换图像"选项，如图 7-5 所示。

图 7-4　打开文件　　　　　　　　　　　　　图 7-5　选择"交换图像"选项

（3）弹出"交换图像"对话框，在对话框中单击"设定原始档为"文本框右边的"浏览"按钮，弹出如图 7-6 所示的对话框，在对话框中选择图像 images/nei1.jpg。

（4）单击"确定"按钮，添加到文本框中，勾选"预先载入图像"复选框，在载入页时将新图像载入到浏览器的缓存中，这样可以防止当图像该出现时由于下载而导致的延迟，如图 7-7 所示。

（5）单击"确定"按钮，添加到"行为"面板中，如图 7-8 所示。

图 7-6　"选择图像源文件"对话框　　　　图 7-7　"交换图像"对话框　　　图 7-8　添加行为

（6）保存文档，按 F12 键在浏览器中预览。

7.3.2　恢复交换图像

利用"恢复交换图像"行为，可以将所有被替换显示的图像恢复为原始图像。一般来说，在设置"交换图像"行为时会自动添加"恢复交换图像"行为，这样当鼠标离开对象时就会自动恢复原始图像。

　　如果在设置"交换图像"行为时，没有选中"交换图像"对话框中的"鼠标滑开时恢复图像"复选框，则仅为对象附加"交换图像"行为，而没有附加"恢复交换图像"行为，这时可以手动为图像设置"恢复交换图像"行为，具体操作步骤如下。

　　（1）选中页面中附加了"交换图像"行为的对象。

　　（2）单击"行为"面板中的"添加行为"按钮，在弹出的菜单中选择"恢复交换图像"选项，弹出"恢复交换图像"对话框，如图 7-9 所示。

图 7-9　"恢复交换图像"对话框

　　（3）在对话框中没有可以设置的选项，直接单击"确定"按钮，即可为对象添加"恢复交换图像"行为。

 ### 7.3.3　上机练习——打开浏览器窗口

　　使用"打开浏览器窗口"行为可以在一个新窗口中打开 URL，可以指定新窗口的属性，如窗口的大小、属性和名称。

　　下面通过实例讲述"打开浏览器窗口"的使用方法，原始效果如图 7-10 所示，打开浏览器窗口效果如图 7-11 所示，具体操作步骤如下。

图 7-10　原始效果　　　　　　　　　　图 7-11　打开浏览器窗口效果

练习文件　实例素材/练习文件/CH07/7.3.3/index.html

完成文件　实例素材/完成文件/CH07/7.3.3/index1.html

　　（1）打开光盘中的素材文件 index.html，如图 7-12 所示。

　　（2）执行"窗口"|"行为"命令，打开"行为"面板，在面板中单击"添加行为"按钮，在弹出的菜单中选择"打开浏览器窗口"选项，如图 7-13 所示。

图 7-12　打开文件　　　　　　　图 7-13　选择"打开浏览器窗口"选项

（3）弹出"打开浏览器窗口"对话框，在对话框中单击"要显示的 URL"文本框右边的"浏览"按钮，弹出"选择文件"对话框，在对话框中选择文件，如图 7-14 所示。

（4）单击"确定"按钮，添加到文本框中，将"窗口宽度"设置为 300，"窗口高度"设置为 280，在"窗口名称"文本框中输入名称，如图 7-15 所示。

 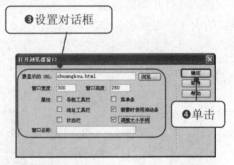

图 7-14　"选择文件"对话框　　　　图 7-15　"打开浏览器窗口"对话框

"打开浏览器窗口"对话框中主要有以下参数。

- 要显示的 URL：指定要打开的新窗口文件。
- 窗口宽度：指定以像素为单位的窗口宽度。
- 窗口高度：指定以像素为单位的窗口高度。
- 导航工具栏：浏览器按钮包括前进、后退、主页和刷新。
- 地址工具栏：浏览器地址。
- 状态栏：浏览器窗口底部的区域，用于显示信息。
- 菜单条：浏览器窗口菜单。
- 需要时使用滚动条：指定如果内容超过可见区域时滚动条自动出现。
- 调整大小手柄：指定用户是否可以调整窗口大小。
- 窗口名称：新窗口的名称。

★ 指点迷津 ★

> 　如果不调整要打开的浏览器窗口大小，在打开时它的大小与打开它的窗口相同。
> 　实际中会遇到很多网页在打开的同时弹出一些信息窗口（如招聘启事）或广告窗口，其实它们使用的都是 Dreamweaver 行为中的"打开浏览器窗口"动作。

（5）单击"确定"按钮，添加行为，如图 7-16 所示。

（6）保存文档，按 F12 键在浏览器中预览，效果如图 7-11 所示。

图 7-16　添加行为

代码揭秘：打开浏览器窗口代码

　首先在<head> </head>内定义一个函数，用 window.open 方法创建一个弹出式窗口。代码如下：

```
<head>
<script type="text/javascript">
function MM_openBrWindow(theURL,winName,features) { //v2.0
  window.open(theURL,winName,features);
}
</script>
</head>
```

theURL 是网页的地址，winName 是网页所在窗口的名字，features 是窗口的属性。

　在 body 中利用 onLoad 事件，当加载网页时，弹出网页窗口文件，并且设置窗口的属性，chuangkou.html 是弹出窗口的文件，resizable 为"yes"表示允许改变窗口大小，scrollbars 为"yes"表示显示滚动条，height 和 width 表示窗口的高度和宽度，代码如下：

```
<body onLoad="MM_openBrWindow('chuangkou.html','最新消息','
scrollbars=yes,resizable=yes,width=300,height=280')">
```

7.3.4　上机练习——调用 JavaScript

　"调用 JavaScript"动作允许用户使用"行为"面板指定一个自定义功能，或当发生某个事件时应该执行的一段 JavaScript 代码，可以自己编写，也可以使用各种免费获取的 JavaScript 代码。下面利用"调用 JavaScript"行为创建一个自动关闭的网页，原始效果如图 7-17 所示，调用 JavaScript 的效果如图 7-18 所示，具体操作步骤如下。

图 7-17　原始效果　　　　　　　　图 7-18　调用 JavaScript 的效果

练习文件　实例素材/练习文件/CH07/7.3.4/index.html

完成文件　实例素材/完成文件/CH07/7.3.4/index1.html

（1）打开光盘中的素材文件 index.html，如图 7-19 所示。

（2）在文档窗口中选中<body>标签，执行"窗口"|"行为"命令，打开"行为"面板，在面板中单击"添加行为"按钮，在弹出的菜单中选择"调用 JavaScript"，如图 7-20 所示。

图 7-19　打开文件　　　　　　图 7-20　选择"调用 JavaScript"选项

（3）弹出"调用 JavaScript"对话框，在对话框中输入 window.close()，如图 7-21 所示。

（4）单击"确定"按钮，添加到"行为"面板，如图 7-22 所示。

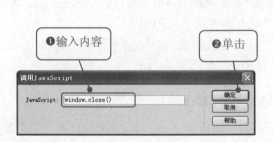

图 7-21　"调用 JavaScript"对话框　　　　图 7-22　添加行为

（5）保存文档，按 F12 键在浏览器中预览，效果如图 7-18 所示。

132

 7.3.5　改变属性

使用"改变属性"行为可以更改对象某个属性的值,可以更改的属性是由浏览器决定的。

执行"窗口"|"行为"命令,打开"行为"面板,在面板中单击添加行为按钮 +,在弹出的菜单中选择"改变属性"选项,弹出"改变属性"对话框,如图 7-23 所示。

图 7-23　"改变属性"对话框

"改变属性"对话框中主要有以下参数。

- 元素类型:选择要更改其属性的元素类型,"元素"下拉列表列出所有所选类型的元素。
- 元素 ID:选择一个元素。
- 属性:选择一个属性,或在文本框中输入该属性的名称。
- 新的值:为该属性输入新值。

 7.3.6　上机练习——拖动 AP 元素

"拖动 AP 元素"行为允许访问者拖动 AP Div,使用此行为可以创建拼板游戏和其他可移动的页面元素。

下面通过实例讲述拖动 AP 元素的使用方法,原始效果如图 7-24 所示,使用拖动 AP 元素的效果如图 7-25 所示,具体操作步骤如下。

图 7-24　原始效果

图 7-25　拖动 AP 元素效果

 练习文件　实例素材/练习文件/CH07/7.3.6/index.html

完成文件　实例素材/完成文件/CH07/7.3.6/index1.html

(1)打开光盘中的素材文件 index.html,将光标置于文档中,执行"插入"|"布局对象"|"AP Div"命令,插入 AP Div,如图 7-26 所示。

(2)将光标置于 AP Div 中,在 AP Div 中输入文本,如图 7-27 所示。

学用一册通：网页设计与网站建设

图 7-26　插入 AP Div

图 7-27　输入文本

（3）选中<body>标签，在"行为"面板中单击"添加行为"按钮➕，在弹出的菜单中选择"拖动 AP 元素"选项，如图 7-28 所示。

（4）弹出"拖动 AP 元素"对话框，在对话框中的"AP 元素"下拉列表中选择 div "apDiv1"，在"移动"下拉列表中选择"不限制"，"靠齐距离"设置为"50"像素，如图 7-29 所示。

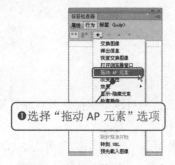
图 7-28　选择"拖动 AP 元素"选项

图 7-29　"拖动 AP 元素"对话框

（5）如果定义 AP Div 的拖动控制点，此时就需要设置"拖动 AP 元素"对话框中的"高级"模式，如图 7-30 所示。

（6）单击"确定"按钮，添加行为，如图 7-31 所示。

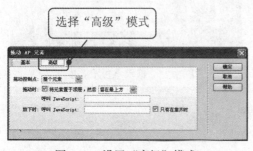
图 7-30　设置"高级"模式

图 7-31　添加行为

（7）保存文档，按 F12 键在浏览器中预览，效果如图 7-25 所示。

134

　不能将拖动 AP 元素动作与使用 on MouseDown 事件的对象相连。

 7.3.7　上机练习——转到 URL

"转到 URL"行为在当前窗口或指定的框架中打开一个新网页，此行为对通过一次单击更改两个或多个框架的内容特别有用。

下面通过实例讲述"转到 URL"的使用方法，跳转前如图 7-32 所示，跳转后如图 7-33 所示，具体操作步骤如下。

图 7-32　跳转前的效果

图 7-33　跳转后的效果

练习文件　实例素材/练习文件/CH07/7.3.7/index.html

完成文件　实例素材/完成文件/CH07/7.3.7/index1.html

（1）打开光盘中的素材文件 index.html，如图 7-34 所示。

（2）在文档窗口中单击 body 标签，执行"窗口"|"行为"命令，打开"行为"面板，在面板中单击添加行为按钮 ，在弹出的菜单中选择"转到 URL"选项，如图 7-35 所示。

图 7-34　打开文件

图 7-35　选择"转到 URL"选项

（3）弹出"转到 URL"对话框，在对话框中单击"URL"文本框右边的"浏览"按钮，在弹出的"选择文件"对话框中选择文件，或在"URL"文本框中直接输入该文档的路径和文件名，如图 7-36 所示。

（4）单击"确定"按钮，将文件添加到对话框中，如图 7-37 所示。

（5）单击"确定"按钮，添加行为，如图 7-38 所示。

（6）保存文档，按 F12 键在浏览器中预览效果。

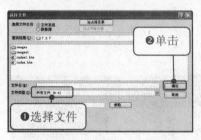

图 7-36　"选择文件"对话框

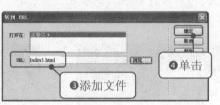

图 7-37　"转到 URL"对话框

图 7-38　添加行为

代码揭秘：转到 URL 代码

首先在\<head> \</head>内定义一个 MM_goToURL 函数。代码如下：

```
<script type="text/javascript">
function MM_goToURL() { //v3.0
  var i, args=MM_goToURL.arguments; document.MM_returnValue = false;
  for (i=0; i<(args.length-1); i+=2)
eval(args[i]+".location='"+args[i+1]+"'");
  }
</script>
```

接着在 body 内利用 onload 事件加载网页时，在当前窗口调用 index1.html 网页。代码如下：

```
<body onLoad="MM_goToURL('parent','index1.html');return
document.MM_returnValue">
```

7.3.8　上机练习——弹出信息

"弹出信息"行为显示一个带有指定消息的 JavaScript 警告框，因为 JavaScript 警告只有一个"确定"按钮，所以使用此行为可以提供信息，而不能为浏览者提供选择。

下面通过实例讲述"弹出信息"行为的使用方法，原始效果如图 7-39 所示，弹出信息效果如图 7-40 所示，具体操作步骤如下。

练习文件　实例素材/练习文件/CH07/7.3.8/index.html

完成文件　实例素材/完成文件/CH07/7.3.8/index1.html

（1）打开光盘中的素材文件 index.html，如图 7-41 所示。

（2）选择\<body>标签，执行"窗口"|"行为"命令，打开"行为"面板，在面板中单击"添加行为"按钮 **+** ，在弹出的菜单中选择"弹出信息"选项，如图 7-42 所示。

图 7-39　原始效果

图 7-40　弹出信息效果

图 7-41　打开文件

图 7-42　选择"弹出信息"选项

（3）弹出如图 7-43 所示的"弹出信息"对话框，在对话框中输入内容。

（4）单击"确定"按钮，添加行为，如图 7-44 所示。

图 7-43　"弹出信息"对话框

图 7-44　添加行为

（5）保存文档，按 F12 键在浏览器中预览，效果如图 7-40 所示。

代码揭秘：弹出信息代码

首先在<head> </head>内定义一个 MM_popupMsg(msg)函数。代码如下：

```
<script type="text/javascript">
function MM_popupMsg(msg) { //v1.0
  alert(msg);
}
</script>
```

137

接着在 body 内利用 onLoad 事件加载网页时，调用 MM_popupMsg 函数显示提示文字。代码如下：

```
<body onLoad="MM_popupMsg.('欢迎光临我们的网站！')">
```

7.3.9　上机练习——预先载入图像

一个网页包含很多图像，但在下载时有些图像不能被同时下载，当需要显示这些图像时，浏览器需再次向服务器请求指令继续下载图像，这样会给网页的浏览造成一定程度的延迟。而使用"预先载入图像"行为就可以把一些图像预先载入浏览器的缓冲区内，这样就避免了在下载时出现的延迟。

下面通过实例讲述"预先载入图像"行为的使用方法，原始效果如图 7-45 所示，预先载入图像效果如图 7-46 所示，具体操作步骤如下。

图 7-45　原始效果

图 7-46　预先载入图像效果

练习文件　实例素材/练习文件/CH07/7.3.9/index.html

完成文件　实例素材/完成文件/CH07/7.3.9/index1.html

（1）打开光盘中的素材文件 index.html，如图 7-47 所示。

（2）执行"窗口"|"行为"命令，打开"行为"面板，单击"添加行为"按钮，在弹出的菜单中选择"预先载入图像"选项，如图 7-48 所示。

（3）弹出"预先载入图像"对话框，单击"图像源文件"文本框右边的"浏览"按钮，弹出"选择图像源文件"对话框，在对话框中选择要预先载入的图像 images/20090420221115154808.gif，如图 7-49 所示。

（4）单击"确定"按钮，添加到文本框中，如图 7-50 所示。单击"确定"按钮，添加到"行为"面板中，如图 7-51 所示。

图 7-47 打开文件

图 7-48 选择"预先载入图像"选项

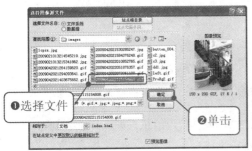

图 7-49 "选择图像源文件"对话框

图 7-50 "预先载入图像"对话框 图 7-51 添加行为

（5）保存文档，按 F12 键在浏览器中预览，效果如图 7-46 所示。

7.3.10 上机练习——设置状态栏文本

"设置状态栏文本"行为可以在浏览器窗口的底部左侧的状态栏中显示消息，如在状态栏中说明链接的目标，而不是显示与其关联的 URL。

下面通过实例讲述"设置状态栏文本"行为的使用方法，原始效果如图 7-52 所示，设置状态栏文本效果如图 7-53 所示，具体操作步骤如下。

练习文件 实例素材/练习文件/CH07/7.3.10/index.html

完成文件 实例素材/完成文件/CH07/7.3.10/index1.html

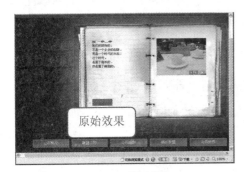

图 7-52 原始效果

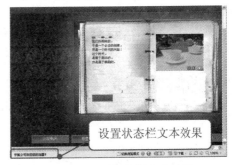

图 7-53 设置状态栏文本效果

（1）打开光盘中的素材文件 index.html，如图 7-54 所示。

（2）执行"窗口"|"行为"命令，打开"行为"面板，单击"添加行为"按钮，从弹出的菜单中选择"设置文本"|"设置状态栏文本"选项，如图 7-55 所示。

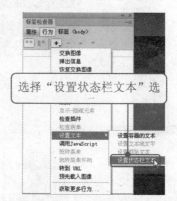

图 7-54　打开文件　　　　　　　　图 7-55　选择"设置状态栏文本"选项

（3）弹出"设置状态栏文本"对话框，在"消息"文本框中输入消息，如图 7-56 所示。

（4）单击"确定"按钮，添加行为，如图 7-57 所示。

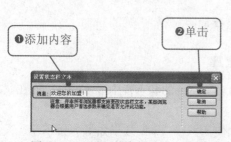

图 7-56　"设置状态栏文本"对话框　　　　图 7-57　添加行为

 7.3.11　跳转菜单

可以通过在行为面板中双击现有的"跳转菜单"行为，编辑和重新排列菜单项，更改要跳转到的文件。下面通过实例讲述"跳转菜单"行为的使用方法，原始效果如图 7-58 所示，使用"跳转菜单"行为效果如图 7-59 所示。

练习文件　实例素材/练习文件/CH07/7.3.11/index.html

完成文件　实例素材/完成文件/CH07/7.3.11/index1.html

（1）打开光盘中的原始文件 index.html，选中插入的跳转菜单，如图 7-60 所示。

（2）执行"窗口"|"行为"命令，打开"行为"面板，单击"添加行为"按钮，在行为面板中单击"跳转菜单"选项，如图 7-61 所示。

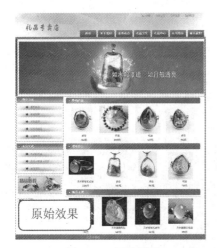

图 7-58　原始效果

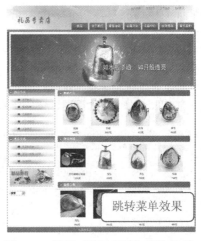

图 7-59　使用"跳转菜单"行为效果

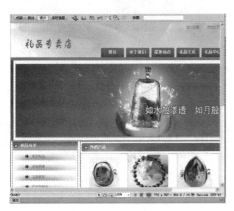

图 7-60　打开文件

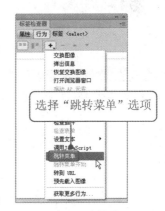

图 7-61　选择"跳转菜单"选项

（3）弹出"跳转菜单"对话框，在对话框中添加相应的内容，如图 7-62 所示。

（4）单击"确定"按钮，添加行为，如图 7-63 所示。

图 7-62　"跳转菜单"对话框

图 7-63　添加行为

（5）保存文档，按 F12 键在浏览器中预览，效果如图 7-59 所示。

7.3.12 显示-隐藏元素

"显示-隐藏元素"行为可以根据鼠标事件显示或隐藏页面中的元素，这样可以改善与用户之间的交互。

下面通过实例讲述"显示-隐藏元素"行为的使用方法，鼠标经过文字前和鼠标经过文字时的效果分别如图 7-64 和图 7-65 所示，具体操作步骤如下。

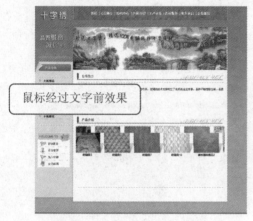

图 7-64　鼠标经过文字前的效果

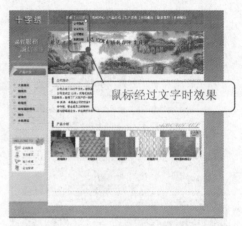

图 7-65　鼠标经过文字时的效果

练习文件　实例素材/练习文件/CH07/7.3.12/index.html

完成文件　实例素材/完成文件/CH07/7.3.12/index1.html

（1）打开光盘中的素材文件 index.html，如图 7-66 所示。

（2）将光标置于页面中，执行"插入"|"布局对象"|"AP Div"命令，插入 AP Div，并调整 AP 元素的大小，如图 7-67 所示。

图 7-66　打开文件

图 7-67　插入 AP Div

（3）将光标置于 AP Div 中，执行"插入"|"表格"命令，插入 4 行 1 列的表格，将"填充"设置为 4，"边框"设置为 1，单元格的"背景颜色"设置为#F79FC5，如图 7-68 所示。

（4）在单元格中分别输入文字，如图 7-69 所示。

图 7-68　插入表格

图 7-69　输入文字

（5）选中文字"公司简介"，在"行为"面板中单击"添加行为"按钮 ，在弹出的菜单中选择"显示-隐藏元素"选项，弹出"显示-隐藏元素"对话框，在对话框中选择 div "apDiv2"，单击"显示"按钮，如图 7-70 所示。

（6）单击"确定"按钮，添加到"行为"面板中，如图 7-71 所示。

图 7-70　"显示-隐藏元素"对话框

图 7-71　添加行为

（7）选中文字"公司简介"，在"行为"面板中单击"添加行为"按钮 ，在弹出的菜单中选择"显示-隐藏元素"选项，弹出"显示-隐藏元素"对话框，在对话框中选择 div "apDiv2"，单击"隐藏"按钮，如图 7-72 所示。

（8）单击"确定"按钮，添加到"行为"面板中，如图 7-73 所示。

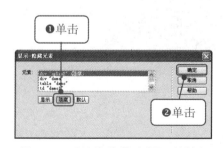

图 7-72　"显示-隐藏元素"对话框

图 7-73　添加行为

学用一册通：网页设计与网站建设

（9）执行"窗口"|"AP 元素"命令，打开"AP 元素"面板，在面板中双击显示-隐藏按钮，出现 👁 时为显示 AP Div，如图 7-74 所示。

（10）在"AP 元素"面板中双击显示-隐藏按钮，出现 👁 时为隐藏 AP Div，如图 7-75 所示。

图 7-74　显示 AP Div

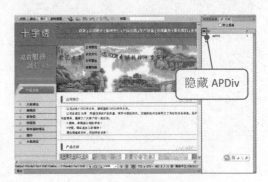

图 7-75　隐藏 AP Div

（11）保存文档，按 F12 键在浏览器中预览。

 7.3.13　上机练习——检查表单

"检查表单"行为检查指定文本域的内容以确保输入了正确的数据类型。使用 onBlur 事件将此动作分别附加到各文本域，在用户填写表单时对文本域进行检查；或使用 onSubmit 事件将其附加到表单，在单击"提交"按钮的同时对多个文本域进行检查。将此行为附加到表单以防止表单提交到服务器后指定的文本域包含无效的数据。

下面通过实例讲述"检查表单"行为的使用，原始效果如图 7-76 所示，使用"检查表单"行为效果如图 7-78 所示，具体操作步骤如下。

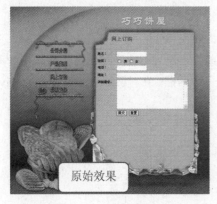

图 7-76　原始效果

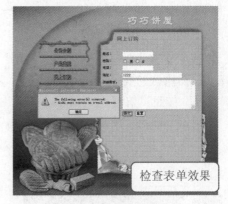

图 7-77　检查表单效果

练习文件　实例素材/练习文件/CH07/7.3.13/index.html
完成文件　实例素材/完成文件/CH07/7.3.13/index1.html

（1）打开光盘中的素材文件 index.html，如图 7-78 所示。

144

（2）选中表单，执行"窗口"|"行为"命令，打开"行为"面板，单击"添加行为"按钮，在弹出的菜单中选择"检查表单"选项，如图 7-79 所示。

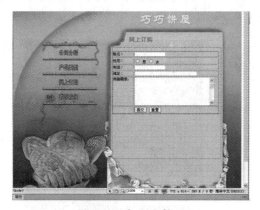

图 7-78　打开文件

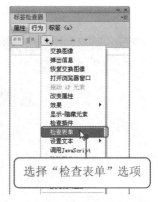

图 7-79　选择"检查表单"选项

（3）弹出"检查表单"对话框，在对话框中进行相应的设置，如图 7-80 所示。

（4）单击"确定"按钮，添加行为，将事件设置为 onSubmit，如图 7-81 所示。

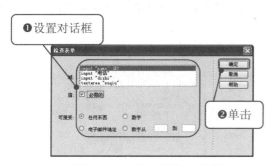

图 7-80　"检查表单"对话框

图 7-81　添加行为

"可接受"选项中主要有以下参数。

● 任何东西：如果该文本域是必需的但不需要包含任何特定类型的数据，则使用"任何东西"。

● 电子邮件地址：使用"电子邮件地址"检查该文本域是否包含一个@符号。

● 数字：使用"数字"检查该文本域是否只包含数字。

● 数字从：使用"数字从"检查该文本域是否包含特定范围内的数字。

（5）保存文档，按 F12 键在浏览器中预览效果。当在文本域中输入不规则电子邮件地址或姓名时，表单将无法正常提交到后台服务器，这时会出现提示信息框，并要求重新输入，如图 7-77 所示。

145

7.3.14 上机练习——增大/收缩效果

使用"增大/收缩"效果可以使元素变大或变小，原始效果如图 7-82 所示，使用"增大/收缩"效果如图 7-83 所示，具体操作步骤如下。

图 7-82 原始效果

图 7-83 增大/收缩的效果

练习文件 实例素材/练习文件/CH07/7.3.14/index.html

完成文件 实例素材/完成文件/CH07/7.3.14/index1.html

（1）打开光盘中的素材文件 index.html，选择要应用效果的内容或布局对象，如图 7-84 所示。

（2）在"行为"面板中单击 ＋ 按钮，在弹出的菜单中选择"效果"|"增大/收缩"选项，如图 7-85 所示。

图 7-84 打开文件

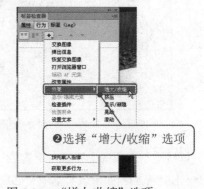

图 7-85 "增大/收缩"选项

（3）弹出"增大/收缩"对话框，在对话框中的"目标元素"下拉列表中选择某个对象的 ID。如果已经选择了一个对象，则选择"<当前选定内容>"选项，如图 7-86 所示。

（4）单击"确定"按钮，添加行为，如图 7-87 所示。

"增大/收缩"对话框中主要有以下参数。

- 效果持续时间：定义出现此效果的时间，用毫秒表示。

- 效果：选择要应用的效果，包括"增大"和"收缩"两个选项。

- 收缩自：定义对象在效果开始时的大小，该值单位为百分比或像素。
- 收缩到：定义对象在效果结束时的大小，该值单位为百分比或像素。
- 宽/高如果为"收缩自"或"收缩到"框选择像素值，"宽/高"域就会可见，元素将根据选择的选项相应地增大或收缩。
- 切换效果：如果希望该效果是可逆的（即连续单击可增大或收缩），则勾选"切换效果"复选框。

（5）保存网页，效果如图 7-83 所示。

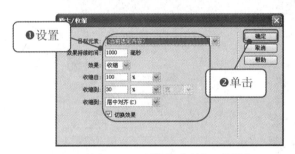

图 7-86　"增大/收缩"对话框　　　　　图 7-87　添加行为

★　指点迷津　★

当使用效果时，系统会在"代码"视图中将不同的代码行添加到文件中。其中的一行代码用来标识 SpryEffects.js 文件，该文件是实现这些效果所必需的。不要从代码中删除该行，否则这些效果将不起作用。

 7.3.15　上机练习——挤压效果

使用挤压效果可以使元素从页面的左上角消失，原始效果如图 7-88 所示，使用挤压效果如图 7-89 所示，具体操作步骤如下。

图 7-88　原始效果　　　　　　　　　图 7-89　挤压效果

练习
文件　实例素材/练习文件/CH07/7.3.15/index.html

完成
文件　实例素材/完成文件/CH07/7.3.15/index1.html

（1）打开光盘中的素材文件 index.html，选择要应用效果的内容或布局对象，如图 7-90 所示。

（2）在"行为"面板中单击 按钮，在弹出的菜单中选择"效果"|"挤压"选项，如图 7-91 所示。

图 7-90　打开文件

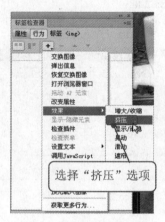

图 7-91　选择"挤压"选项

（3）弹出"挤压"对话框，在对话框中的"目标元素"下拉列表中选择某个对象的 ID。如果已经选择了一个对象，则选择"<当前选定内容>"选项，如图 7-92 所示。

（4）单击"确定"按钮，添加行为，如图 7-93 所示。

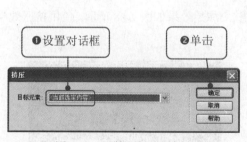

图 7-92　"挤压"对话框

图 7-93　添加行为

（5）保存网页，按 F12 键在浏览器中预览，效果如图 7-89 所示。

提示　　　　此效果仅适用于下列 HTML 对象：address、dd、div、dl、dt、form、img、p、ol、ul、applet、center、dir、menu 或 pre。

7.4 使用 JavaScript 制作网页特效

在 HTML 中，最常见的网页脚本语言就是 JavaScript，它可以嵌入到 HTML 中，在客户端执行，是动态特效网页设计的最佳选择，同时也是浏览器普遍支持的网页脚本语言。JavaScript 的出现使得信息和用户之间不再只是一种显示和浏览的关系，从而实现了一种实时的、动态的、交互式的表达能力。

7.4.1 上机练习——制作滚动文字公告

滚动公告栏也称滚动字幕。滚动公告栏的应用将使整个网页更有动感，更有生气。下面通过实例介绍滚动文字公告的制作，原始效果如图 7-94 所示，滚动文字公告效果如图 7-95 所示，具体操作步骤如下。

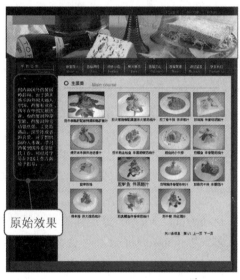

图 7-94 原始效果

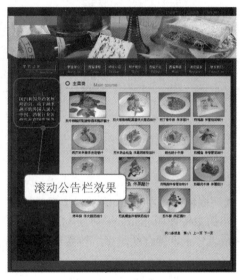

图 7-95 滚动公告栏

 练习文件 实例素材/练习文件/CH07/7.4.1/index.html

完成文件 实例素材/完成文件/CH07/7.4.1/index1.html

（1）打开网页文档，选中文字，如图 7-96 所示。

（2）在"代码"视图状态下，在文字的前面加上如下代码，如图 7-97 所示。

```
< marquee onmouseover=this.stop()
style="width: 140px; height: 160px" onmouseout=this.start() scrollAmount=1
scrollDelay=1 direction=up width=213  height=230>
```

（3）在文字的后边加上代码"</marquee>"，如图 7-98 所示。

（4）返回"设计"视图，保存文档，在浏览器中预览，效果如图 7-95 所示。

学用一册通：网页设计与网站建设

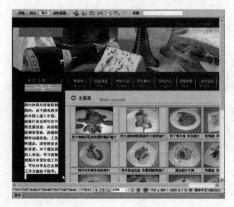

图 7-96　打开文件

图 7-97　文前代码

图 7-98　文后代码

代码揭秘：使用 marquee 制作滚动效果

本例主要使用 marquee 和 onMouseOver 事件，以及 onMouseOut 事件来制作滚动公告效果。onMouseOver 事件会在鼠标指针移动到指定的对象上时发生；onMouseOut 事件会在鼠标指针移出指定的对象时发生。

marquee 事件主要有下列属性。

- align：字幕文字对齐方式。
- width：字幕宽度。
- high：字幕高度。
- direction：文字滚动方向，其值可取 right、left、up、down。
- scrolldelay：滚动延迟时间，单位为毫秒。
- scrollamount：滚动数量，单位为像素。

 7.4.2　上机练习——禁止下载网页图像

原始效果如图 7-99 所示，禁止下载网页图像的效果如图 7-100 所示，具体操作步骤如下。

150

第 7 章　使用行为和脚本设计动感特效网页

原始效果

禁止下载网页图像效果

图 7-99　原始效果 　　　　　　　　图 7-100　禁止下载网页图像

练习文件　实例素材/练习文件/CH07/7.4.2/index.html

完成文件　实例素材/完成文件/CH07/7.4.2/index1.html

（1）打开光盘中的素材文件 index.html，如图 7-101 所示。

（2）打开代码视图，在<head>和</head>之间需要的位置输入以下代码，如图 7-102 所示。

```
<script language=javascript>
function click() {
}
function click1() {
if (event.button==2) {
alert('禁止下载网页图像！') }}
function CtrlKeyDown(){
if (event.ctrlKey) {
alert('不当的拷贝将损害您的系统！') }}
document.onkeydown=CtrlKeyDown;
document.onselectstart=click;
document.onmousedown=click1;
</script>
```

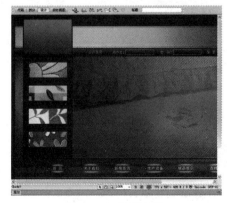

图 7-101　打开文件

输入代码

图 7-102　"代码"视图

（3）返回"设计"视图，保存文档，在浏览器中预览，效果如图 7-100 所示。

151

代码揭秘：判断鼠标按键问题

在 IE 里面，document.onselectstart=click 指定 document.onselectstart 事件由 click 函数处理。左键是 window.event.button = 1；右键是 window.event.button = 2；中键是 window.event.button = 4；没有按键动作时，window.event.button = 0。

7.4.3 上机练习——设置为 IE 首页

原始效果如图 7-103 所示，将网页设置为 IE 首页的效果如图 7-104 所示，具体操作步骤如下。

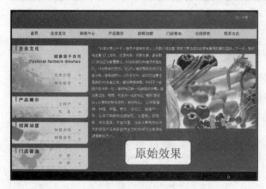
图 7-103　原始效果

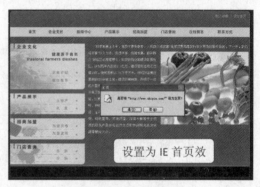
图 7-104　设置为 IE 首页的效果

◎练习文件　实例素材/练习文件/CH07/7.4.3/index.html

◎完成文件　实例素材/完成文件/CH07/7.4.3/index1.html

（1）打开光盘中的素材文件 index.html，如图 7-105 所示。

（2）将光标放置在文档中相应的位置，切换到拆分视图中，输入以下代码，如图 7-106 所示。

```
<Aclass=topb onclick="this.style.behavior=
'url(#default#homepage)';this.setHomePage('http://www.shipin.com'); "
href="">设为首页</A>
```

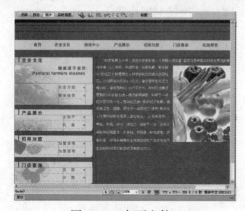
图 7-105　打开文件

图 7-106　输入代码

（3）返回"设计"视图，保存文档，在浏览器中预览，效果如图 7-104 所示。

 7.4.4　上机练习——添加到收藏夹

添加到收藏夹的含义是将当前打开的页面添加到收藏夹，将其网址保存起来，方便今后访问。这极大地方便了很多网友，如果我们上网发现哪个网站比较好，想收藏起来，但是域名又难记，这时将其添加到收藏夹是最有效的方法。原始效果如图 7-107 所示，添加到收藏夹的效果如图 7-108 所示，具体操作步骤如下。

图 7-107　原始效果

图 7-108　添加到收藏夹的效果

◎练习文件　实例素材/练习文件/CH07/7.4.4/index.html

◎完成文件　实例素材/完成文件/CH07/7.4.4/index1.html

（1）打开光盘中的素材文件 index.html，如图 7-109 所示。

（2）将光标放置在文档中相应的位置，切换到拆分视图中，输入以下代码，如图 7-110 所示。

```
<span style="CURSOR:hand"
onClick="window.external.addFavorite('http://网站地址 ','添加收藏夹')"
title="添加收藏夹">添加到收藏夹</span>。
```

图 7-109　打开文件

图 7-110　输入代码

（3）返回"设计"视图，保存文档，在浏览器中预览，效果如图 7-108 所示。

7.5   专家秘籍

1. 怎样显示当前日期和时间？

启动 Dreamweaver，在网页文档中打开代码视图，在<body>与</body>之间相应的位置输入以下代码。

```
<script language=JavaScript1.2>
var isnMonth = new
Array("1 月","2 月","3 月","4 月","5 月","6 月","7 月","8 月","9 月","10 月","11
月","12 月");
var isnDay = new
Array("星期日","星期一","星期二","星期三","星期四","星期五","星期六");
today = new Date () ;
Year=today.getYear();
Date=today.getDate();
if (document.all)
document.write(Year+"年"+
isnMonth[today.getMonth()]+Date+
"日"+isnDay[today.getDay()])
</script>
```

2. 如何为页面设置访问口令？

若要为某个页面设置密码，只需在<head></head>间添加以下代码即可。

```
<script language="JavaScript"><!--
var pd=""
var rpd="he"
pd=prompt("请您输入密码：","")
if(pd!=rpd){
alert("您的密码不正确...")
history.back()
}else{
alert("您的密码正确!")
window.location.href="index.html"
}
// --></script>
```

在以上代码中，he 是正确的密码，index.html 是输入正确密码后链接的页面。这种设置口令的方法并不安全，因为只要访问者查看页面源代码就能知道设置的密码。

3. 如何防止别人保存我的网页？

在 < body > 与 < /body > 标签之间加入如下代码，可以使"另存为"命令不能顺利执行。

```
<noscript>
<iframe scr="*.htm"></iframe>
</noscript>
```

加入上述代码后，当执行"另存为"命令时，会弹出"保存网页时出错"的对话框。

4. 如何自动检查表单中输入的数据是否有效？

　　"检查表单"动作是检查指定文本域的内容，以确保用户输入的类型是正确的。当用户在表单中填写数据时，检查所填数据是否符合要求非常重要。例如在"姓名"文本框中必须填写内容，"年龄"文本框中必须填写数字，而不能填写其他内容。如果这些内容填写不正确，系统就会显示提示信息。

第 8 章 使用 CSS 样式表美化网页

学前必读

    对于已经设计好的页面及页面中的元素，都可以通过 CSS 对其进行修饰和美化，做到页面内容和显示效果的分离。CSS 还有一个较强大的滤镜功能，它可以不需要使用图像处理软件就能实现很多较好的滤镜效果。本章主要讲述 CSS 样式表、定义 CSS 属性、链接或导出外部样式表，最后通过实例讲解 CSS 在网页中的使用。

学习流程

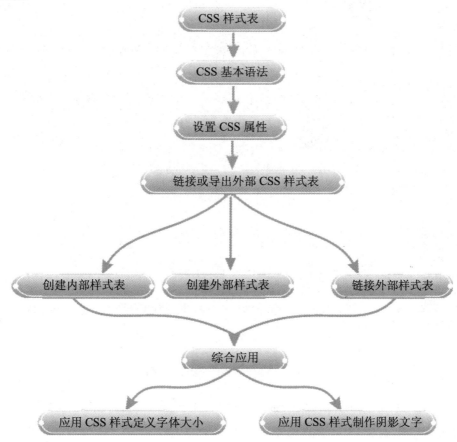

8.1 CSS 样式表

> CSS（Cascading Style Sheet，层叠样式表）是一种制作网页的新技术，现在已经为大多数的浏览器所支持，成为网页设计必不可少的工具之一。实际上，CSS 是一系列格式规格或样式的集合，主要用于控制页面的外观，是目前网页设计中的一种常用技术与手段。

CSS 具有强大的页面美化功能。通过使用 CSS，可以控制许多仅使用 HTML 标记无法控制的属性，并能轻而易举地实现各种特效。

CSS 的每一个样式表都是由相对应的样式规则组成的，使用 HTML 中的<style>标签可以将样式规则加入到 HTML 中。<style>标签位于 HTML 的 head 部分，其中也包含网页的样式规则。可以看出，CSS 的语句是可以内嵌在 HTML 文档中的。所以，编写 CSS 的方法和编写 HTML

的方法是一样的，代码如下：

```
<html>
<head>
<meta http-equiv="Content-Type" content="text/html; charset=gb2312" />
<title></title>
<style type="text/css">
<!--.y {
    font-size: 12px;
    font-style: normal;
    line-height: 20px;
    color: #FF0000;
    text-decoration: none;
}-->
</style>
</head>
<body>
</body>
</html>
```

CSS 还具有便利的自动更新功能。在更新 CSS 样式时，所有使用该样式的页面元素的格式都会自动更新为当前所设定的新样式。

8.2　CSS 基本语法

CSS 的语法结构由三部分组成，分别为选择符、样式属性和值，基本语法如下：

选择符{样式属性:取值;样式属性:取值;样式属性:取值;...}

- 选择符（Selector）:指这组样式编码所要针对的对象,可以是一个 XHTML 标签,如 body、hl;也可以是定义了特定 id 或 class 的标签,如 # main 选择符表示选择<div id=main>,即一个被指定了 main 为 id 的对象。浏览器将对 CSS 选择符进行严格的解析,每一组样式均会被浏览器应用到对应的对象上。
- 属性（Property）:是 CSS 样式控制的核心,对于每一个 XHTML 中的标签,CSS 都提供了丰富的样式属性,如颜色、大小、定位和浮动方式等。
- 值（Value）:是指属性的值,形式有两种:一种为指定范围的值,如 float 属性,只可以应用到 left、right 和 none 3 种值中;另一种为数值,如 width 能够取值于 0～9999px,或通过其他数学单位来指定。

在实际应用中，往往使用以下类似的应用形式：

body {background-color:blue}

表示选择符为 body，即选择了页面中的<body>标签；属性为 background-color，这个属性用于控制对象的背景色，而值为 blue。页面中的 body 对象的背景色通过使用这组 CSS 编码被定义为蓝色。

提示 ● CSS 的插入位置包括:

● 外部 CSS 样式表是一系列存储在一个单独的外部 CSS(.css)文件中的 CSS 规则,利用文档文件头部分中的链接,该文件被链接到 Web 站点中的一个或多个页面。

● 内部 CSS 样式表是一系列包含在 HTML 文档文件头部分的<style>标签内的 CSS 规则。

● 内联样式是在标签的特定实例中并在整个 HTML 文档中定义的。

8.3 设置 CSS 属性

CSS 样式用来定义字体、颜色、边距和字间距等属性,可以使用 Dreamweaver CS6 来对所有的 CSS 属性进行设置。CSS 属性被分为 8 大类,分别是类型、背景、区块、方框、边框、列表、定位和扩展,下面分别进行介绍。

8.3.1 设置 CSS 类型属性

执行"格式"|"CSS 样式"|"新建"命令,弹出"新建 CSS 规则"对话框,在该对话框中的"选择或输入选择器名称"文本框中输入".1",如图 8-1 所示。

单击"确定"按钮,弹出"CSS 规则定义"对话框,在"分类"列表框中选择"类型"选项,"类型"属性用于设置网页中文本的字体、颜色及字体风格等,如图 8-2 所示。

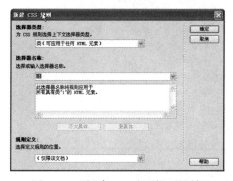

图 8-1 "新建 CSS 规则"对话框

图 8-2 "CSS 规则定义"对话框

在 CSS 的"类型"选项区中可以设置以下参数。

● Font-family:用于设置当前样式所使用的字体。

● Font-size:定义文本大小。可以通过选择数字和度量单位来选择大小,也可以选择相对大小。

● Font-style:将"正常"、"斜体"或"偏斜体"指定为字体样式。默认设置是"正常"。

● Line-height:设置文本所在行的高度。选择"正常"选项将自动计算字体大小的行高,或输入一个确切的值并选择一种度量单位。

- Text-decoration：向文本中添加下画线、上画线或删除线，或使文本闪烁。正常文本的默认设置是"无"，"链接"的默认设置是"下画线"。将"链接"设置为无时，可以通过定义一个特殊的类删除链接中的下画线。
- Font-weight：对字体应用特定或相对的粗体量。"正常"等于 400，"粗体"等于 700。
- Font-variant：设置文本的小型大写字母变量。Dreamweaver 不在文档窗口中显示该属性。
- Color：设置文本颜色。

代码揭秘：CSS 文本代码

使用 CSS 样式表可以定义丰富多彩的文字格式，文字的属性主要有字体、字号、加粗与斜体等。CSS 文字属性常见代码如下：

```
1   color : #999999;                    /*文字颜色*/
2   font-family : 宋体,sans-serif;       /*文字字体*/
3   font-size : 9pt;                     /*文字大小*/
4   font-style:itelic;                   /*文字斜体*/
5   font-variant:small-caps;             /*小字体*/
6   letter-spacing : 1pt;                /*字间距离*/
7   line-height : 200%;                  /*设置行高*/
8   font-weight:bold;                    /*文字粗体*/
9   vertical-align:sub;                  /*下标字*/
10  vertical-align:super;                /*上标字*/
11  text-decoration:line-through;        /*加删除线*/
12  text-decoration:overline;            /*加顶线*/
13  text-decoration:underline;           /*加下画线*/
14  text-decoration:none;                /*删除链接下画线*/
15  text-transform : capitalize;         /*首字大写*/
16  text-transform : uppercase;          /*英文大写*/
17  text-transform : lowercase;          /*英文小写*/
18  text-align:right;                    /*文字右对齐*/
19  text-align:left;                     /*文字左对齐*/
20  text-align:center;                   /*文字居中对齐*/
21  text-align:justify;                  /*文字分散对齐*/
22  vertical-align 属性
23  vertical-align:top;                  /*垂直向上对齐*/
24  vertical-align:bottom;               /*垂直向下对齐*/
25  vertical-align:middle;               /*垂直居中对齐*/
26  vertical-align:text-top;             /*垂直向上对齐*/
27  vertical-align:text-bottom;          /*垂直向下对齐*/
```

8.3.2 设置 CSS 背景属性

在"分类"列表框中选择"背景"选项，背景属性的功能主要是在网页的元素后面添加固定的背景颜色或图像，如图 8-3 所示。

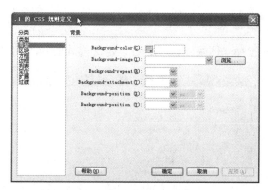

图 8-3　"背景"选项

在 CSS 的"背景"选项区中可以设置以下参数。

- Background-color：设置元素的背景颜色。
- Background-image：设置元素的背景图像。可以直接输入图像的路径和文件，也可以单击"浏览"按钮选择图像文件。
- Background-repeat：确定是否及如何重复背景图像，包含 4 个选项："不重复"指在元素开始处显示一次图像；"重复"指在元素的后面水平和垂直平铺图像；"横向重复"和"纵向重复"分别显示图像的水平带区和垂直带区。图像被剪辑以适合元素的边界。
- Background-attachment：确定背景图像是固定在它的原始位置还是随内容一起滚动。
- Background-position 和 Background-position：指定背景图像相对于元素的初始位置。可以用于将背景图像与页面中心垂直和水平对齐，如果附件属性为"固定"，则位置相对于文档窗口而不是元素。

代码揭秘：CSS 背景代码

背景属性是网页设计中应用非常广泛的一种技术。通过背景颜色或背景图像，能给网页带来丰富的视觉效果。HTML 的各种元素基本上都支持 background 属性，CSS 背景属性常见代码如下：

```
1  background-color:#F5E2EC;                /*背景颜色*/
2  background:transparent;                  /*透视背景*/
3  background-image : url(/image/bg.gif);   /*背景图片*/
4  background-attachment : fixed;           /*浮水印固定背景*/
5  background-repeat : repeat;              /*重复排列-网页默认*/
6  background-repeat : no-repeat;           /*不重复排列*/
7  background-repeat : repeat-x;            /*在 x 轴重复排列*/
8  background-repeat : repeat-y;            /*在 y 轴重复排列*/
9  background-position : 90% 90%;           /*背景图片 x 与 y 轴的位置*/
10 background-position : top;               /*向上对齐*/
11 background-position : buttom;            /*向下对齐*/
11 background-position : left;              /*向左对齐*/
12 background-position : right;             /*向右对齐*/
13 background-position : center;            /*居中对齐*/
```

8.3.3 设置 CSS 区块属性

在"分类"列表框中选择"区块"选项，可以定义样式的间距和对齐设置，如图 8-4 所示。

图 8-4 "区块"选项

在 CSS 的"区块"选项区中可以设置以下参数。

- Word-spacing：设置单词的间距，若要设置特定的值，在第一个下拉列表中选择"值"，然后输入一个数值，在第二个下拉列表中选择度量单位。
- Letter-spacing：增加或减小字母或字符的间距。若要减少字符间距，指定一个负值，字母间距设置覆盖对齐的文本设置。
- Vertical-align：指定应用它的元素的垂直对齐方式。仅当应用于<img>标签时，Dreamweaver 才在文档窗口中显示该属性。
- Text-align：设置元素中的文本对齐方式。
- Text-indent：指定第一行文本缩进的程度。可以使用负值创建凸出，但显示取决于浏览器。仅当标签应用于块级元素时，Dreamweaver 才在文档窗口中显示该属性。
- White-space：确定如何处理元素中的空白。从下面 3 个选项中选择："正常"指收缩空白；"保留"的处理方式与文本被括在<pre>标签中一样（即保留所有空白，包括空格、制表符和回车）；"不换行"指定仅当遇到
标签时文本才换行。Dreamweaver 不在文档窗口中显示该属性。
- Display：指定是否及如何显示元素。

代码揭秘：CSS 区块代码

利用 CSS 还可以控制区块段落的属性，主要包括单词间隔、字符间隔、纵向排列、文本排列、文本缩进等。代码如下：

```
1  letter-spacing: 10px ;   /* 调整字母间距*/
2  word-spacing: 3px;       /* 调整单词间距*/
3  text-align: right;       /* 文本排列方式*/
4  text-indent: 4px;        /* 调整段落缩进*/
5  vertical-align: super;   /* 垂直对齐方式*/
2  white-space: nowrap;     /* 规定段落中的文本不进行换行*/
```

 ## 8.3.4 设置 CSS 方框属性

在"分类"列表框中选择"方框"选项，如图 8-5 所示。

图 8-5   "方框"选项

在 CSS 的"方框"选项区中可以设置以下参数。

- Width 和 Height：设置元素的宽度和高度。
- Float：设置其他元素在哪个边围绕元素浮动。其他元素按通常的方式环绕在浮动元素的周围。
- Clear：定义不允许 AP Div 的边。如果清除边上出现 AP Div，则带清除设置的元素将移到该 AP Div 的下方。
- Padding：指定元素内容与元素边框（如果没有边框，则为边距）之间的间距。取消勾选"全部相同"复选框可设置元素各个边的填充；勾选"全部相同"复选框将相同的填充属性设置为它应用于元素的"Top"、"Right"、"Bottom"和"Left"侧。
- Margin：指定一个元素的边框（如果没有边框，则为填充）与另一个元素之间的间距。仅当应用于块级元素（段落、标题和列表等）时，Dreamweaver 才在文档窗口中显示该属性。取消勾选"全部相同"复选框可设置元素各个边的边距；勾选"全部相同"复选框将相同的边距属性设置为它应用于元素的"Top"、"Right"、"Bottom"和"Left"侧。

代码揭秘：CSS 方框代码

在网页布局中，为了能够在纷繁复杂的各个部分间合理地进行组织，一些有识之士对它的本质进行充分研究后，总结了一套完整的、行之有效的原则和规范。这就是"盒子模型"的由来。在 CSS 中，一个独立的盒子模型由 Content（内容）、padding（内边距）、border（边框）和 margin（外边距）4 部分组成。

内边距是内容区和边框之间的空间，可以看做是内容区的背景区域。内边距的属性有 5 种，即 padding-top、padding-bottom、padding-left、padding-right，以及综合了以上四种方向的快捷内边距属性 padding。使用这 5 种属性可以指定内容区与各方向边框间的距离。同时通过对盒子背景色属性的设置，可以使内边距部分呈现相应的颜色，起到一定的变现效果。

外边距位于盒子的最外围，它不是一条边线，而是添加在边框外面的空间。外边距使元素盒子之间不必紧凑地连接在一起，是 CSS 布局的一个重要手段。外边距的属性有 5 种，即

163

学用一册通：网页设计与网站建设

margin-top、margin-bottom、margin- left、margin-right，以及综合了以上 4 种方向的快捷外边距属性 margin，其具体的设置和使用与内边距属性类似。

8.3.5 设置 CSS 边框属性

在"分类"列表框中选择"边框"选项，可以定义边框的属性，如图 8-6 所示。

图 8-6 "边框"选项

在 CSS 的"边框"选项区中可以设置以下参数。

- Style：设置边框的样式外观。样式的显示方式取决于浏览器。Dreamweaver 在文档窗口中将所有样式呈现为实线。取消勾选"全部相同"复选框可设置元素各个边的边框样式；勾选"全部相同"复选框将相同的边框样式属性设置为它应用于元素的"Top"、"Right"、"Bottom"和"Left"侧。
- Width：设置元素边框的粗细。取消勾选"全部相同"复选框可设置元素各个边的边框宽度；勾选"全部相同"复选框将相同的边框宽度设置为它应用于元素的"Top"、"Right"、"Bottom"和"Left"侧。
- Color：设置边框的颜色。可以分别设置每个边的颜色。取消勾选"全部相同"复选框可设置元素各个边的边框颜色；勾选"全部相同"复选框将相同的边框颜色设置为它应用于元素的"Top"、"Right"、"Bottom"和"Left"侧。

代码揭秘：CSS 边框代码

border 是 CSS 的一个属性，用它可以给 HTML 标签（如 td、Div 等）添加边框，它可以定义边框的样式（style）、宽度（width）和颜色（color），利用这 3 个属性相互配合，能设计出很好的效果。CSS 边框属性常见代码如下：

```
1  border-top : 1px solid #6699cc;      /*上框线*/
2  border-bottom : 1px solid #6699cc    /*下框线*/
3  border-left : 1px solid #6699cc      /*左框线*/
4  border-right : 1px solid #6699cc     /*右框线*/
5  solid                                /*实线框*/
6  dotted                               /*虚线框*/
7  double                               /*双线框*/
```

164

```
8  groove                                      /*立体内凸框*/
9  ridge                                       /*立体浮雕框*/
10 inset                                       /*凹框*/
11 outset                                      /*凸框*/
```

8.3.6 设置 CSS 列表属性

在"分类"列表框中选择"列表"选项，可以定义列表的属性，如图 8-7 所示。

图 8-7　"列表"选项

在 CSS 的"列表"选项区中可以设置以下参数。

- List-style-type：设置项目符号或编号的外观。
- List-style-image：可以为项目符号指定自定义图像。单击"浏览"按钮选择图像，或输入图像的路径。
- List-style-Position：设置列表项文本是否换行和缩进（外部），以及文本是否换行到左边距（内部）。

代码揭秘：CSS 列表代码

列表是一种非常实用的数据排列方式，它以条列式的模式来显示数据，使读者能够一目了然。在网页中，列表元素通常用来定义导航或者文章标题列表等内容。在 CSS 中，可以通过相应的属性，控制列表元素的各种显示效果。

```
1  list-style-type:disc;                              /* 设置列表符号类型*/
2  list-style-image: url("images/list.png");    /* 设置图像为项目符号*/
/* 用来定义列表中标签的显示位置，在样式属性中，常用两个属性值：outside、inside*/
3  list-style-position: inside;
```

8.3.7 设置 CSS 定位属性

在"分类"列表框中选择"定位"选项，如图 8-8 所示。

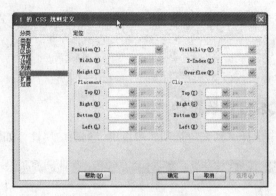

图 8-8 "定位"选项

在 CSS 的"定位"选项区中可以设置以下参数。

- Position：在 CSS 布局中，Position 发挥着非常重要的作用，很多容器的定位都是用 Position 来完成的。Position 属性有 4 个可选值，分别是 static、absolute、fixed、relative。
  - ➤ absolute：能够很准确地将元素移动到指定的位置，绝对定位元素的位置。
  - ➤ fixed：相对于窗口的固定定位。
  - ➤ relative：相对定位是相对于元素默认的位置的定位。
  - ➤ static：该属性值是所有元素定位的默认情况，在一般情况下，我们不需要特别去声明它，但有时候遇到继承的情况，我们不愿意见到元素所继承的属性影响本身，从而可以用 position:static 取消继承，即还原元素定位的默认值。
- Visibility：如果不指定可见性属性，则默认情况下大多数浏览器都继承父级的值。
- Placement：指定 AP Div 的位置和大小。
- Clip：定义 AP Div 的可见部分。如果指定了剪辑区域，可以通过脚本语言访问它，并操作属性以创建像擦除这样的特殊效果。可以通过使用"改变属性"行为进行设置。

 ### 8.3.8 设置 CSS 扩展属性

在"分类"列表框中选择"扩展"选项，如图 8-9 所示。

图 8-9 "扩展"选项

在 CSS 的"扩展"选项区中可以设置以下参数。

- Page-break-before：其中两个属性的作用是为打印的页面设置分页符。
- Page-break-after：检索或设置对象后出现的页分隔符。
- Cursor：指针位于样式所控制的对象上时改变指针图像。
- Filter：对样式所控制的对象应用特殊效果。

代码揭秘：CSS 扩展滤镜代码

　　CSS 滤镜可分为基本滤镜和高级滤镜两种。CSS 滤镜可以直接作用于对象上，并且将立即生效的滤镜称为基本滤镜；而要配合 JavaScript 等脚本语言，能产生更多变幻效果的则称为高级滤镜。代码如下：

```
 1 filter: Alpha(Opacity=70);          /* 设置对象的不透明度*/
 /* 设置动感模糊效果，add 设置滤镜是否激活，direction 设置模糊的方向，Strength 设置模
糊的宽度*/
 2 filter: Blur(Add=true, Direction=100, Strength=8);
 3 filter: chroma(color=#F6EFCC);      /* 设置指定的颜色为透明色*/
 /* 设置阴影效果，color 控制阴影的颜色，offX 和 offY 分别设置阴影相对于原始图像移动的水
平距离和垂直距离，positive 设置阴影是否透明*/
 4 filter: dropShadow(color=#3366FF, offX=2, offY=1, positive=1);
 5 filter: FlipH;                      /* 水平翻转 */
 6 filter: FlipV;                      /* 垂直翻转 */
 /* 设置发光效果，color 用于设置发光的颜色，strength 用于设置发光的强度*/
 7 filter: Glow(Color=#fbf412, Strength=8);
 8 filter: Gray;                       /* 把一张图片变成灰度图 */
 9 filter: Xray;                       /* X 光片效果 */
 /* 把对象按照波形样式打乱*/
10 filter: Wave(Add=true, Freq=2, LightStrength=20, Phase=50, Strength=40);
```

8.4　链接到或导出外部 CSS 样式表

> 链接外部样式表可以方便地管理整个网站中的网页风格，它让网页的文字内容与版面设计分开，只要在一个 CSS 文档中定义好网页的外观风格，所有链接到此 CSS 文档的网页，便会按照定义好的风格显示网页。

8.4.1　上机练习——创建内部样式表

　　内部样式表只包含在当前操作的网页文档中，并只应用于相应的网页文档中，因此在背景网页中，可以随时创建内部样式表，具体操作步骤如下。

　　（1）执行"窗口"|"CSS 样式"命令，打开"CSS 样式"面板，如图 8-10 所示。

　　（2）在"CSS 样式"面板中单击"新建 CSS 样式"按钮，如图 8-11 所示。

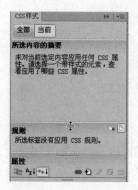

图 8-10　"CSS 样式"面板

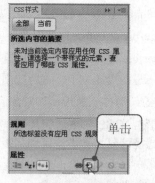

图 8-11　"新建 CSS 样式"按钮

"CSS 样式"面板的底部的按钮功能如下。

- "附加样式表"按钮：在 HTML 文档中链接一个外部的 CSS 文件。
- "新建 CSS 规则"按钮：编辑新的 CSS 样式文件。
- "编辑样式表"按钮：编辑原有的 CSS 样式。
- "删除嵌入样式表"按钮：删除选中的 CSS 样式。

（3）弹出"新建 CSS 规则"对话框，如图 8-12 所示。

（4）在对话框中如果设置"选择器类型"为"标签"，则在"选择器名称"下拉列表框中选择一个 HTML 标签，也可以直接输入这个标签，如图 8-13 所示。

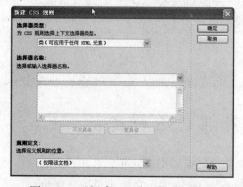

图 8-12　"新建 CSS 规则"对话框

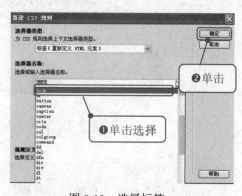

图 8-13　选择标签

在"新建 CSS 规则"对话框中可以进行如下设置：

- 选择器名称：用来设置新建的样式表的名称。
- 选择器类型：用来定义样式类型，并将其运用到特定的部分。如果选择"类"选项，要在"选择器名称"文本框中输入自定义样式的名称，其名称可以是字母和数字的组合，如果没有输入符号"."，Dreamweaver 会自动输入；如果选择"标签"选项，需要在"选择器名称"下拉列表框中选择一个 HTML 标签，也可以直接输入这个标签；如果选择"复合内容"选项，需要在"选择器名称"下拉列表框中选择一个选择器的类型，也可以直接输入选择器类型。

- 规则定义：用来设置新建的 CSS 语句的位置。CSS 样式按照使用方法可以分为内部样式和外部样式。如果想把 CSS 语句新建在网页内部，可以选择"仅限该文档"选项。

（5）如果选择"复合内容"，则在对话框中的"选择器类型"下拉列表中选择"复合内容"选项，在"选择器名称"下拉列表框中选择一个选择器的类型，也可以直接输入一个选择器类型，如图 8-14 所示。

（6）在此选择"选择器类型"下拉列表框中的"类"选项，然后在"选择器名称"文本框中输入'.body"。在"规则定义"中选择"仅限该文档"，如图 8-15 所示。

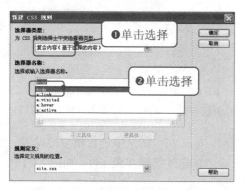

图 8-14　选择"复合内容"选项

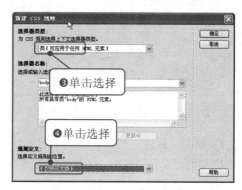

图 8-15　选择"类"选项

（7））单击"确定"按钮，弹出".body 的 CSS 规则定义"对话框，在对话框中将"Font-family"设置为宋体，"Font-size"设置为 12 像素，"Line-height"设置为 200％，"Color"设置为#000000，如图 8-16 所示。

（8）单击"确定"按钮，在"CSS 样式"面板中可以看到新建的样式表和属性，如图 8-17 所示。

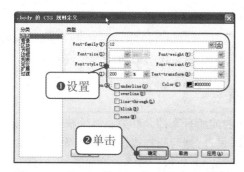

图 8-16　".body 的 CSS 规则定义"对话框

图 8-17　新建样式

8.4.2　上机练习——创建外部样式表

创建外部 CSS 样式方法的具体操作步骤如下。

（1）打开"CSS 样式"面板。在"CSS 样式"面板中单击"新建 CSS 规则"按钮，弹出"新建 CSS 规则"对话框，在"选择器类型"下拉列表框中选择"标签"，在"选择器名称"文本框中输入"dt"，将"规则定义"设置为"（新建样式表文件）"，如图 8-18 所示。

169

（2）单击"确定"按钮，弹出如图 8-19 所示的"将样式表文件另存为"对话框，在"文件名"文本框中输入样式表文件的名称，并在"相对于"下拉列表中选择"文档"选项。

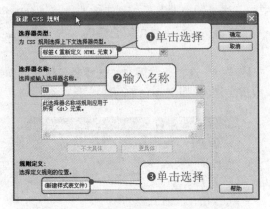

图 8-18　"新建 CSS 规则"对话框

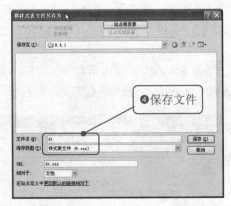

图 8-19　"将样式表文件另存为"对话框

（3）单击"保存"按钮，弹出如图 8-20 所示的对话框，在对话框中进行相应的设置。
（4）单击"确定"按钮，在文档代码窗口中可以看到新建外部样式表文件，如图 8-21 所示。

图 8-20　"dt 的 CSS 规则定义"对话框

图 8-21　新建的外部样式表

8.4.3　上机练习——链接外部样式表

编辑外部 CSS 样式表时，链接到该 CSS 样式表的所有文档全部更新以反映所做的编辑。可以导出文档中包含的 CSS 样式以创建新的 CSS 样式表，然后附加或链接到外部样式表以应用那里所包含的样式。链接外部样式表的原始效果如图 8-22 所示，最终效果如图 8-23 所示，具体操作步骤如下。

练习文件　实例素材/练习文件/CH08/8.4.3/index.html
完成文件　实例素材/完成文件/CH08/8.4.3/index1.html

（1）打开光盘中的素材文件 index.html，如图 8-24 所示。
（2）执行"窗口"|"CSS 样式"命令，打开"CSS 样式"面板，在面板中单击鼠标右键，在弹出的快捷菜单中执行"附加样式表"命令，如图 8-25 所示。

170

图 8-22　原始效果

图 8-23　链接外部样式

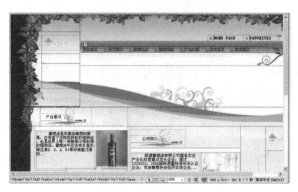

图 8-24　打开文件

单击选择

图 8-25　"CSS 样式"面板

（3）弹出"链接外部样式表"对话框，如图 8-26 所示。

（4）在对话框中单击"文件/URL"文本框右侧的"浏览"按钮，弹出"选择样式表文件"对话框，在对话框中选择"common.css"，如图 8-27 所示。

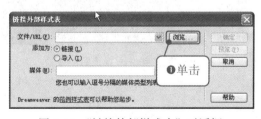

❶单击

图 8-26　"链接外部样式表"对话框

❸单击

❷单击选中

图 8-27　"选择样式表文件"对话框

（5）单击"确定"按钮，将文件添加到文本框中，将"添加为"设置为"链接"，如图 8-28 所示。

171

学用一册通：网页设计与网站建设

（6）单击"确定"按钮，在"CSS样式"面板中可以看到链接到的外部样式表，如图8-29所示。

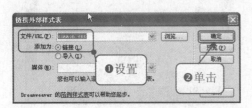

图8-28　设置

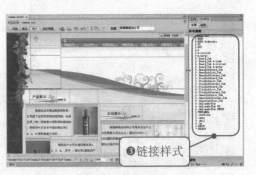

图8-29　链接样式

8.5　综合应用

使用CSS样式可以从精确的布局定位到特定的字体和文本样式灵活地控制页面外观。下面通过实例讲解如何在网页中创建及应用CSS样式。

综合应用1——应用CSS样式定义字体大小

利用CSS可以固定字体大小，使网页中的文本始终不随浏览器改变而发生变化，总是保持着原有的大小。应用CSS固定字体大小前的效果如图8-30所示，应用CSS样式后的效果如图8-31所示，具体操作步骤如下。

图8-30　原始效果

图8-31　应用CSS样式后的效果

练习文件　实例素材/练习文件/CH08/8.5.1/index.html

完成文件　实例素材/完成文件/CH08/8.5.1/index1.html

（1）打开光盘中的素材文件index.html，如图8-32所示。

（2）执行"窗口"|"CSS样式"命令，打开"CSS样式"面板，在"CSS样式"面板中单击鼠标右键，在弹出的快捷菜单中执行"新建"命令，如图8-33所示。

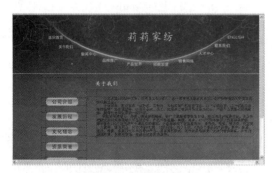

图 8-32　打开文件　　　　　　　　图 8-33　"CSS 样式"面板

（3）弹出"新建CSS 规则"对话框，在"选择器类型"下拉列表框中选择"类"选项，在"选择器名称"文本框中输入名称，在"规则定义"下拉列表中选择"仅限该文档"选项，如图 8-34 所示。

（4）单击"确定"按钮，弹出".body 的 CSS 规则定义"对话框，在对话框中将"Font-family"设置为宋体，"Font-size"设置为 12 像素，"Color"设置为#B69F51，"Line-height"设置为 26 像素，如图 8-35 所示。

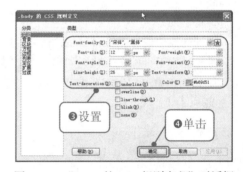

图 8-34　"新建 CSS 规则"对话框　　　图 8-35　".body 的 CSS 规则定义"对话框

（5）单击"确定"按钮，新建 CSS 样式，如图 8-36 所示。

（6）选中应用样式的文本，单击鼠标右键，在弹出的快捷菜单中执行"应用"命令，如图 8-37 所示。

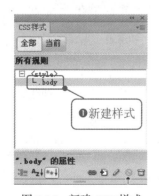

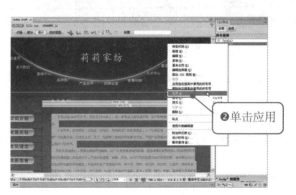

图 8-36　新建 CSS 样式　　　　　　图 8-37　套用 CSS 样式

（7）保存文档，按 F12 键在浏览器中预览，效果如图 8-31 所示。

综合应用 2——应用 CSS 样式制作阴影文字

滤镜对样式所控制的对象应用特殊效果，包括模糊和反转。使用 CSS 制作阴影文字的原始效果如图 8-38 所示，最终效果如图 8-39 所示，具体操作步骤如下。

图 8-38　原始效果

图 8-39　阴影文字效果

练习文件　实例素材/练习文件/CH08/8.5.2/index.html

完成文件　实例素材/完成文件/CH08/8.5.2/index1.html

（1）打开光盘中的原始文件 index.html，如图 8-40 所示。

（2）将光标置于页面中，执行"插入"|"表格"命令，插入 1 行 1 列的表格，将"表格宽度"设置为 50％，单击"确定"按钮，插入表格，在"属性"面板中将"对齐"设置为"居中对齐"，如图 8-41 所示。

图 8-40　打开文件

图 8-41　插入表格

（3）将光标置于表格内，输入文字，如图 8-42 所示。

（4）执行"窗口"|"CSS 样式"命令，打开"CSS 样式"面板，在"CSS 样式"面板中单击鼠标右键，在弹出的快捷菜单中执行"新建"命令，弹出"新建 CSS 规则"对话框，在该对话框中设置相应的参数，如图 8-43 所示。

（5）单击"确定"按钮，弹出".yin 的 CSS 规则定义"对话框，在"分类"列表框中选择"类型"选项，将"Font-family"设置为宋体，"Font-size"设置为 36，"Color"设置为 # FFF，如图 8-44 所示。

图 8-42 输入文字

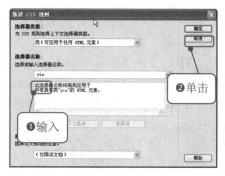

图 8-43 "新建 CSS 规则"对话框

（6）选择"分类"列表框中的"扩展"选项，如图 8-45 所示。

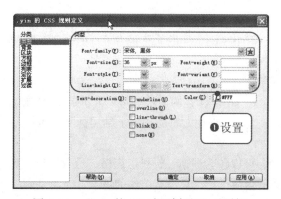

图 8-44 ".yin 的 CSS 规则定义"对话框

图 8-45 选择过滤器

（7）在"Filter"中设置 Shadow(Color=#F00, Direction=100)，如图 8-46 所示。

（8）单击"确定"按钮，在文档中选中表格，然后在"CSS 样式"面板中用鼠标右键单击新建的样式，在弹出的快捷菜单中执行"套用"命令，如图 8-47 所示。

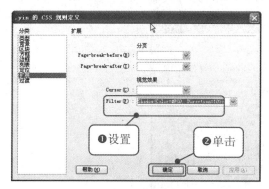

图 8-46 设置过滤

图 8-47 选择"套用"选项

（9）保存文档，按 F12 键在浏览器中预览，效果如图 8-39 所示。

8.6　专家秘籍

1.　CSS 的 3 种用法在一个网页中可以混用吗？

CSS 的 3 种用法可以在一个网页中混用，而且不会造成混乱。浏览器在显示网页时，先检查有没有行内插入式 CSS 样式，若有就执行，针对本句的其他 CSS。其次检查头部方式的 CSS，若有就执行。在两者都没有的情况下再检查外部链接文件方式的 CSS。因此可看出，3 种 CSS 的执行优先级是：行内插入方式、头部方式和外部文件方式。

在多个网页中要用到同一个 CSS 样式时，采用外部 CSS 文件的方式，这样网页的代码会大大减少，修改起来非常方便；只在单个网页中使用 CSS 样式时，采用文档头部方式；只在一个网页中的一两个地方应用到 CSS 样式时，采用行内插入方式。

2.　在 CSS 中有"〈!--"和"--〉"，不要行吗？

这一对标记的作用是为了不引起低版本浏览器的错误。如果某个执行此页面的浏览器不支持 CSS，它将忽略其中的内容。虽然现在使用不支持 CSS 浏览器的人已很少了，但由于互联网上几乎什么都可能发生，所以还是留着为好。

3.　Div 标签与 span 标签有什么区别？

虽然样式表可以套用在任何标签上，但是 div 和 span 标签的使用更是大大扩展了 HTML 的应用范围。div 和 span 这两个元素在应用上十分类似，使用时都必须加上结尾标签，也就是 <div>...</div> 和 ...。

span 和 div 的区别在于，div 是一个块级元素，可以包含段落、标题、表格，乃至章节、摘要和备注等。而 span 是行内元素，span 的前后是不会换行的，它没有结构的意义，纯粹是应用样式，当其他行内元素都不合适时，可以使用 span。

4.　如何利用 CSS 去掉链接文字下画线？

利用 CSS 去掉链接文字下画线的具体方法如下。

新建一个 CSS 规则，在"CSS 规则定义"对话框中将"text-decoration"设置为"none"，如图 8-48 所示。单击"确定"按钮，新建样式，选中文本应用样式即可。

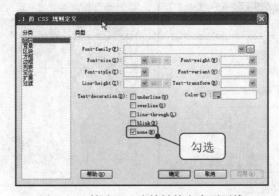

图 8-48　利用 CSS 去掉链接文字下画线

第 9 章　用 CSS+Div 灵活布局页面

学前必读

　　CSS+Div 布局的最终目的是搭建完善的页面架构,通过新的符号 Web 标准的构建形成来提高网站设计的效率、可用性及其他实质性的优势,全站的 CSS 应用成为 CSS 布局应用的一个关键环节。

学习流程

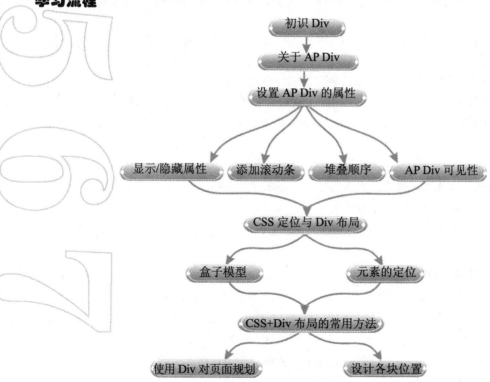

- 初识 Div
- 关于 AP Div
- 设置 AP Div 的属性
  - 显示/隐藏属性
  - 添加滚动条
  - 堆叠顺序
  - AP Div 可见性
- CSS 定位与 Div 布局
  - 盒子模型
  - 元素的定位
- CSS+Div 布局的常用方法
  - 使用 Div 对页面规划
  - 设计各块位置

9.1 初识 Div

> Web 标准是网站开发中的一系列标准的集合，包括 XHTML、XML、CSS、DOM 和 ECMAScript 等。制定这些标准是为了容易维护，使代码更简洁，降低带宽的运行成本，更容易被搜索引擎搜索到，改版方便（不需要变动页面内容），提高网站易用性等。

9.1.1 Div 概述

使用了 CSS 样式表中的绝对定位属性的<div>标签就叫做 AP Div。Dreamweaver CS6 中的"AP Div"就是 Dreamweaver 旧版本中的"层"。AP Div 可以理解为浮动在网页上的一个页面，可以放置在页面中的任何位置，可以随意移动这些位置，而且它们的位置可以相互重叠，也可以任意控制 AP Div 的前后位置、显示与隐藏，因此大大加强了网页设计的灵活性。

在网页设计中，将网页元素放到 AP Div 中，然后在页面中精确定位 AP Div 的位置，可以实现网页内容的精确定位，使网页内容在页面上排列得整齐、美观。

9.1.2 CSS+Div 布局的优势

过去最常用的网页布局工具是<table>标签，它本是用来创建电子数据表的，不是要用于布局的，因此设计师不得不经常以各种不寻常的方式来使用这个标签，如把一个表格放在另一个表格的单元中。这种方法的工作量很大，增加了大量额外的 HTML 代码，并使得后面要修改设计变得很难。

而 CSS 的出现使得网页布局有了新的曙光。利用 CSS 属性，可以精确地设定元素的位置，还能将定位的元素叠放在彼此之上。当使用 CSS 布局时，主要把它用在<div>标签上，<div>与</div>之间相当于一个容器，可以放置段落、表格、图片等各种 HTML 元素。

Div 是用来为 HTML 文档内大块的内容提供结构和背景的元素。Div 的起始标签和结束标签之间的所有内容都是用来构成这个块的，其中所包含元素的特性由<div>标签的属性或通过使用 CSS 来控制。

采用 CSS 布局有以下优点。

- 大大缩减页面代码，提高页面浏览速度，缩减带宽成本。
- 结构清晰，容易被搜索引擎搜索到。
- 缩短改版时间，只要简单地修改几个 CSS 文件就可以重新设计一个有成百上千个页面的站点。
- 强大的字体控制和排版能力。
- CSS 非常容易编写，可以像写 HTML 代码一样轻松地编写 CSS。
- 提高易用性，使用 CSS 可以结构化 HTML，如<p>标记只用来控制段落，heading 标记只用来控制标题，<table>标记只用来表现格式化的数据等。
- 表现和内容相分离，将设计部分分离出来放在一个独立样式文件中。

- 更方便搜索引擎的搜索，用只包含结构化内容的 HTML 代替嵌套的标记。
- table 布局中，垃圾代码会很多，一些修饰的样式及布局的代码混合在一起，很不直观。而 DIV 更能体现样式和结构相分离，结构的重构性强。
- 可以将许多网页的风格格式同时更新，不用一页一页地进行更新。可以将站点上所有的网页风格都使用一个 CSS 文件进行控制，只要修改这个 CSS 文件中相应的行，整个站点的所有页面就都会随之发生变动。

9.2　关于 AP Div

> 　　AP Div 就像一个容器一样，可以将页面中的各种元素包含其中，从而控制页面元素的位置。在 Dreamweaver CS6 中，AP Div 用来控制浏览器窗口中对象的位置。AP Div 可以放置在页面的任意位置，AP Div 中可以包括图片和文本等元素。

 ## 9.2.1　AP Div 的概念

　　AP Div 是 CSS 中的定位技术，在 Dreamweaver 中将其进行了可视化操作。文本、图像、表格等元素只能固定其位置，不能互相叠加在一起，使用 AP Div 功能，可以将其放置在网页中的任何位置，还可以按顺序排放网页文档中的其他构成元素。层体现了网页技术从二维空间向三维空间的一种延伸。AP 元素和行为的综合使用，还可以不使用任何 JavaScript 或 HTML 编码创作出动画效果。

　　可以将 AP Div 理解为一个文档窗口内的又一个小窗口，像在普通窗口中的操作一样，在 AP Div 中可以输入文字，也可以插入图像、动画影像、声音、表格等，并对其进行编辑。但是，利用层可以非常灵活地放置内容。

　　AP Div 的功能主要有以下几个方面。

- 重叠排放网页中的元素：利用 AP Div，可以实现不同的图像重叠排列，而且可以随意改变排放的顺序。
- 精确的定位：单击 AP Div 上方的四边形控制手柄，将其拖动到指定位置，就可以改变层的位置。如果要精确定位 AP Div 在页面中的位置，可以在 AP Div 的"属性"面板中输入精确的数值坐标。如果将 AP Div 的坐标值设置为负数，AP Div 会在页面中消失。
- 显示和隐藏 AP Div：AP Div 的显示和隐藏可以在"AP 元素"面板中完成。当"AP 元素"面板中的 AP Div 名称前显示的是"闭合眼睛"的图标时，表示 AP Div 被隐藏；当"AP 元素"面板中的 AP Div 名称前显示的是"睁开眼睛"的图标时，表示 AP Div 被显示。

9.2.2　AP Div 面板

　　在"AP 元素"面板中可以方便地处理 AP Div 的操作，设置 AP Div 的属性，执行"窗口"|"AP Div"命令，打开"AP 元素"面板，如图 9-1 所示。

图 9-1　"AP 元素"面板

"AP 元素"面板分 3 栏，最左侧的是"眼睛"标记，用鼠标直接单击标记，可以显示或隐藏所有的 AP Div；中间显示的是 AP Div 的名称；最右侧是 AP Div 在 Z 轴排列的情况。

9.2.3　创建普通 AP Div

（1）打开光盘中的素材文件 index.html，如图 9-2 所示。

（2）执行"插入"|"布局对象"|"AP Div"命令，如图 9-3 所示。

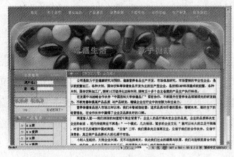

图 9-2　打开文件

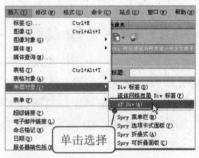

图 9-3　执行"AP Div"命令

（3）执行命令后，即可插入 AP Div，如图 9-4 所示。

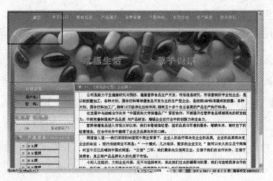

图 9-4　插入 AP Div

提示　在"布局"插入栏中单击"绘制 AP Div"按钮，在文档窗口中按住鼠标左键进行拖动，可以绘制一个 AP Div；按住 Ctrl 键不放，可以连续绘制多个 AP Div。

9.2.4　创建嵌套 AP Div

在 Dreamweaver CS6 中，一个 AP Div 中还可以包含另外一个 AP Div，也就是嵌入 AP Div，嵌套的 AP Div 称为子 AP Div，子 AP Div 外面的 AP Div 称为父 AP Div。

将光标置于文档窗口中的现有 AP Div 中，执行"插入"|"布局对象"|"AP Div"命令，即可创建嵌套 AP Div，如图 9-5 所示。

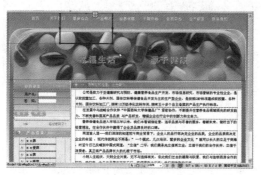

图 9-5　创建嵌套 AP Div

9.3　设置 AP Div 的属性

插入 AP Div 后，可以在"属性"面板和"AP 元素"面板中修改 AP Div 的相关属性，如控制 AP Div 在页面中的显示方式、大小、背景和可见性等。

9.3.1　设置 AP Div 的显示/隐藏属性

当处理文档时，可以使用"AP 元素"面板手动显示或隐藏 AP Div。当前选定 AP Div 始终会变为可见，它在选定时将出现在其他 AP Div 的前面。设置 AP Div 的显示/隐藏属性，具体操作步骤如下。

（1）执行"窗口"|"AP Div"命令，打开"AP 元素"面板，如图 9-6 所示。

（2）单击"AP 元素"面板中的眼睛按钮，可以显示或隐藏 AP Div，当按钮为 👁 时，显示 AP Div，如图 9-7 所示。

图 9-6　打开文件

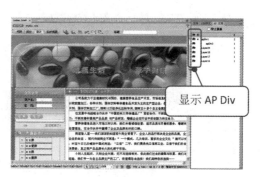

图 9-7　显示 AP Div

（3）单击"AP 元素"面板中的眼睛按钮，当按钮为 时，隐藏 AP Div，如图 9-8 所示。

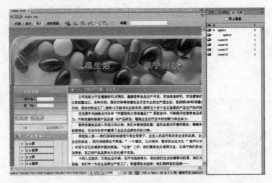

图 9-8　隐藏 AP Div

9.3.2　改变 AP Div 的堆叠顺序

可以在 AP Div 的"属性"面板中更改 AP Div 的堆叠顺序，在"AP 元素"面板或"文档"窗口中选择 AP Div。执行"窗口"|"属性"命令，在面板中的"Z 轴"文本框中输入一个数字，如图 9-9 所示。

图 9-9　AP Div 的"属性"面板

在"AP 元素"面板中选定某个 AP Div，然后单击"Z 轴"对应的属性列，此时会出现 Z 轴值设置框，在设置框中更改数值即可调整 AP Div 的堆叠顺序。数值越大，显示越靠上。

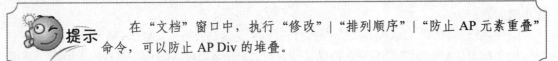

提示　　在"文档"窗口中，执行"修改"|"排列顺序"|"防止 AP 元素重叠"命令，可以防止 AP Div 的堆叠。

9.3.3　为 AP Div 添加滚动条

AP Div"属性"面板中的"溢出"用于控制当 AP Div 的内容超过 AP Div 的指定大小时，如何在浏览器中显示 AP Div，如图 9-10 所示。

图 9-10　AP Div 的"属性"面板

在 AP Div 的"属性"面板中可以进行如下设置。

- CSS-P 元素：AP Div 的名称，用于识别不同的 AP Div。
- 左：AP Div 的左边界距离浏览器窗口左边界的距离。
- 上：AP Div 的上边界距离浏览器窗口上边界的距离。
- 宽：AP Div 的宽。
- 高：AP Div 的高。
- Z 轴：AP Div 的 Z 轴顺序。
- 背景图像：AP Div 的背景图。
- 可见性：AP Div 的显示状态，包括 default、inherit、visible 和 hidden4 个选项。
- 背景颜色：AP Div 的背景颜色。
- 剪辑：用来指定 AP Div 的哪一部分是可见的，输入的数值是距离 AP Div 的边界的距离。
- 溢出：如果 AP Div 中的文字太多，或图像太大，AP Div 的大小不足以全部显示的处理方式。
  - ➢ visible（可见）：指示在 AP 元素中显示额外的内容。实际上，AP 元素会通过延伸来容纳额外的内容。
  - ➢ hidden（隐藏）：指定不在浏览器中显示额外的内容。
  - ➢ scroll（滚动条）：指定浏览器应在 AP 元素上添加滚动条，而不管是否需要滚动条。
  - ➢ auto（自动）：当 AP Div 中的内容超出 AP Div 范围时才显示 AP 元素的滚动条。
- 类：可以从该下拉列表中选择 CSS 样式定义 AP Div。

 提示　　"溢出"选项在不同的浏览器中会获得不同程度的支持。

 ### 9.3.4 改变 AP Div 的可见性

可以在"属性"面板的"可见性"中改变 AP Div 的可见性，如图 9-11 所示。

图 9-11 AP Div 的"属性"面板中的"溢出"选项

"可见性"各选项的设置如下。

- default（默认）：选择该选项时，则使用浏览器的默认设置。
- inherit（继承）：选择该选项时，在有嵌套的 AP Div 的情况下，当前 AP Div 使用父 AP Div 的可见性属性。
- visible（可见）：选择该选项时，无论父 AP Div 是否可见，当前 AP Div 都可见。
- hidden（隐藏）：选择该选项时，无论父 AP Div 是否可见，该 AP Div 都为隐藏。

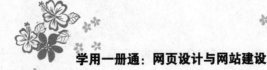

9.4 CSS 定位与 Div 布局

> 许多 Web 站点都使用基于表格的布局显示页面信息。表格对于显示表格数据很有用，并且很容易在页面上创建。但表格还会生成大量难于阅读和维护的代码。许多设计者首选基于 CSS 的布局，正是因为基于 CSS 的布局所包含的代码数量要比具有相同特性的基于表格的布局使用的代码少。

9.4.1 盒子模型

如果想熟练掌握 DIV 和 CSS 的布局方法，首先要对盒子模型有足够的了解。盒子模型是 CSS 布局网页时非常重要的概念，只有很好地掌握了盒子模型及其中每个元素的使用方法，才能真正地布局网页中各个元素的位置。

所有页面中的元素都可以看做一个装了东西的盒子，盒子里面的内容到盒子的边框之间的距离即为填充（padding），盒子本身有边框（border），而盒子边框外和其他盒子之间还有边界（margin）。

一个盒子由 4 个独立部分组成，如图 9-12 所示。第一部分是边界（margin）；第二部分是边框（border），边框可以有不同的样式；第三部分是填充（padding），填充用来定义内容区域与边框（border）之间的空白；第四部分是内容区域。

填充、边框和边界都分为"上"、"右"、"下"、"左" 4 个方向，既可以分别定义，也可以统一定义。当使用 CSS 定义盒子的 width 和 height 时，定义的并不是内容区域、填充、边框和边界所占的总区域，实际上是内容区域 content 的 width 和 height。为了计算盒子所占的实际区域，必须加上 padding、border 和 margin。

图 9-12 盒子模型图

实际宽度=左边界+左边框+左填充+内容宽度（width）+右填充+右边框+右边界

实际高度=上边界+上边框+上填充+内容高度（height）+下填充+下边框+下边界

9.4.2 元素的定位

CSS 对元素的定位包括相对定位和绝对定位，同时，还可以把相对定位和绝对定位结合起来，形成混合定位。

1. position 定位

position 的原意为位置、状态、安置。在 CSS 布局中，position 属性非常重要，很多特殊容器的定位必须用 position 来完成。position 属性有 4 个值，分别是 static、absolute、fixed、relative，其中 static 是默认值，代表无定位。

定位（position）允许用户精确定义元素框出现的相对位置，可以相对于它通常出现的位置、相对于其上级元素、相对于另一个元素，或者相对于浏览器视窗本身。每个显示元素都可以用

定位的方法来描述，而其位置由此元素的包含块来决定。

语法：

```
position:static | absolute | fixed | relative
```

其中，static 表示默认值，无特殊定位，对象遵循 HTML 定位规则；absolute 表示采用绝对定位，需要同时使用 left、right、top 和 bottom 等属性进行绝对定位。而其层叠通过 z-index 属性定义，此时对象不具有边框，但仍有填充和边框；fixed 表示当页面滚动时，元素保持在浏览器视区内，其行为类似 absolute；relative 表示采用相对定位，对象不可层叠，但将依据 left、right、top 和 bottom 等属性设置在页面中的偏移位置。

当容器的 position 属性值为 fixed 时，这个容器即被固定定位了。固定定位和绝对定位非常类似，不过被定位的容器不会随着滚动条的拖动而变化位置。在视野中，固定定位的容器的位置是不会改变的。下面举例讲解固定定位的使用，其代码如下：

```
<!DOCTYPE html PUBLIC "-//W3C//DTD XHTML 1.0 Transitional//EN"
"http://www.w3. org/TR/xhtml1/DTD/xhtml1-transitional.dtd">
<html xmlns="http://www.w3.org/1999/xhtml">
<head>
<meta http-equiv="Content-Type" content="text/html; charset=gb2312" />
<title>CSS 固定定位</title>
<style type="text/css">
*{margin: 0px; padding:0px;}
#all{ width:500px;
    height:550px;
    background-color:#ccc0cc;}
#fixed{ width:150px;
    height:80px;
    border:15px outset #f0ff00;
    background-color:#9c9000;
    position:fixed;
    top:20px; left:10px;}
#a{ width:250px;
   height:300px;
   margin-left:20px;
   background-color:#ee00ee;
   border:2px outset #000000;}
</style>
</head>
<body>
<div id="all">
   <div id="fixed">固定的容器</div>
   <div id="a">无定位的 div 容器</div>
</div>
</body>
</html>
```

在本例中给外部 Div 设置了#ccc0cc 背景色,并给内部无定位的 Div 设置了#ee00ee 背景色,而固定定位的 Div 容器设置了#9c9000 背景色,并设置了 outset 类型的边框。在浏览器中浏览效果如图 9-13 所示。

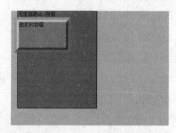

图 9-13　固定定位效果

2. float 定位

应用 Web 标准创建网页以后, float 浮动是元素定位中非常重要的属性,常常通过对 Div 元素应用 float 浮动来进行定位,不但可以对整个版式进行规划,也可以对一些基本元素如导航等进行排列。

语法:

```
float:none|left|right
```

其中, none 是默认值,表示对象不浮动; left 表示对象浮在左边; right 表示对象浮在右边。

CSS 允许任何元素浮动 float, 不论是图像、段落还是列表。无论先前元素是什么状态,浮动后都成为块级元素。浮动元素的宽度默认为 auto。

下面通过实例来说明它的基本情况。

如果 float 取值为 none 或没有设置 float 时,不会发生任何浮动,块元素独占一行,紧随其后的块元素将在新行中显示,其代码如下:

```
<html xmlns="http://www.w3.org/1999/xhtml">
<head>
<meta http-equiv="Content-Type" content="text/html; charset=gb2312" />
<title>没有设置 float 时</title>
<style type="text/css">
#content_a{width:250px; height:100px; border:2px solid #000f00; margin:15px;
background: #0ccc00;}
#content_b{width:250px; height:100px; border:2px solid #000f00; margin:15px;
background: #ff0000;} </style>
</head>
<body>
<div id="content_a">这是第一个 DIV</div> <div id="content_b">这是第二个 DIV</div>
</body>
</html>
```

在浏览器中浏览,效果如图 9-14 所示,可以看到由于没有设置 DIV 的 float 属性,因此每个 DIV 都单独占一行,两个 DIV 分两行显示。

186

图 9-14　没有设置 float

下面修改一下代码，使用 float:left 对 content_a 应用向左浮动，而 content_b 不应用任何浮动，其代码如下：

```
<html xmlns="http://www.w3.org/1999/xhtml">
<head>
<meta http-equiv="Content-Type" content="text/html; charset=gb2312" />
 <title>一个设置为左浮动，一个不设置浮动</title>
 <style type="text/css">
  #content_a {width:250px; height:100px; float:left; border:2px solid
#000f00; margin:15px; background:#0ccc00;}
   #content_b {width:250px; height:100px; border:2px solid #000f00;
margin:15px; back ground:#ff0000;} </style>
</head>
<body>
 <div id="content_a">这是第一个 DIV 向左浮动</div>
<div id="content_b">这是第二个 DIV 不应用浮动</div>
</body>
</html>
```

在浏览器中浏览，效果如图 9-15 所示，可以看到对 content_a 应用向左的浮动后，content_a 向左浮动，content_b 在水平方向紧跟在它的后面，两个 DIV 占一行并列显示。

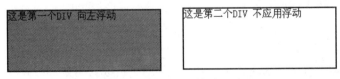

图 9-15　两个 DIV 并列显示

9.5　CSS+Div 布局的常用方法

　　　无论使用表格还是 CSS，网页布局都是把大块的内容放进网页的不同区域中。有了 CSS，最常用来组织内容的元素就是<div>标签。CSS 排版是一种很新的排版理念，首先要使用<div>将页面整体划分几个板块，然后对各个板块进行 CSS 定位，最后在各个板块中添加相应的内容。

9.5.1 使用 Div 对页面整体规划

在利用 CSS 布局页面时，首先要有一个整体的规划，包括整个页面分成哪些模块、各个模块之间的父子关系等。以最简单的框架为例，页面由 Banner、主体内容（content）、菜单导航（links）和脚注（footer）几个部分组成，各个部分分别用自己的 id 来标识，如图 9-16 所示。

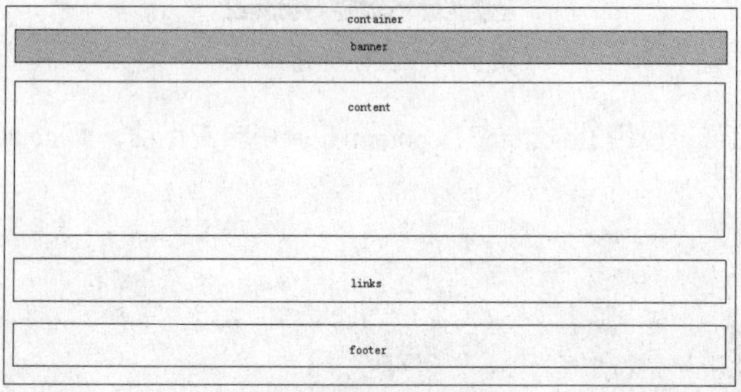

图 9-16　页面内容框架

实例中每个板块都是一个<div>，这里直接使用 CSS 中的 id 来表示各个板块。页面的所有 Div 块都属于 container，一般的 DIV 排版都会在最外面加上这个父 Div，便于对页面的整体进行调整。对于每个 Div 块，还可以再加入各种元素或行内元素。

其页面中的 HTML 框架代码如下：

```
<div id="container">container
<div id="banner">banner</div>
  <div id="content">content</div>
  <div id="links">links</div>
  <div id="footer">footer</div>
</div>
```

9.5.2 使用 CSS 定位

整理好页面的框架后，就可以利用 CSS 对各个板块进行定位，实现对页面的整体规划，然后在各个板块中添加内容。

下面首先对 body 标记与 container 父块进行设置，CSS 代码如下：

```
body {
    margin:15px;
    text-align:center;
}
#container{
    width:1000px;
    border:1px solid #000000;
    padding:10px;
}
```

　　上面的代码设置了页面的边界、页面文本的对齐方式，以及父块的宽度。下面来设置 banner 板块，其 CSS 代码如下：

```
#banner{
    margin-bottom:5px;
    padding:20px;
    background-color:#aaaa0f;
    border:1px solid #000000;
    text-align:center;
}
```

　　这里设置了 banner 板块的边界、填充、背景颜色等。

　　下面利用 float 方法将 content 移动到左侧，links 移动到页面右侧，这里分别设置了这两个板块的宽度和高度，读者可以根据需要自己调整，代码如下：

```
#content{
    float:left;
    width:670px;
    height:300px;
    background-color:#ca0a0f;
    border:1px solid #000000;
    text-align:center;
}
#links{
    float:right;
    width:300px;
    height:300px;
    background-color:yellow;
    border:1px solid #000000;
    text-align:center;
}
```

　　由于 content 和 links 对象都设置了浮动属性，因此 footer 需要设置 clear 属性，使其不受浮动的影响，代码如下：

```
#footer{
    clear:both;     /* 不受 float 影响 */
    padding:10px;
    border:1px solid #000000;
    background-color:green;
    text-align:center;
}
```

　　这样页面的整体框架就搭建好了，如图 9-17 所示。这里需要指出的是 content 块中不能放宽度太长的元素，如很长的图片或不折行的英文等，否则 links 将再次被挤到 content 下方。

189

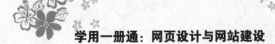

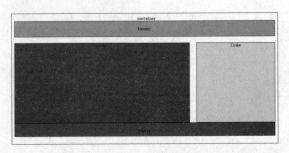

图 9-17　搭建好的页面布局

　　如果后期维护时希望 content 的位置与 links 对调，只需将 content 和 links 属性中的 left 和 right 改变即可。这是传统的排版方式所不可能简单实现的，这也正是 CSS 排版的魅力之一。

　　另外，如果 links 的内容比 content 的长，在 IE 浏览器上 footer 就会贴在 content 下方而与 links 出现重合。

9.6　综合应用——利用模板制作 CSS 布局网页

　　简单地说，CSS+Div 的优点就是将网页的表现和内容分离，从设计分工的角度来看，便于分工合作，美工就管切图和制作 CSS，程序员则专心代码。另外除了网站以外，现在的应用程序也多以网页形式输出，不管你是网页设计师还是一个程序，掌握 CSS 总是一件非常重要的事。

　　下面讲述利用模板布局网页，效果如图 9-18 所示。具体操作步骤如下。

图 9-18　利用模板制作 CSS 网页

　◎完成文件　实例素材/完成文件/CH09/9.6/index.html

　　（1）启动 Photoshop CS6，执行"文件"|"新建"命令，打开"新建文档"对话框，在该对话框中选择"空模板"|"页面类型：HTML"|"布局：2 列固定，右侧栏、标题和脚注"选项，如图 9-19 所示。

（2）单击"创建"按钮，创建文档，如图 9-20 所示。

图 9-19 "新建文档"对话框

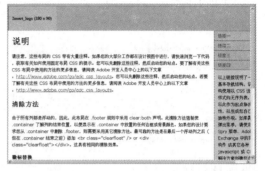

图 9-20 创建文档

（3）执行"文件"|"另存为"命令，弹出"另存为"对话框，将"文件名"保存为"index.html"，如图 9-21 所示。

（4）在文档中选中占位符 insert_logo（180 x 90），按 Delete 键将其删除，如图 9-22 所示。

图 9-21 "另存为"对话框

图 9-22 删除占位符

（5）执行"插入"|"图像"命令，弹出"选择图像源文件"对话框，在该对话框中选择图像 top.jpg，如图 9-23 所示。

（6）单击"确定"按钮，插入图像，如图 9-24 所示。

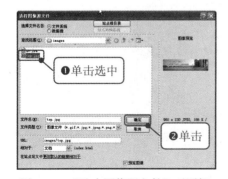

图 9-23 "选中图像源文件"对话框

图 9-24 插入图像

（7）选中正文内容，按 Delete 键将其删除，然后输入相应的文本，如图 9-25 所示。

（8）选中链接 1 将其删除，然后输入"空调安装"，在"属性"面板中"链接"文本框中输入链接地址，如图 9-26 所示。

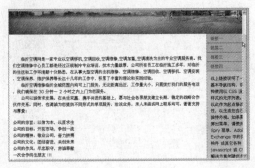

图 9-25　输入文字　　　　　　　　　　图 9-26　输入链接

（9）同样的方法删除其余的链接，并输入相应的文本，在"属性"面板中输入链接地址，如图 9-27 所示。

（10）将链接导航下面的文本删除，然后输入相应的联系方式文本，如图 9-28 所示。

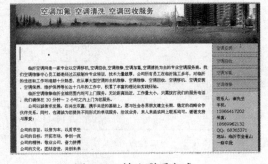

图 9-27　输入链接　　　　　　　　　　图 9-28　输入联系方式

（11）选中底部的版权文本将其删除，然后输入相应的版权内容，如图 9-29 所示。保存文档，按 F12 键在浏览器中预览，效果如图 9-18 所示。

图 9-29　输入版权内容

9.7　专家秘籍

1. 什么是 Web 标准?

Web 标准是由 W3C 和其他标准化组织制定的一套规范集合, Web 标准的目的在于创建一个统一的用于 Web 表现层的技术标准, 以便于通过不同浏览器或终端设备向最终用户展示信息内容。

网页主要由三部分组成: 结构 (Structure)、表现 (Presentation) 和行为 (Behavior)。对应的网站标准也分三方面: 结构化标准语言, 主要包括 XHTML 和 XML; 表现标准语言, 主要包括 CSS; 行为标准, 主要包括对象模型 (如 W3C DOM)、ECMAScript 等。

1) 结构 (Structure)

结构对网页中用到的信息进行分类与整理。在结构中用到的技术主要包括 HTML、XML 和 XHTML。

2) 表现 (Presentation)

表现用于对信息进行版式、颜色、大小等形式控制。在表现中用到的技术主要是 CSS 层叠样式表。

3) 行为 (Behavior)

行为是指文档内部的模型定义及交互行为的编写, 用于编写交互式的文档。在行为中用到的技术主要包括 DOM 和 ECMAScript。

- DOM(Document Object Model)文档对象模型: DOM 是浏览器与内容结构之间的沟通接口, 使你可以访问页面上的标准组件。

- ECMAScript 脚本语言: ECMAScript 是标准脚本语言, 用于实现具体的界面上对象的交互操作。

2. 什么是盒子模型?

在网页布局中, 为了能够在纷繁复杂的各个部分合理地进行组织, 这个领域的一些有识之士对它的本质进行充分研究后, 总结了一套完整的、行之有效的原则和规范。这就是"盒子模型"的由来。

所有页面中的元素都可以看成一个盒子, 占据着一定的页面空间。一般来说, 这些被占据的空间都比单纯的内容大。换句话说, 可以通过调整盒子的边框和距离等参数, 来调节盒子的位置和大小。如图 9-30 所示, 在 CSS 中一个独立的盒子模型由 Content (内容)、padding (内边距)、border (边框) 和 margin (外边距) 4 部分组成。

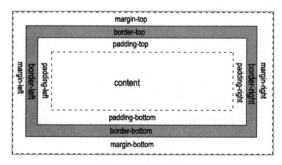

图 9-30　盒子模型

1）内容区

内容区是盒子模型的中心，它呈现了盒子的主要信息内容，这些内容可以是文本、图片等多种类型。内容区是盒子模型必备的组成部分，其他的三部分都是可选的。内容区有三个属性：width、height 和 overflow。使用 width 和 height 属性可以指定盒子内容区的高度和宽度，其值可以是长度值或百分比值。

当内容信息太多，超出内容区所占范围时，可以使用 overflow 溢出属性来指定处理方法。当 overflow 属性值为 hidden 时，溢出部分将不可见；为 visible 时，溢出的内容信息可见，只是被呈现在盒子的外部；为 scroll 时，滚动条将被自动添加到盒子中，用户可以滚动显示内容信息；为 auto 时，将由浏览器决定如何处理溢出部分。

2）内边距

内边距是内容区和边框之间的空间，可以看做是内容区的背景区域。内边距的属性有 5 种，即 padding-top、padding-bottom、padding-left、padding-right，以及综合了以上 4 种方向的快捷内边距属性 padding。使用这 5 种属性可以指定内容区与各方向边框间的距离。同时通过对盒子背景色属性的设置，可以使内边距部分呈现相应的颜色。

3）边框

边框的属性有 border-style、border-width 和 border-color，以及综合了以上三类属性的快捷边框属性 border。

边框样式属性 border-style 是边框最重要的属性，CSS 规定了 dotted、solid 等边框样式。使用边框宽度属性 border-width 可以为边框指定具体的厚度，其属性值可以是长度计量值，也可以是 CSS 规定的 thin、medium 和 thick。使用边框颜色属性可以为边框指定相应的颜色，其属性值可以是 RGB 值，也可以是 CSS 规定的颜色名。

4）外边距

外边距位于盒子的最外围，它不是一条边线而是添加在边框外面的空间。外边距使元素盒子之间不必紧凑地连接在一起，是 CSS 布局的一个重要手段。外边距的属性有 5 种，即 margin-top、margin-bottom、margin- left、margin-right，以及综合了以上 4 种方向的快捷外边距属性 margin，其具体的设置和使用与内边距属性类似。

同时，CSS 允许给外边距属性指定负数值，当指定负外边距值时，整个盒子将向指定负值方向的相反方向移动，可以产生盒子的重叠效果。采用指定外边距正负值的方法可以移动网页中的元素，这是 CSS 布局技术中的一个重要方法。

3. 怎样改变滚动条的样式？

相信很多人都遇到过在设计中自定义滚动条样式的情形，IE 是最早提供滚动条的样式支持。代码如下：

```
scrollbar-arrow-color: color;          /*三角箭头的颜色*/
scrollbar-face-color: color;           /*立体滚动条的颜色（包括箭头部分的背景色）*/
scrollbar-3dlight-color: color;        /*立体滚动条亮边的颜色*/
scrollbar-highlight-color: color;      /*滚动条的高亮颜色（左阴影？）*/
scrollbar-shadow-color: color;         /*立体滚动条阴影的颜色*/
scrollbar-darkshadow-color: color;     /*立体滚动条外阴影的颜色*/
```

```
scrollbar-track-color: color;              /*立体滚动条背景颜色*/
scrollbar-base-color:color;                /*滚动条的基色*/
```

4. 怎样写出更轻巧、更快的 CSS？

我们很容易陷入这样的困惑中：为什么我的 CSS 变得一团糟？下面的 7 个技巧将会提高你这方面的能力。

1）保持条理性

像做任何事情一样，让自己保持条理性（有组织）是值得的。采用清晰的结构，而不是随心所欲地组织 id 和 class。这会有助于你在心里记住 CSS 的级联性，并让你的样式表能够利用样式继承。

2）写标题、日期和签名

让其他人知道谁写的 CSS、什么时候写的，以及如果有问题可以联系谁。在设计模板或主题时这非常有用。

3）做一个模板库

一旦你选定了一个结构，剥掉所有不通用的成分并把文件存为一个 CSS 模板，以便将来使用。你可以为多种用途保存多个版本，如两栏布局、博客布局、打印、移动等。

4）用通用的命名习惯

用更通用的命名习惯，并保持一致。

5）用连字符取代下画线

比较旧的浏览器可能对 CSS 中的下画线支持不太好，或者完全不支持。为了更好地向后兼容，要养成使用连字符的习惯。用#slj-alpha 而不是#slj_alpha。

6）不要重复自己

用组合元素代替重新声明样式，尽可能地重用样式。如果你的 h1 和 h2 都用同样的字体大小、颜色和边距，用逗号组合它们。

7）验证

使用 W3C 的免费 CSS 验证。如果你遇到问题，你的布局不像你想要的那样工作，CSS 验证器会在指出错误方面给你很大的帮助。

第 3 篇

开发动态数据库网站

第  章　动态网站开发基础

学前必读

　　Dreamweaver CS6 对动态网页的设计提供了非常出色的支持，无论是网页的创建还是数据库程序的编写，均能够通过可视化的方式完成，动态网页开发人员几乎不用编写任何程序代码，就可以使用 Dreamweaver CS6 快速创建具有各种功能的应用程序。

学习流程

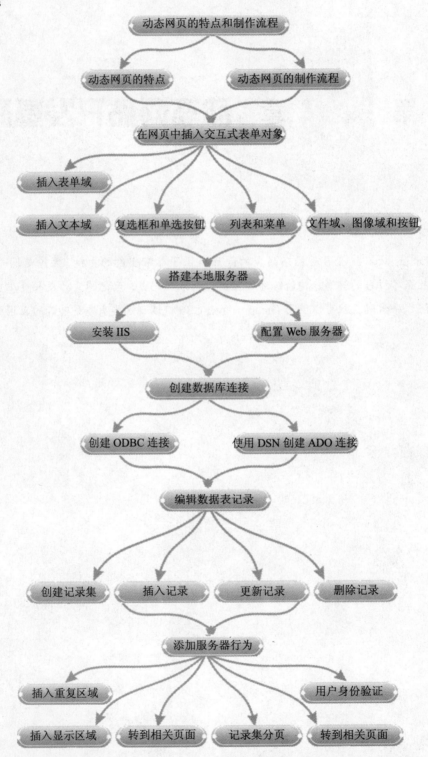

10.1　动态网页的特点和制作流程

> 所谓动态网页，就是该网页文件不仅含有 HTML 标签，而且含有程序代码，这种网页的扩展名一般根据不同的程序设计语言来定，如 ASP 文件的扩展名为.asp。动态网页能够根据不同的时间、不同的来访者显示不同的内容，并且动态网页的内容还可以根据浏览者的即时操作和即时请求，发生相应的变化，如常见的新闻发布系统、留言系统、购物系统等就是用动态网页来实现的。

 ## 10.1.1　动态网页的特点

这里说的动态网页，与网页上的各种动画、滚动效果等视觉上的"动态效果"没有直接关系。动态网页可以是纯文字内容的，也可以包含各种动画，这些只是网页具体内容的表现形式，无论网页是否具有动态效果，采用动态网站技术生成的网页都称为动态网页。

动态网页的一般特点如下。

● 动态网页以数据库技术为基础，可以大大降低网站维护的工作量。

● 采用动态网页技术的网站可以实现更多的功能，如会员注册、会员登录、搜索、会员管理、商品管理等。

● 动态网页实际上并不是独立存在于服务器上的网页文件，只有当用户请求时服务器才返回一个完整的网页。

在如图 10-1 所示的"用户名"和"密码"文本框中输入正确的内容，然后单击"登录"按钮，即可进入后台管理页面。

图 10-1　登录页面

动态网页技术的出现使网站从展示平台变成了网络交互平台。Dreamweaver CS6 在集成了动态网页的开发功能后，就由网页设计工具变成了网站开发工具。Dreamweaver CS6 提供众多的可视化设计工具、应用开发环境及代码编辑支持，使开发人员和设计师能够快捷地创建代码

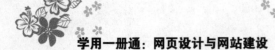

应用程序，集成程度非常高，开发环境精简而高效。开发人员能够运用 Dreamweaver 与服务器技术构建功能强大的网络应用程序。

如果在文本框中输入的"用户名"和"密码"不正确，单击"登录"按钮后会显示不同的网页内容，这就是动态网页所具有的典型特征。这种交互式的行为利用单纯的 HTML 语言是无法实现的，它需要将内容存储在数据库中，在服务器端利用语言编写网页应用程序。这样的程序不仅能处理从浏览器端表单提交的数据，而且可以根据这些数据动态地反馈给用户。

 10.1.2 动态网页的制作流程

网络技术日新月异，许多网页文件扩展名不再只是.html，还有.php、.asp 等，这些都是采用动态网页技术制作出来的。动态网页其实就是建立在 B/S（浏览器/服务器）架构上的服务器端脚本程序，在浏览器端显示的网页是服务器端程序运行的结果。

Dreamweaver 的可视化工具可以开发动态站点，而不必编写复杂的代码。Dreamweaver 可以使用几种流行的 Web 编程语言和服务器技术中的任意一种来创建动态 Web 站点，这些语言和技术包括 ColdFusion、ASP.NET、ASP、JSP 和 PHP。

动态网页还需要数据库的支持。实质上，动态网页就是一个可以访问数据库的网页。在建立数据库网页前，要建立一个数据库。在建立数据库时，还要根据项目的具体要求设计数据库的结构。

计算机中必须安装 Web 服务器程序，本书以 IIS 作为 Web 服务器程序。一旦安装了 Web 服务器程序，就相当于将计算机设置成为一台真正的 Internet 服务器，只需启动浏览器，并在地址栏中输入映射站点的地址，就可以进行完善细致的测试，一切就像访问真正的站点一样。动态网页的工作流程如下：

- 分析项目的要求，建立数据库。
- 定义一个站点。
- 创建静态网页。
- 创建数据源。
- 建立数据链接。
- 创建记录集。
- 在网页中添加服务器端行为。
- 测试和调试网页。

10.2 在网页中插入交互式表单对象

表单是用于实现网页浏览者与服务器之间交互的一种页面元素，在 Internet 上被广泛用于各种信息的搜索和反馈，是网站管理者和浏览者之间沟通的桥梁。

10.2.1　上机练习——插入表单域

表单是收集访问者反馈信息的有效方式，在网络中的应用非常广泛，可以通过表单填写并提交数据。在制作表单网页之前先要创建表单，表单对象必须添加到表单中才能正常运行。下面通过实例讲解如何创建如图 10-2 所示的表单效果，具体操作步骤如下。

图 10-2　创建表单效果

练习文件　实例素材/练习文件/CH10/10.2.1/index.html

完成文件　实例素材/完成文件/CH10/10.2.1/ index1.html

（1）打开网页文档，如图 10-3 所示。

（2）将光标置于页面中，执行"插入"|"表单"|"表单"命令，如图 10-4 所示。

图 10-3　打开网页文档

图 10-4　执行"表单"命令

（3）执行命令后，插入表单，如图 10-5 所示。

（4）创建表单后，可以设置表单的属性。选中插入的表单，打开"属性"面板，如图 10-6 所示。

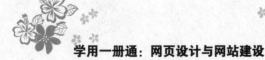

图 10-5　插入表单　　　　　　　　图 10-6　表单的"属性"面板

表单的"属性"面板中主要有以下参数。

- 表单 ID：用来设置表单的名称。为了正确处理表单，一定要给表单设置一个名称。
- 动作：用来设置处理该表单的服务器脚本路径。
- 目标：用来设置表单被处理后页面的打开方式。
  - 选择 _bank，网页在新窗口中打开。
  - 选择 _parent，网页在副窗口中打开。
  - 选择 _self，网页在原窗口中打开。
  - 选择 _top，网页在顶层窗口中打开。
- 方法：用来设置将表单数据发送到服务器的方法。选择"默认"或"GET"，将以 GET 方法发送表单数据，把表单数据附加到请求 URL 中发送；选择"POST"，将以 POST 方法发送表单数据，把表单数据嵌入到 HTTP 请求中发送，通常选择"POST"。
- 编码类型：用来设置发送数据的 MIME 编码类型，一般应选择 application/x-www-form-urlencode。

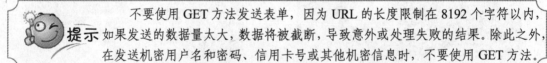

不要使用 GET 方法发送表单，因为 URL 的长度限制在 8192 个字符以内，如果发送的数据量太大，数据将被截断，导致意外或处理失败的结果。除此之外，在发送机密用户名和密码、信用卡号或其他机密信息时，不要使用 GET 方法。

 10.2.2　上机练习——插入文本域

插入表单以后，便可以向表单中添加表单对象。文本域是最常见的表单元素之一，包括文本字段和文本区域两种。

文本域主要用于单行信息的输入，如登录账号、联系电话和邮政编码等。创建单行文本域的具体操作步骤如下。

（1）将光标置于页面中，执行"插入"|"表格"命令，插入一个 8 行 2 列的表格，如图 10-7 所示。

（2）将光标置于第 1 行第 1 列单元格中，输入文字"姓名:"，将"大小"设置为 12 像素，"文本颜色"设置为#000000，如图 10-8 所示。

图 10-7　插入表格

图 10-8　输入文字

（3）将光标置于表格的第 1 行第 2 列单元格中，执行"插入"|"表单"|"文本域"命令，插入文本域，如图 10-9 所示。

（4）选中插入的文本域，打开"属性"面板，将面板中的"字符宽度"设置为 25，"最多字符数"设置为 10，"类型"设置为"单行"，如图 10-10 所示。

图 10-9　插入文本域

图 10-10　文本域的"属性"面板

在文本域的"属性"面板中主要有以下参数。

- 文本域：在文本框中为该文本域指定一个名称。每个文本域都必须有一个唯一的名称。文本域名称不能包含空格或特殊字符，可以使用字母、数字、字符和下画线的任意组合。所选名称最好与输入的信息有所联系。
- 字符宽度：设置文本域一次最多可显示的字符数。
- 最多字符数：设置单行文本域中最多可输入的字符数。使用"最多字符数"将邮政编码限制为 6 位数、将密码限制为 10 个字符等。如果将"最多字符数"文本框保留为空白，则可以输入任意数量的文本。如果文本超过字符宽度，将滚动显示。如果输入超过最大字符数，则表单产生警告声。

- 单行：将产生一个 type 属性设置为 text 的<input>标签。"字符宽度"设置映射为 size 属性，"最多字符数"设置映射为 maxlength 属性。
- 密码：将产生一个 type 属性设置为 password 的<input>标签。"字符宽度"和"最多字符数"设置映射的属性与在单行文本域中的属性相同。当在密码文本域中输入时，输入内容显示为项目符号或星号，以保护其不被其他人看到。
- 多行：将产生一个<textarea>标签。
- 初始值：指定在首次载入表单时文本域中显示的值。

（5）同以上步骤，在表格的第 2 行第 2 列单元格中插入文本域，在第 1 行单元格中输入文本，如图 10-11 所示。

如果希望创建多行文本域，则需要使用文本区域。在文本区域中，可以像在普通的文本编辑窗口中一样进行常见的文本编辑操作。插入文本区域的具体操作步骤如下。

（1）将光标置于表格的第 7 行第 1 列单元格中，输入文字"详细购房意向："，如图 10-12 所示。

图 10-11　插入文本域　　　　　　　　　　图 10-12　输入文字

（2）将光标置于表格的第 7 行第 2 列单元格中，执行"插入"|"表单"|"文本区域"命令，插入文本区域，如图 10-13 所示。

（3）选中插入的文本区域，在"属性"面板中将"行数"设置为 8，"字符宽度"设置为 33，"类型"设置为"多行"，如图 10-14 所示。

图 10-13　插入文本区域　　　　　　　　　图 10-14　文本区域的"属性"面板

 10.2.3　上机练习——插入复选框和单选按钮

经常遇到多项选择的问题，这时就需要插入复选框或单选按钮，单选按钮可以在众多的选项中选择其中的一项，而复选框允许在一组选项中选择多个选项，每个复选框都是独立的，所以必须有一个唯一的名称。插入复选框的具体操作步骤如下。

（1）将光标置于表格的第 3 行第 1 列单元格中，输入文字"面积要求："，如图 10-15 所示。

（2）将光标置于第 3 行第 2 列单元格中，执行"插入"|"表单"|"复选框"命令，插入复选框，如图 10-16 所示。

图 10-15　输入文字

图 10-16　插入复选框

（3）选中复选框，在"属性"面板中将"初始状态"设置为"未选中"，如图 10-17 所示。在复选框的"属性"面板中主要有以下参数。

- 复选框名称：用来设置复选框的名称。
- 选定值：用来设置复选框的值。
- 初始状态：用来设置复选框的初始状态，包括"已勾选"和"未选中"两个状态。选择"已勾选"单选按钮，复选框的初始状态处于选中状态。

（4）将光标置于复选框的右边，输入文字"100-130 平米"，如图 10-18 所示。

图 10-17　复选框的"属性"面板

图 10-18　输入复选框文字

（5）按照步骤 2~4 的方法插入其他复选框并输入文字，如图 10-19 所示。

单选按钮只允许从选项中选择一个选项。单选按钮通常成组地使用，在同一个组中的所有单选按钮必须具有相同的名称。插入单选按钮的具体操作步骤如下。

（1）将光标置于表格的第 4 行第 1 列单元格中，输入文字"楼盘类型："，如图 10-20 所示。

图 10-19 输入内容

图 10-20 输入文字

（2）将光标置于第 4 行第 2 列单元格中，执行"插入"|"表单"|"单选按钮"命令，插入单选按钮，如图 10-21 所示。

（3）选中插入的单选按钮，在"属性"面板中将"初始状态"设置为"未选中"，如图 10-22 所示。

在单选按钮的"属性"面板中主要有以下参数。

● 单选按钮：用于设置所选单选按钮的名称。

● 选定值：用于设置单选按钮的值。

● 初始状态：用于设置单选按钮的初始状态，包括"已勾选"和"未选中"两个状态。如果选择"已勾选"单选按钮，则表示单选按钮初始状态处于选中状态。

图 10-21 插入单选按钮

图 10-22 单选按钮的"属性"面板

（4）将光标置于单选按钮的右边，输入文字"住宅"，如图 10-23 所示。

（5）按照步骤 2~4 的方法，插入其他单选按钮，输入文字，如图 10-24 所示。

图 10-23　输入单选按钮文字

图 10-24　插入其他单选按钮

10.2.4　上机练习——插入列表／菜单

列表/菜单可以在网页中以列表或菜单的形式提供一系列的预设选项，插入列表/菜单具体的操作步骤如下。

（1）将光标置于第 5 行第 1 列单元格中，输入文字"户型要求："，如图 10-25 所示。

（2）将光标置于第 5 行第 2 列单元格中，执行"插入"|"表单"|"选择（列表/菜单）"命令，插入列表/菜单，如图 10-26 所示。

图 10-25　输入文字

图 10-26　插入列表/菜单

（3）选中列表/菜单，在"属性"面板中将"类型"设置为"菜单"，单击"列表值"按钮，弹出"列表值"对话框，在对话框中单击 + 按钮添加相应的内容，如图 10-27 所示。

（4）单击"确定"按钮，添加到"初始化时选定"列表框中，如图 10-28 所示。

207

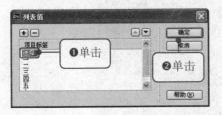

图 10-27 "列表值"对话框

图 10-28 "初始化时选定"列表框

在列表/菜单的"属性"面板中主要有以下参数。

- 选择：在其文本框中输入列表/菜单的名称。
- 类型：指定此对象是弹出菜单还是滚动列表。
- 高度：设置列表框中显示的行数，单位是字符。
- 选定范围：指定浏览者是否可以从列表中选择多个项。
- 初始化时选定：设置列表中默认的菜单项。
- 列表值：单击此按钮，弹出"列表值"对话框，在对话框中向菜单中添加菜单项。

（5）将光标置于（列表/菜单）的右边输入文字，并插入其他列表/菜单，设置列表值，如图 10-29 所示。

图 10-29 插入其他列表/菜单

10.2.5 上机练习——插入文件域和按钮

文件域允许将其计算机上的文件上传到服务器，它包含一个"浏览"按钮。可以手动输入要上传的文件的路径，也可以使用"浏览"按钮定位和选择该文件。插入文件域的具体操作步骤如下。

（1）将光标置于表格第 6 行第 1 列单元格中，输入文字"上传文件:"，如图 10-30 所示。

（2）将光标置于第 6 行第 2 列单元格中，执行"插入"|"表单"|"文件域"命令，插入文件域，如图 10-31 所示。

图 10-30　输入文字 　　　　　　　　　　　　　 图 10-31　插入文件域

（3）选中插入的文件域，打开"属性"面板，将"字符宽度"设置为 25，"最多字符数"设置为 40，如图 10-32 所示。

图 10-32　文件域的"属性"面板

在文件域的"属性"面板中主要有以下参数。

- 文件域名称：在其文本框中为文件域命名。
- 字符宽度：设置文件域可显示的最大字符数。
- 最多字符数：设置文件域可输入的最大字符数。

按钮是网页中最常见的表单对象，按钮控制表单操作，使用表单按钮将输入表单的数据提交到服务器，或者重置该表单。插入按钮的具体操作步骤如下。

（1）将光标置于表格的第 8 行第 2 列单元格中，执行"插入"|"表单"|"按钮"命令，插入按钮，如图 10-33 所示。

❷插入按钮

图 10-33　插入"提交"按钮

（2）选中插入的按钮，打开"属性"面板，在面板中的"值"文本框中输入"提交"，将"动作"设置为"提交表单"，如图 10-34 所示。

在按钮的"属性"面板中主要有以下参数。

- 按钮名称：用来设置所选按钮的命名。
- 动作：用来设置访问者单击按钮将产生的动作。包括"提交表单"、"重设表单"和"无"
  3 个单选按钮。
  - ➢ 提交表单：访问者单击按钮将提交整个表单。
  - ➢ 重设表单：访问者单击按钮将重设整个表单，把表单各对象的值恢复到初始状态。
  - ➢ 无：访问者单击按钮将不产生任何动作。
  - ➢ 值：用来设置按钮上显示的文本。

（3）将光标置于按钮右边，再插入一个按钮，并在"属性"面板的"值"文本框中输入"重置"，将"动作"设置为"重设表单"，如图 10-35 所示。

❶按钮属性

图 10-34　按钮的"属性"面板

❷按钮属性

图 10-35　插入"重置"按钮

（4）执行"文件"|"保存"命令，保存表单文档。

代码揭秘：表单标签

表单在网页中起着重要作用，它是与用户交互信息的主要手段。一个表单至少应该包括说明性文字、填写的表格、提交和重置按钮等内容。填写了所需的资料之后，按下"提交"按钮，

这样所填资料就会通过专门的 CGI 接口传到 Web 服务器上。表单常用标签是<form>、<input>、<Option>、<Select>等。

1．<form>和</form>标签

该标签对用于定义一个表单，任何一个表单都是以<form>开始，</form>结束的。其中包含了一些表单元素，如文本框、按钮、下拉列表框等。通常用法如下：

```
<form name="form1" method="post" action=mailto:yamei@ssw6ei.com></form>
```

其属性及属性值如表 10-1 所示。

表 10-1 <form>和<form>标签的属性

属性名称	说　明	取　值
action	指定处理该表单的程序文件所在的位置，当单击提交按钮后，就将表单信息提交给该文件	属性值为该程序文件的 URL 地址
method	指定该表单的传送方式	post 表示将所有信息当做一个表单传递给服务器，一般选择 post get 表示将表单信息附在 URL 地址后面传给服务器
name	表单的名字	变量名，可以取字符串，以区分多个表单

2．<input>和</input>标签

该标签对用于在表单中定义单行文本域、单选按钮、复选框、按钮等表单元素，通常用法如下：

```
<input name="textfield" type="text" size="10" >
```

3．<select>和</select>标签

该标签对用来定义一个列表/菜单，通常用法如下：

```
<select name="select">
<option>所在地区</option>
<option value="1">北京</option>
<option value="2">上海</option>
<option value="3">天津</option>
<option value="4">哈尔滨</option>
<option value="5">广东</option>
<option value="6">山东</option>
<option value="7">其他</option>
</select>
```

<select>标签是和<option>标签配合使用的，一个<option>标签就是列表框中的一项。

4．<textarea>和</textarea>标签

该标签对用于定义一个多行文本域，常用于需要输入大量文字内容的网页中，如留言板、BBS 等。

```
<textarea name="textfield" cols="20" rows="6"></textarea>
```

211

10.3　搭建本地服务器

　　　　网站要在服务器平台下运行，离开一定的平台，动态交互式的网站就不能正常运行。要将本地计算机设置为服务器，必须在计算机上安装能够提供Web服务的应用程序，对于开发ASP页面来说，安装Internet Information Server（IIS）是最好的选择。IIS是专为网络上所需的计算机网络服务而设计的一套网络套件，它不但有WWW、FTP、SMTP、NNTP等服务，同时它本身也拥有ASP、Transaction Server、Index Server等功能强大的服务器端软件。建议使用Windows XP平台，除了安全性、稳定性及软件接口的综合问题以外，最重要的原因是网络上所有进入网络主机的用户都是"匿名用户"。

 10.3.1　上机练习——安装IIS

在Windows XP下安装IIS组件的具体操作步骤如下。

（1）打开电脑，执行"开始"|"控制面板"命令，打开"控制面板"窗口，如图10-36所示。

（2）单击"添加/删除程序"链接，打开"添加或删除程序"窗口，如图10-37所示。

图10-36　控制面板

图10-37　"添加或删除程序"窗口

　　（3）在"添加或删除程序"窗口中，选择左侧的"添加/删除 Windows 组件"选项，打开"Windows 组件向导"对话框，如图10-38所示。

　　（4）在每个组件之前都有一个复选框，若该复选框显示为灰色，则代表该组件内还含有子组件可以选择，双击"Internet 信息服务（IIS）"选项，弹出如图10-39所示的对话框。

图10-38　"Windows 组件向导"对话框

图10-39　"Internet 信息服务（IIS）"对话框

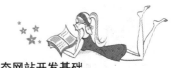

（5）选择完使用的组件及子组件后，单击“下一步”按钮，弹出如图 10-40 所示的对话框。

（6）IIS 安装完成，如图 10-41 所示。

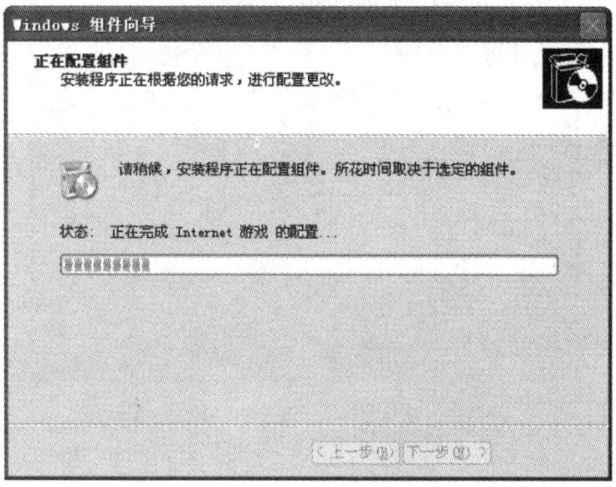

图 10-40　安装 IIS

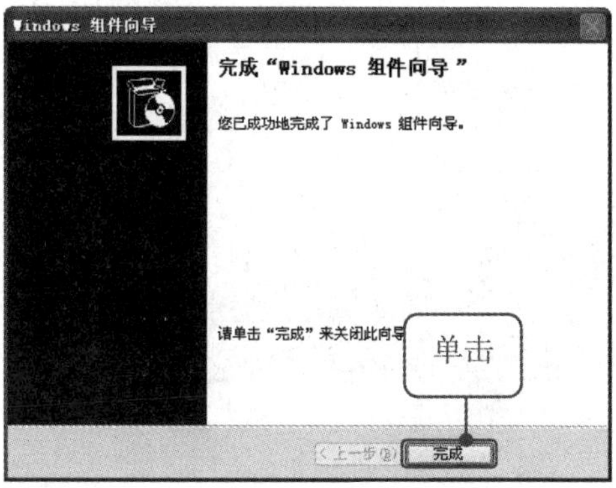

图 10-41　IIS 安装完成

10.3.2　上机练习——配置 Web 服务器

完成了 IIS 的安装之后，就可以利用 IIS 在本机上创建 Web 站点了，必须进行设置才能正常运行。如 IIS 默认启用文档为 default.html，当希望将主页更改成 index.asp 时，就必须进行 Internet 信息服务的设置。

（1）执行“我的电脑”|“控制面板”|“性能和维护”|“管理工具”|“Internet 信息服务”命令，打开“Internet 信息服务”窗口，用鼠标右键单击“默认网站”，在弹出的快捷菜单中执行“属性”命令，如图 10-42 所示。

（2）弹出“默认网站属性”对话框，选择“网站”选项卡，在“IP 地址”文本框中输入“127.0.0.1”，如图 10-43 所示。

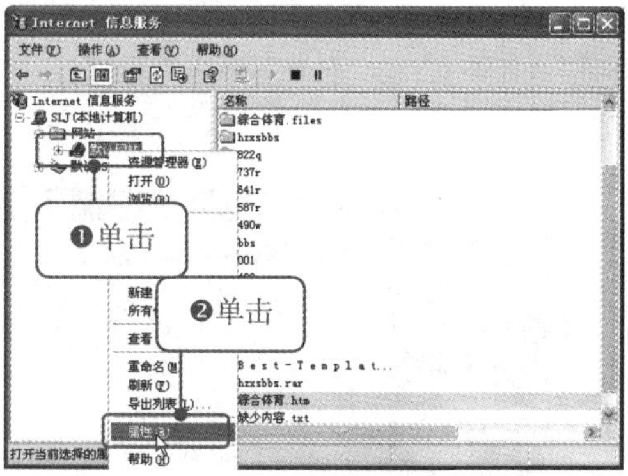

图 10-42　执行“属性”命令

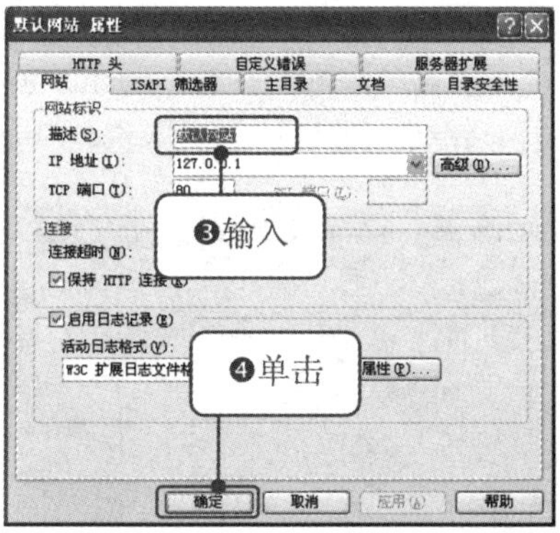

图 10-43　“默认网站属性”对话框

（3）选择“主目录”选项卡，如图 10-44 所示，在“本地路径”文本框中输入要选择的目录的路径，或单击“浏览”按钮选择。

（4）选择“文档”选项卡，如图 10-45 所示，可修改浏览器默认主页及调用顺序。

图 10-44　"主目录"选项卡

图 10-45　"文档"选项卡

10.4　创建数据库连接

如果在动态网页中使用数据库，必须创建一个指向该数据库的连接。在动态网页中，是通过开放式数据库连接（ODBC）驱动程序连接到数据库的，该驱动程序负责将运行结构送回应用程序。

10.4.1　上机练习——创建 ODBC 连接

要在 ASP 中使用 ADO 对象来操作数据库，首先要创建一个指向该数据库的 ODBC 连接。在 Windows 系统中，ODBC 的连接主要通过 ODBC 数据源管理器来完成。下面就以 Windows XP 为例讲解 ODBC 数据源的创建过程。

（1）执行"控制面板"|"性能和维护"|"管理工具"|"数据源（ODBC）"命令，弹出"ODBC 数据源管理器"对话框，在对话框中选择"系统 DNS"选项卡，如图 10-46 所示。

（2）单击"添加"按钮，弹出"创建新数据源"对话框，在"名称"列表框中选择"Driver do Microsoft Access（*.mdb）"选项，如图 10-47 所示。

图 10-46　"ODBC 数据源管理器"对话框

图 10-47　"创建新数据源"对话框

（3）单击"完成"按钮，弹出"ODBC Microsoft Access 安装"对话框，单击"选择"按钮，弹出"选择数据库"对话框，在对话框中选择数据库的路径，如图 10-48 所示。

（4）单击"确定"按钮，在"数据源名"文本框中输入名称，单击"确定"按钮，就可以看到数据源 mdb 了，如图 10-49 所示。

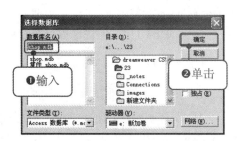

图 10-48　"选择数据库"对话框

图 10-49　完成 ODBC 的创建

10.4.2　上机练习——使用 DSN 创建 ADO 连接

建立系统 DSN 连接的具体操作步骤如下。

（1）执行"窗口"|"数据库"命令，打开"数据库"面板，在面板中单击"+"按钮，在弹出的下拉列表中选择"数据源名称（DSN）"选项，如图 10-50 所示。

（2）单击"确定"按钮，返回到"数据源名称（DSN）"对话框，在"数据源名称（DSN）"文本框中就会出现已经定义好的数据库。在"连接名称"文本框中输入"shop"，如图 10-51 所示。

（3）单击"测试"按钮，弹出"成功创建连接脚本"提示框，单击"确定"按钮，关闭对话框。单击"确定"按钮，即可成功连接，此时"数据库"面板如图 10-52 所示。

图 10-50　"数据库"面板　　图 10-51　"数据源名称（DSN）"对话框　　图 10-52　成功连接

代码揭秘：连接数据库代码

SQLConnectCore 是最简单的函数，它只需要数据源名（Data Source Name，DSN）和可选的用户名和密码。它不提供任何 GUI 选项，如向用户显示一个对话框来提供更多信息。如果已经有了需要使用的数据库的 DSN，就可以使用这个函数。

SQLDriverConnectCore 提供了较 SQLConnect 更多的选择，可以连接一个没有在系统信息内定义的数据源，如没有 DSN。另外，可以指定这个函数是否需要显示一个对话框来为用户提供更多信息。例如，如果用户遗漏了数据库的名字，它会指导 ODBC 驱动程序显示一个对话框，让用户来选择想连接的数据库。

SQLBrowseConnectLevel 1 允许在运行时（RunTime）枚举数据源，比 SQLDriverConnect 更加灵活。可以多次顺序调用 SQLBrowseConnect，而每次提供给使用者更多的专用信息，直到最后获得需要的连接句柄。

DSN 是 Data Source Name（数据源名）的缩写，是一个唯一标识某数据源的字符串。一个 DSN 标识了一个包含了如何连接某一特定的数据源的信息的数据结构。这个信息包括要使用何种 ODBC 驱动程序及要连接哪个数据库。可以通过控制面板中的 32 位 ODBC 数据源来创建、修改及删除 DSN。

SQLConnect 的语法如下：

```
1  SQLConnect proto ConnectionHandle:DWORD
2  pDSN:DWORD
3  DSNLength:DWORD
4  pUserName:DWORD
5  NameLength:DWORD
6  pPassword:DWORD
7  PasswordLength:DWORD
```

其中，ConnectionHandle 为要使用的连接句柄；pDSN 为指向 DSN 的指针；DSNLength 为 DSN 的长度；pUserName 为指向用户名的指针；NameLength 为用户名的长度；pPassword 为指向该用户名所使用密码的指针；PasswordLength 为密码的长度。

在最小情况下，SQLConnect 需要连接句柄、DSN 和 DSN 的长度。如果数据源不需要的话，用户名和密码就不是必需的，函数的返回值与 SQLAllocHandle 的返回值相同。

10.5 编辑数据表记录

> 记录集是根据查询关键字在数据库中查询得到的数据库中记录的子集。查询就是指定一些搜索条件，这些条件决定了在记录集中应该包括什么、不应该包括什么。查询结果可以包括某些字段，或者某些记录，也可以是两者的结合。
>
> 记录集可以包括数据库表的所有记录和字段。但因为应用程序很少会使用数据库中所有的数据，所以应该使记录集尽可能小。

10.5.1 创建记录集（查询）

记录集是通过数据库查询得到的数据库中记录的子集。记录集由查询来定义，查询则由搜索条件组成，这些条件决定记录集中应该包含的内容，创建记录集（查询）的具体操作步骤如下。

（1）执行"窗口"|"绑定"命令，打开"绑定"面板，如图 10-53 所示。

（2）在面板中单击 按钮，在弹出的下拉列表中选择"记录集（查询）"选项，如图 10-54 所示。

图 10-53　"绑定"面板

图 10-54　选择"记录集（查询）"选项

（3）弹出"记录集"对话框，在"名称"文本框中输入"Recordset1"，在"连接"下拉列表中选择"liuyan"选项，将"列"设置为"全部"，如图 10-55 所示。

（4）单击"确定"按钮，插入记录集，如图 10-56 所示。

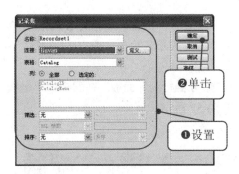

图 10-55　"记录集"对话框

图 10-56　创建记录集

在"记录集"对话框中主要有以下参数。

- 名称：创建的记录集的名称。
- 连接：用来指定一个已经建立好的数据库连接，如果在"连接"下拉列表中没有可用的连接出现，则可单击其右边的"定义"按钮建立一个连接。
- 表格：选取已连接数据库中的所有表。
- 列：若要使用所有字段作为一条记录中的列项，则选择"全部"单选按钮，否则应选择"选定的"单选按钮。
- 筛选：设置记录集仅包括数据表中的符合筛选条件的记录。它包括 4 个选项，这 4 个选项分别可以完成过滤记录条件字段、条件表达式、条件参数及条件参数的对应值。
- 排序：设置记录集的显示顺序。它包括两个下拉列表，在第 1 个下拉列表中可以选择要排序的字段，在第 2 个下拉列表中可以设置升序或降序。

代码揭秘：创建记录集代码

创建记录集的代码如下：

```
<%
Dim Recordset1                    /*定义记录集*/
Dim Recordset1_cmd
```

```
Dim Recordset1_numRows
Set Recordset1_cmd = Server.CreateObject ("ADODB.Command")
Recordset1_cmd.ActiveConnection = MM_guest_STRING
Recordset1_cmd.CommandText = "SELECT * FROM guest"  /* 从数据表 guest 中查询 */
Recordset1_cmd.Prepared = true
Set Recordset1 = Recordset1_cmd.Execute
Recordset1_numRows = 0
%>
```

10.5.2 插入记录

一般来说，要通过 ASP 页面向数据库中添加记录，需要提供输入数据的页面，这可以通过创建包含表单对象的页面来实现。利用 Dreamweaver CS6 的"插入记录"服务器行为，就可以向数据库中添加记录，插入记录的具体操作步骤如下。

（1）在文档窗口中打开插入页面，该页面应该包含具有"提交"按钮的 HTML 表单。

（2）单击文档窗口左下角状态栏中的<form>标签选择表单，执行"窗口"|"属性"命令，打开"属性"面板，在"表单名称"文本框中输入名称。

（3）执行"窗口"|"服务器行为"命令，打开"服务器行为"面板，在面板中单击 按钮，在弹出的下拉列表中选择"插入记录"选项，如图 10-57 所示。

（4）弹出"插入记录"对话框，如图 10-58 所示。

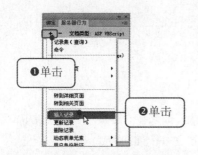
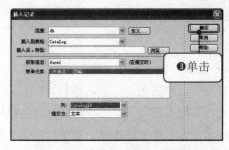

图 10-57 选择"插入记录"选项　　　　图 10-58　"插入记录"对话框

在"插入记录"对话框中主要有以下参数。

● 连接：用来指定一个已经建立好的数据库连接，如果在"连接"下拉列表中没有可用的连接出现，则可单击其右侧的"定义"按钮建立一个连接。

● 插入到表格：在下拉列表中选择要插入表的名称。

● 插入后，转到：在文本框中输入一个文件名或单击"浏览"按钮。如果不输入该地址，则插入记录后刷新该页面。

● 获取值自：在下拉列表中指定存放记录内容的 HTML 表单。

● 表单元素：指定数据库中要更新的表单元素。在"列"下拉列表中选择字段，在"提交为"下拉列表中显示提交元素的类型。如果表单对象的名称和被设置字段的名称一致，则 Dreamweaver 会自动建立对应关系。

代码揭秘：插入记录代码

在创建了数据库及其表之后，可以使用 INSERT 命令填充它们。可以用 INSERT 方法指定要填充的列，这里向表 guest 中插入字段，代码如下：

```
<%
If (CStr(Request("MM_insert")) = "form1") Then
  If (Not MM_abortEdit) Then
    Dim MM_editCmd
    Set MM_editCmd = Server.CreateObject ("ADODB.Command")
    MM_editCmd.ActiveConnection = MM_guest_STRING
    MM_editCmd.CommandText = "INSERT INTO guest (name, [e-mail], qq, title,
content) VALUES (?, ?, ?, ?, ?)"
    MM_editCmd.Prepared = true
    MM_editCmd.Execute
    MM_editCmd.ActiveConnection.Close %>
```

使用这种结构，可以添加多行记录，只填充一部分相关的列。其结果将是，任何未赋值的列都将被视做 NULL（或者如果定义了默认值，就赋予默认值）。注意，如果列不能具有 NULL 值（它被设置为 NOT NULL），并且没有默认值，那么不指定值将会引发一个错误。

10.5.3　更新记录

利用 Dreamweaver 的"更新记录"服务器行为，可以在页面中实现更新记录操作，更新记录的具体操作步骤如下。

（1）执行"窗口"|"服务器行为"命令，打开"服务器行为"面板，在面板中单击 + 按钮，在弹出的下拉列表中选择"更新记录"选项，如图 10-59 所示。

（2）弹出"更新记录"对话框，进行相应的设置，如图 10-60 所示。

在"更新记录"对话框中主要有以下参数。

- 连接：用来指定一个已经建立好的数据库连接，如果在"连接"下拉列表中没有可用的连接出现，则可单击其右侧的"定义"按钮建立一个连接。
- 要更新的表格：在下拉列表中选择要更新的表的名称。
- 选取记录自：指定页面中绑定的"记录集"。
- 唯一键列：在下拉列表中选择关键列，以识别在数据库表单上的记录。如果值是数字，则应该勾选"数值"复选框。
- 在更新后，转到：在文本框中输入一个 URL，这样表单中的数据更新之后将转向这个 URL。
- 获取值自：在下拉列表中指定页面中表单的名称。
- 表单元素：在列表中指定 HTML 表单中的各个字段域名称。
- 列：在下拉列表中选择与表单域对应的字段列名称。
- 提交为：在下拉列表中选择字段的类型。

图 10-59 选择"更新记录"选项

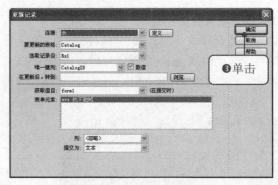

图 10-60 "更新记录"对话框

代码揭秘：更新记录代码

更新数据一般通过应用程序来完成，使用 Update 语句更新记录是数据库管理员维护数据的主要手段。Update 语句用于更新记录的列的值。可以使用 where 设定特定的条件运算式，符合条件运算式的记录才会被更新。下面是修改地址（address）并添加城市名称（city）的代码。

```
Update Person SET Address = "Zhongshan 23", City ="Nanjing"
where LastName = "Wilson"
```

 10.5.4 删除记录

利用 Dreamweaver 的"删除记录"服务器行为，可以在页面中实现删除记录的操作。删除记录的页面执行两种不同的操作，首先显示已存在的数据，可以选择将要被删除的数据；其次从数据库中删除此记录以反映记录删除的结果。删除记录的具体操作步骤如下。

（1）执行"窗口"|"服务器行为"命令，打开"服务器行为"面板，在面板中单击 按钮，在弹出的下拉列表中选择"删除记录"选项，如图 10-61 所示。

（2）弹出"删除记录"对话框，进行相应设置，如图 10-62 所示。

在"删除记录"对话框中主要有以下参数。

- 连接：在下拉列表中选择要更新的数据库连接。如果没有数据库连接，可以单击"定义"按钮定义数据库连接。
- 从表格中删除：在下拉列表中选择从哪个表中删除记录。
- 选取记录自：在下拉列表中选择使用的记录集的名称。
- 唯一键列：在下拉列表中选择要删除记录所在表的关键字字段，如果关键字字段的内容是数字，则需要勾选"数值"复选框。
- 提交此表单以删除：在下拉列表中选择提交删除操作的表单名称。
- 删除后，转到：在文本框中输入该页面的 URL 地址。如果不输入地址，更新操作后则刷新当前页面。

图 10-61　选择"删除记录"选项

图 10-62　　"删除记录"对话框

代码揭秘：删除记录代码

要从表中删除一个或多个记录，需要使用 DELETE 语句。你可以给 DELETE 语句添加 WHERE 子句。WHERE 子句用来选择要删除的记录。例如，下面的这个 DELETE 语句只删除字段 first_column 的值等于"Delete Me"的记录：

```
DELETE mytable WHERE first_column="Delete Me"
```

如果不给 DELETE 语句添加 WHERE 子句，表中的所有记录都将被删除。

如果你想删除该表中的所有记录，应使用 TRUNCATE TABLE 语句。为什么要用 TRUNCATE TABLE 语句代替 DELETE 语句？当你使用 TRUNCATE TABLE 语句时，记录的删除是不作记录的。也就是说，这意味着 TRUNCATE TABLE 要比 DELETE 快得多。

10.6　添加服务器行为

服务器行为是一些典型、常用的可定制的 Web 应用代码模块。若要向页面添加服务器行为，可以从"应用程序"插入栏或"服务器行为"面板中选择它们。如果使用插入栏，可以选择"应用程序"插入栏，然后单击相应的服务器按钮。若要使用"服务器行为"面板，则在面板中单击 + 按钮，在弹出的下拉列表中选择相应的服务器行为。

10.6.1　插入重复区域

"重复区域"服务器行为可以显示一条记录，也可以显示多条记录。如果要在一个页面上显示多条记录，则必须指定一个包含动态内容的选择区域作为重复区域。任何选择区域都能转变为重复区域，最普通的是表格、表格的行，或者一系列的表格行，甚至是一些字母、文字。插入重复区域的具体操作步骤如下。

（1）打开一个 ASP 文件，选择要添加动态内容的区域。执行"窗口"|"服务器行为"命令，打开"服务器行为"面板，在面板中单击 + 按钮，在弹出的下拉列表中选择"重复区域"选项，如图 10-63 所示。弹出"重复区域"对话框，如图 10-64 所示。

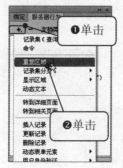

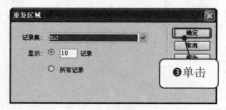

图 10-63　选择"重复区域"选项　　　　图 10-64　"重复区域"对话框

（2）在"记录集"下拉列表中选择相应的记录集，在"显示"文本框中输入要预览的记录数，默认值为 10 个记录。单击"确定"按钮，即可创建重复区域服务器行为。

10.6.2　插入显示区域

当需要显示某个区域时，Dreamweaver 可以根据条件动态显示，如记录导航链接。当把"前一个"和"下一个"链接增加到结果页面之后，指定"前一个"链接应该在第一个页面被隐藏（记录集指针已经指向头部），"下一个"链接应该在最后一页被隐藏（记录集指针已经指向尾部）。插入显示区域的具体操作步骤如下。

（1）执行"窗口"|"服务器行为"命令，打开"服务器行为"面板，在面板中单击 按钮，在弹出的下拉列表中选择"显示区域"选项，在弹出的子列表中可以根据需要进行选择，如图 10-65 所示。

（2）单击"确定"按钮，即可创建显示区域服务器行为。

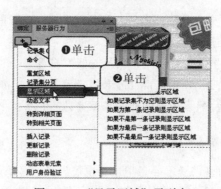

图 10-65　"显示区域"子列表

在"显示区域"子列表中主要有以下设置。

- 如果记录集为空则显示区域：若选择该选项，则只有当记录集为空时才显示所选区域。
- 如果记录集不为空则显示区域：若选择该选项，则只有当记录集不为空时才显示所选区域。
- 如果为第一条记录则显示区域：若选择该选项，则当当前页中包括记录集中第一条记录时显示所选区域。

- 如果不是第一条记录则显示区域：若选择该选项，则当当前页中不包括记录集中第一条记录时显示所选区域。
- 如果为最后一条记录则显示区域：若选择该选项，则当当前页中包括记录集最后一条记录时显示所选区域。
- 如果不是最后一条记录则显示区域：若选择该选项，则当当前页中不包括记录集中最后一条记录时显示所选区域。

10.6.3　记录集分页

Dreamweaver 提供的"记录集分页"服务器行为，实际上是一组将当前页面和目标页面的记录集信息整理成 URL 地址参数的程序段。

执行"窗口"|"服务器行为"命令，打开"服务器行为"面板，在面板中单击 ▣ 按钮，在弹出的下拉列表中选择"记录集分页"选项，在弹出的子列表中可以根据需要进行选择，如图 10-66 所示。

图 10-66　"记录集分页"子列表

在"记录集分页"子列表中主要有以下设置。

- 移至第一条记录：若选择该选项，则可以将所选的链接或文本设置为跳转到记录集显示子页的第一页的链接。
- 移至前一条记录：若选择该选项，则可以将所选的链接或文本设置为跳转到上一记录显示子页的链接。
- 移至下一条记录：若选择该选项，则可以将所选的链接或文本设置为跳转到下一记录子页的链接。
- 移至最后一条记录：若选择该选项，则可以将所选的链接或文本设置为跳转到记录集显示子页的最后一页的链接。
- 移至特定记录：若选择该选项，则可以将所选的链接或文本设置为从当前页跳转到指定记录显示子页的第一页的链接。

10.6.4 转到详细页面

"转到详细页面"服务器行为可以将信息或参数从一个页面传递到另一个页面。使用"转到详细页面"服务器行为的具体操作步骤如下。

（1）在列表页面中，选中要设置为指向详细信息页上的动态内容。执行"窗口"|"服务器行为"命令，打开"服务器行为"面板。

（2）在面板中单击 按钮，在弹出的下拉列表中选择"转到详细页面"选项，弹出"转到详细页面"对话框，如图 10-67 所示。

（3）单击"确定"按钮，这样原先的动态内容就会变成一个包含动态内容的超文本链接了。

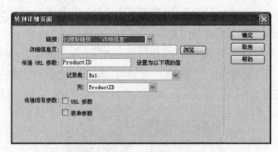

图 10-67 "转到详细页面"对话框

在"转到详细页面"对话框中主要有以下参数。

- 链接：在下拉列表中可以选择要把行为应用到哪个链接上。如果在文档中选择了动态内容，则会自动选择该内容。
- 详细信息页：在文本框中输入细节页面对应页面的 URL 地址，或单击右侧的"浏览"按钮选择。
- 传递 URL 参数：在文本框中输入要通过 URL 传递到细节页中的参数名称，然后设置以下选项的值。
  - ➤ 记录集：选择通过 URL 传递参数所属的记录集。
  - ➤ 列：选择通过 URL 传递参数所属记录集中的字段名称，即设置 URL 传递参数的值的来源。
- URL 参数：若勾选此复选框，则表明将结果页中的 URL 参数传递到细节页上。
- 表单参数：若勾选此复选框，则表明将结果页中的表单值以 URL 参数的方式传递到细节页上。

10.6.5 转到相关页面

转到相关页面可以建立一个链接打开另一个页面，而不是它的子页面，并且传递信息到该页面，具体实现步骤如下。

（1）在要传递参数的页面中，选中要实现相关页跳转的文字。执行"窗口"|"服务器行为"命令，打开"服务器行为"面板。

第 10 章 动态网站开发基础

（2）在面板中单击 按钮，在弹出的下拉列表中选择"转到相关页面"选项，弹出"转到相关页面"对话框，如图 10-68 所示。

（3）单击"确定"按钮，即可创建转到相关页面服务器行为。

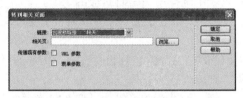

图 10-68 "转到相关页面"对话框

在"转到相关页面"对话框中主要有以下参数。

- 链接：在下拉列表中选择某个现有的链接，该行为将被应用到该链接上。如果在该页面上选中了某些文字，则该行为将把选中的文字设置为链接。如果没有选中文字，则在默认状态下 Dreamweaver CS6 会创建一个名为"相关"的超文本链接。
- 相关页：在文本框中输入相关页的名称或单击"浏览"按钮选择。
- URL 参数：若勾选此复选框，则表明将当前页面中的 URL 参数传递到相关页上。
- 表单参数：若勾选此复选框，则表明将当前页面中的表单参数值以 URL 参数的方式传递到相关页上。

 10.6.6 用户身份验证

为了能更有效地管理共享资源的用户，需要规范化访问共享资源的行为。通常采用注册（新用户取得访问权）—登录（验证用户是否合法并分配资源）—访问授权的资源—退出（释放资源）这一行为模式来实施管理，具体操作步骤如下。

（1）在定义"检查新用户名"之前需要先定义一个"插入记录"服务器行为。其实"检查新用户名"是限制"插入记录"行为的行为，它用来验证插入记录的指定字段的值在记录集中是否唯一。

（2）单击"服务器行为"面板中的 按钮，在弹出的下拉列表中选择"用户身份验证" | "检查新用户名"选项，弹出"检查新用户名"对话框，如图 10-69 所示。

（3）在"用户名字段"下拉列表中选择需要验证的记录字段（验证该字段在记录集中是否唯一），如果字段的值已经存在，那么可以在"如果已存在，则转到"文本框中指定引导用户所去的页面。

（4）单击"服务器行为"面板中的 按钮，在弹出的下拉列表中选择"用户身份验证" | "登录用户"选项，弹出"登录用户"对话框，单击"确定"按钮即可。如图 10-70 所示。

在"登录用户"对话框中主要有以下参数。

  ➤ 从表单获取输入：在下拉列表中选择接收哪一个表单的提交。
  ➤ 用户名字段：在下拉列表中选择用户名所对应的文本框。
  ➤ 密码字段：在下拉列表中选择用户密码所对应的文本框。

➢ 使用连接验证：在下拉列表中确定使用哪一个数据库连接。

➢ 表格：在下拉列表中确定使用数据库中的哪一个表格。

➢ 用户名列：在下拉列表中选择用户名对应的字段。

➢ 密码列：在下拉列表中选择用户密码对应的字段。

➢ 如果登录成功，转到：如果登录成功（验证通过），那么就将用户引导至该文本框所指定的页面。

➢ 转到前一个 URL（如果它存在）：如果存在一个需要通过当前定义的登录行为验证才能访问的页面，则应勾选该复选框。

➢ 如果登录失败，转到：如果登录不成功，那么就将用户引导至该文本框所指定的页面。

➢ 基于以下项限制访问：在选项组提供的单选按钮中，可以选择是否包含级别验证。

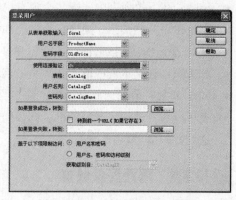

图 10-69　"检查新用户名"对话框　　　　图 10-70　"登录用户"对话框

（5）单击"服务器行为"面板中的  按钮，在弹出的下拉列表中选择"用户身份验证"|"限制对页的访问"选项，弹出"限制对页的访问"对话框，设置完毕后，单击"确定"按钮即可，如图 10-71 所示。

在"限制对页的访问"对话框中主要有以下参数。

● 基于以下内容进行限制：在选项组提供的单选按钮中，可以选择是否包含级别验证。如果需要经过验证，则可以单击"定义"按钮，弹出如图 10-72 所示的对话框，其中 + 按钮用来添加级别，− 按钮用来删除级别，"名称"文本框用来指定级别的名称。

● 如果访问被拒绝，则转到：如果没有经过验证，那么就将用户引导至该文本框所指定的页面。

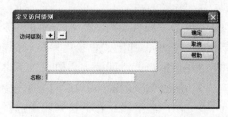

图 10-71　"限制对页的访问"对话框　　　　图 10-72　"定义访问级别"对话框

（6）单击"服务器行为"面板中的  按钮，在弹出的下拉列表中选择"用户身份验证"｜"注销用户"选项，弹出"注销用户"对话框，设置完毕后，单击"确定"按钮即可。如图 10-73 所示。

图 10-73　"注销用户"对话框

在"注销用户"对话框中主要有以下参数。

- 单击链接：指的是当用户指定链接时运行。
- 页面载入：指的是加载本页面时运行。
- 在完成后，转到：用来指定运行"注销用户"行为后引导用户所至的页面。

10.7　专家秘籍

1. 数据字段命名时要注意哪些原则？

在编写程序时常会出现一些找不出原因的错误，最后查出来却是因为数据库字段命名影响的结果，下面介绍几条数据字段命名的注意事项和原则。

- 利用中文来为字段命名，往往会造成数据库连接时的错误，因此要使用英文为字段命名。
- 使用英文字来命名字段时，注意不要使用代码的内置函数名称及保留字！例如 time、date 不能用做字段的名称。
- 在数据库字段中不可以使用一些特殊符号，如？、!、%或空格等。

2. 有时已经在服务器行为中将"插入记录"服务器行为删除了，为什么重做"插入记录"后，运行时还会提示变量重复定义？

虽然已经在服务器行为中将插入记录服务器行为删除了，但在 Dreamweaver 中的代码视图中，定义的原有变量并未删除。所以在重新插入记录后，变量会出现重复定义的情况。在将插入记录服务器行为删除后，再切换到代码视图中，将代码中定义的变量删除。

3. 当出现修改程序执行 "@命令只能在 Active Server Page 中使用一次"的错误时，应如何解决？

切换到代码视图，页面的最上方会看到有两行一模一样的代码，是以"<%@...%>"形式存在的，即是产生错误的主因，修改的方式其实相当简单，将其中一行删除即可。

4. 将文件上传到服务器后，为什么会出现"操作必须使用可更新的查询"？

这是因为在服务器上并没有写入的权限。执行"工具"｜"文件夹选项"命令，在弹出的对话框中切换到"查看"选项卡，取消勾选"使用简单文件共享（推荐）"复选框，如图 10-74 所示。

单击"确定"按钮，再执行"文件"|"属性"命令，在弹出的对话框中切换到"安全"选项卡，在这里会看到不同的组或用户对于文件的使用权限，如图 10-75 所示。

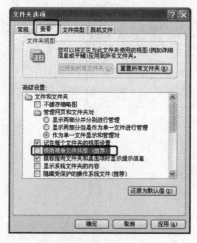

图 10-74　取消文件共享

图 10-75　　设置安全选项

5．ASP 的安全

在 IIS 系统上，大部分木马都是 ASP 写的，因此，ASP 组件的安全是非常重要的。

实际上大部分 ASP 木马通过调用 Shell.Application、WScript.Shell、WScript.Network、FSO、Adodb.Stream 组件来实现其功能，除了 FSO 之外，其他的大多可以直接禁用。

- WScript.Shell 组件使用这个命令删除：regsvr32 WSHom.ocx /u。
- WScript.Network 组件使用这个命令删除：regsvr32 wshom.ocx /u。
- Shell.Application 可以使用禁止 Guest 用户使用 shell32.dll 来防止调用此组件。

FSO 组件的禁用比较麻烦，如果网站本身不需要用这个组件，那么就通过 RegSrv32 scrrun.dll /u 命令来禁用。

6．IIS 服务器防范攻击的安全设置技巧

对于 Web 网站服务器来说，如果不进行安全设置，很容易被黑客"盯上"，随时都有被入侵的危险。

1）基本设置，打好补丁删除共享

大部分中小网站使用 Windows 服务器，但是我们通过租用或托管的服务器往往不会有专门的技术人员来进行安全设置，所以就导致了一些常见的基本漏洞仍然存在。其实，只要安装服务器补丁，就能防止大部分的漏洞入侵攻击。

在服务器安装好操作系统后，正式启用之前，就应该完成各种补丁的安装。做好了基本的补丁安装，更重要的是设置可访问的端口。通常服务器只需要开放提供 Web 服务的必需端口，其他不必要的端口都可以禁止。

删除默认共享也是必须做的，服务器开启共享后很有可能被病毒或黑客入侵，从而进一步提权或者删除文件，因此我们要尽量关闭文件共享。

2）权限分配，防止病毒木马入侵

好的服务器权限设置可以将危害减到最低，如果每个 IIS 站点的权限设置都不同，黑客就很难通过旁注攻击等方式入侵整个服务器。

在为服务器分区的时候需要先把所有的硬盘都分为 NTFS 分区，然后就可以设置每个分区对每个用户或组开放的权限。方法是在需要设置权限的文件夹上单击鼠标右键，选择"属性"|"安全"选项，设置文件或文件夹的权限。

3）组件管理，让不安全组件统统消失

服务器默认支持很多组件，但是这些组件也会成为危害，最危险的组件是 wsh 和 shell，因为它们可以运行服务器硬盘里的 exe 程序。卸载最不安全的组件，最简单的办法是直接删除相应的程序文件。

第 11 章 设计动态网站常用模块

学前必读

　　动态网站的页面不是一成不变的，页面上的内容是动态生成的，它可以根据数据库中相应部分内容的调整而变化，使网站内容更灵活，维护更方便。采用动态网页技术的网站可以实现更多的功能，如留言系统、新闻发布系统等。本章详细介绍网站中常见的动态模块设计。

学习流程

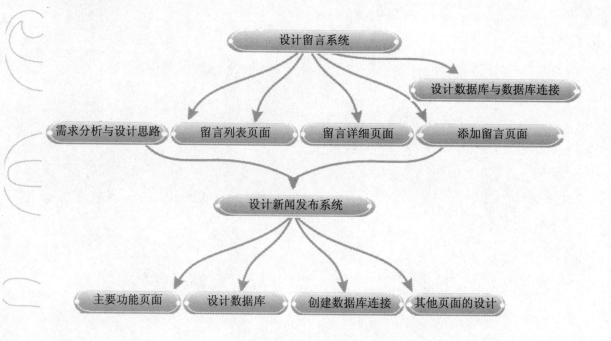

11.1　设计留言系统

如何建立良好的客户关系，是当前企业普遍关心的问题。企业通过网站可以展示产品、发布最新动态、与用户进行交流和沟通、与合作伙伴建立联系及开展电子商务等。其中，留言系统是构成网站的一个重要组成部分，它为消费者与网站之间进行交流和联系提供了一个平台。

 11.1.1　需求分析与设计思路

留言系统利用 ASP、IIS 技术，数据库服务器端采用了 Microsoft Access 数据库作为 ODBC 数据源，并以先进的 ADO 技术进行数据库存取等操作，使 Web 与数据库紧密联系起来，实现了留言系统的动态管理。留言系统的作用是记录访客的留言信息，收集他们的意见和建议，为网站与网民提供双向交流的区域，为优化服务提供客户依据。

本章制作的留言系统页面结构比较简单，如图 11-1 所示，由留言列表页（xianshi.asp）、留言详细内容页（browser.asp）和发表留言页（liuyan.asp）组成。

在留言系统中，首先看到的是发表留言页面，如图 11-2 所示，在该页面中填写相关留言内容后，单击"发表留言"按钮即可发表留言，将留言内容提交到后台的数据库表中。

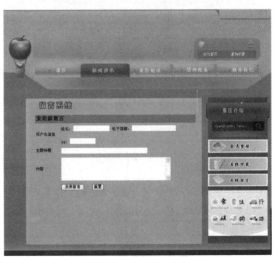

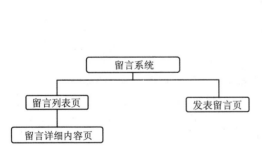

图 11-1　留言系统页面结构　　　　　　　　　图 11-2　发表留言页面

留言列表页如图 11-3 所示，在这个页面中显示了留言列表，单击留言标题即可进入留言详细内容页面。

留言详细内容页面显示了留言的详细内容信息，如图 11-4 所示。

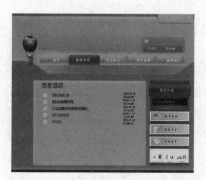 

图 11-3　留言列表页面　　　　　　　　　图 11-4　留言详细内容页面

 11.1.2　设计数据库与数据库连接

在制作具体网站功能页面前，首先要做一项最重要的工作，就是创建数据库表，用来存放留言信息，然后创建数据库连接。

这里需要创建一个名为 guest.mdb 的数据库，其中包含名为 guest 的表，表中存放着留言的内容信息，具体创建步骤如下。

（1）启动 Microsoft Access，新建一个数据库，将其命名为 guest.accdb，如图 11-5 所示。

（2）单击"创建"按钮，创建 guest.accdb 数据库，如图 11-6 所示。

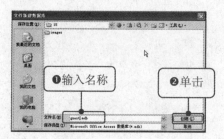 

图 11-5　新建数据库　　　　　　　　　图 11-6　创建数据库 guest.mdb

（3）双击"使用设计器创建表"选项，打开"guest：表"对话框，如图 11-7 所示。

（4）在对话框中输入相应的字段，单击☒按钮关闭表，弹出"是否对表 1 的设计更改"对话框，单击"是"按钮，打开"另存为"对话框，在"表名称"文本框中输入 guest，如图 11-8 所示。

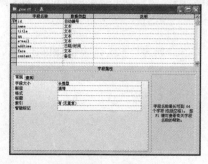 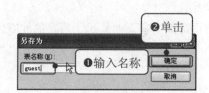

图 11-7　创建表　　　　　　　　　图 11-8　"另存为"对话框

232

（5）单击"确定"按钮，打开创建的表，如图 11-9 所示。

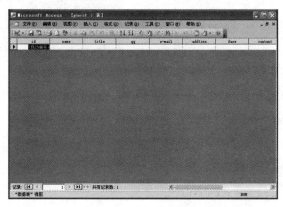

图 11-9　创建的表

（6）启动 Dreamweaver CS6，打开要添加数据库连接的文档。执行"窗口"|"数据库"命令，打开"数据库"面板，如图 11-10 所示。在"数据库"面板中，列出了 4 步操作，前 3 步是准备工作，都已经打上了"√"，说明这 3 步已经完成了。如果没有完成，必须在完成后才能连接数据库。在面板中单击　按钮，在弹出的下拉列表中选择"数据源名称（DSN）"选项。

（7）弹出"数据源名称（DSN）"对话框，在对话框中单击"定义"按钮，弹出"ODBC 数据源管理器"对话框，在对话框中切换到"系统 DSN"选项卡，如图 11-11 所示。

（8）单击"添加"按钮，弹出"创建新数据源"对话框，在对话框中选择"Driver do Microsoft Access（*.mdb）"选项，如图 11-12 所示。

（9）单击"完成"按钮，弹出"ODBC Microsoft Access 安装"对话框，在对话框中单击"数据库"选项组中的"选择"按钮，弹出"选择数据库"对话框，在对话框中选择数据库所在位置，单击"确定"按钮，在"数据源名"文本框中输入"guest"，如图 11-13 所示。

图 11-10　选择"数据源名称（DSN）"选项

图 11-11　"系统 DSN"选项卡

（10）单击"确定"按钮，返回到"ODBC 数据源管理器"对话框，如图 11-14 所示。

（11）单击"确定"按钮，返回到"数据源名称（DSN）"对话框，在"数据源名称（DSN）"文本框中就会出现已经定义好的数据库。在"连接名称"文本框中输入"guest"，如图 11-15 所示。

图 11-12 "创建新数据源"对话框　　图 11-13 "ODBC Microsoft Access 安装"对话框

图 11-14 "ODBC 数据源管理器"对话框　　图 11-15 "数据源名称（DSN）"对话框

（12）单击"确定"按钮，创建数据库连接，如图 11-16 所示。

图 11-16 数据库连接

11.1.3 创建留言列表页面

留言列表页面如图 11-17 所示，下面介绍留言列表页面的制作，主要通过创建记录集、定义重复区域、绑定动态数据和转到详细页等服务器端行为来实现，具体操作步骤如下。

练习文件 实例素材/练习文件/CH11/11.1/index.html

完成文件 实例素材/完成文件/CH11/11.1/xianshi.asp

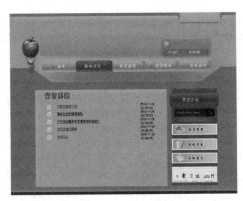

图 11-17　留言列表页面

（1）打开制作好的静态网页，将其保存为 xianshi.asp，如图 11-18 所示。

（2）将光标置于可编辑区域中，执行"插入"|"表格"命令，插入一个 1 行 3 列的表格，并设置"填充"、"间距"、"边框"都为 0，如图 11-19 所示。

图 11-18　打开网页文档

图 11-19　表格"属性"面板

 提示　如果没有明确指定单元格间距和单元格边距的值，大多数浏览器都将单元格边距设置为 1、单元格间距设置为 2 来显示表格。若要确保浏览器不显示表格中的边距和间距，可以将单元格边距和间距设置为 0。

（3）将光标置于第 1 列单元格中，执行"插入"|"图像"命令，插入图像 images/ann.gif，如图 11-20 所示。

（4）分别在其他单元格中输入相应的文本，在"属性"面板中将"大小"设置为 13 像素，如图 11-21 所示。

（5）将光标置于表格的右侧，执行"插入"|"表格"命令，插入一个 1 行 1 列的表格，如图 11-22 所示。

（6）将光标置于单元格中，输入文本"暂时没有留言"，并在"属性"面板中设置文本的属性，如图 11-23 所示。

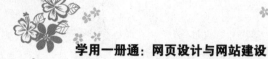

图 11-20　插入图像

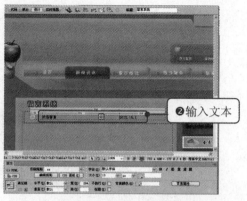

图 11-21　输入文本

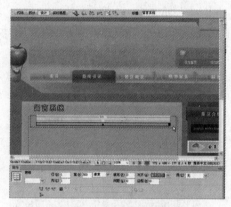

图 11-22　插入表格

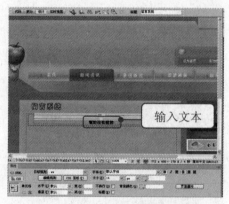

图 11-23　输入文本并设置

（7）执行"窗口"|"绑定"命令，打开"绑定"面板，在面板中单击 ✚ 按钮，在弹出的下拉列表中选择"记录集（查询）"选项，如图 11-24 所示。

（8）打开"记录集"对话框，在对话框的"名称"文本框中输入"Recordset1"，在"连接"下拉列表中选择"guest"选项，将"列"设置为"选定的"，在列表框中分别选择"id"、"title"和"addtime"选项，在"排序"下拉列表中分别选择"id"和"降序"，如图 11-25 所示。

图 11-24　"绑定"面板

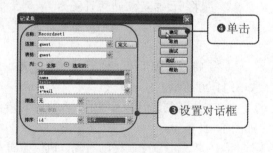

图 11-25　"记录集"对话框

（9）单击"确定"按钮，即可将数据库文件连接到 Dreamweaver 中，在"绑定"面板中展开，如图 11-26 所示。

（10）选中表格，执行"窗口"|"服务器行为"命令，打开"服务器行为"面板，在面板中单击 ➕ 按钮，在弹出的下拉列表中选择"显示区域"|"如果记录集为空则显示区域"选项，如图 11-27 所示。

图 11-26　创建记录集

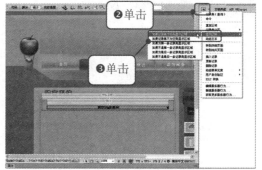

图 11-27　"服务器行为"面板

（11）弹出"如果记录集为空则显示区域"对话框，在对话框的"记录集"下拉列表中选择"Recordset1"选项，如图 11-28 所示。

（12）单击"确定"按钮，创建"如果记录集为空则显示区域"服务器行为，如图 11-29 所示。

图 11-28　"如果记录集为空则显示区域"对话框

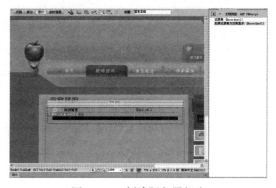

图 11-29　创建服务器行为

（13）执行"窗口"|"绑定"命令，打开"绑定"面板。在文档中选中"欢迎留言!"，在"绑定"面板中展开记录集 Recordset1，选中 title 字段，单击底部的"插入"按钮，如图 11-30 所示。

（14）在文档中选中文本"2012.10.1"，在"绑定"面板中展开记录集 Recordset1，选中 addtime 字段，单击底部的"插入"按钮，如图 11-31 所示。

（15）选中表格，执行"窗口"|"服务器行为"命令，打开"服务器行为"面板，在面板中单击 ➕ 按钮，在弹出的下拉列表中选择"重复区域"选项，弹出"重复区域"对话框，在"记录集"下拉列表中选择"Recordset1"，将"显示"设置为"10"，如图 11-32 所示。

（16）单击"确定"按钮，如图 11-33 所示。

237

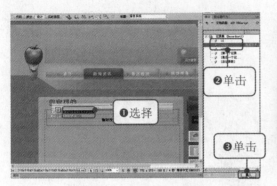

图 11-30　绑定 title 字段

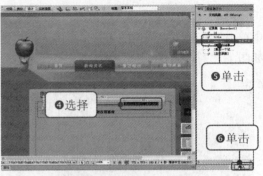

图 11-31　绑定 addtime 字段

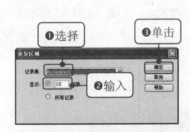

图 11-32　"重复区域"对话框

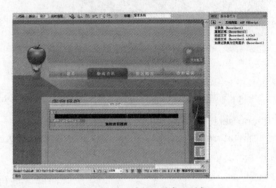

图 11-33　插入重复区域

（17）在文档中选中"{Recordset1.title}"占位符，在"服务器行为"面板中单击 按钮，在弹出的下拉列表中选择"转到详细页面"选项，弹出"转到详细页面"对话框，如图 11-34 所示。

（18）设置完相关信息后，单击"确定"按钮，如图 11-35 所示。

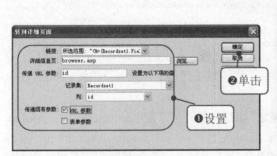

图 11-34　"转到详细页面"对话框

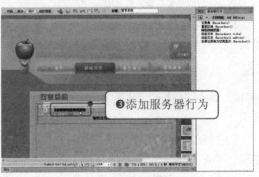

图 11-35　添加服务器行为

 11.1.4　创建留言详细页面

留言详细信息页面中的数据是从留言表中读取的，主要利用 Dreamweaver 创建记录集，然后绑定 title、name、addtime 和 content 字段即可。留言详细页面如图 11-36 所示，具体操作步骤如下。

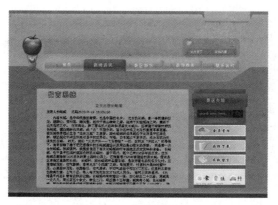

图 11-36　留言详细页面

练习文件　实例素材/练习文件/CH11/11.1/index.html

完成文件　实例素材/完成文件/CH11/11.1/ browser.asp

（1）新建一个 ASP 文档，将其另存为 browser.asp，如图 11-37 所示。

（2）将光标置于文档中，执行"插入"|"表格"命令，插入一个 3 行 1 列的表格，在"属性"面板中分别将"填充"和"间距"设置为 3，如图 11-38 所示。

图 11-37　新建文档

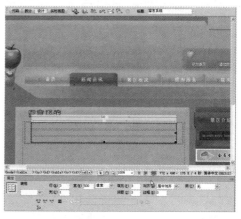

图 11-38　插入表格

（3）分别在这 3 行单元格中输入相应的文本，并设置相应的属性，如图 11-39 所示。

（4）执行"窗口"|"绑定"命令，打开"绑定"面板。在面板中单击 ✚ 按钮，在弹出的下拉列表中选择"记录集（查询）"选项，弹出"记录集"对话框，在"名称"文本框中输入"Recordset1"，在"连接"下拉列表中选择"guest"选项，将"列"设置为"全部"，在"筛选"选项组中将各项分别设置为"id"、"＝"、"URL 参数"和"id"，如图 11-40 所示。

> 提示　在记录集的"名称"中不能使用空格或者特殊字符。

学用一册通：网页设计与网站建设

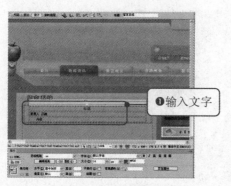

图 11-39　输入文本

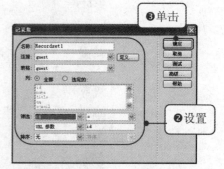

图 11-40　"记录集"对话框

（5）单击"确定"按钮，创建记录集，如图 11-41 所示。

（6）在文档中选择文本"标题"，在"绑定"面板中展开记录集 Recordset1，选中 title 字段，单击底部的"插入"按钮，如图 11-42 所示。

图 11-41　创建记录集

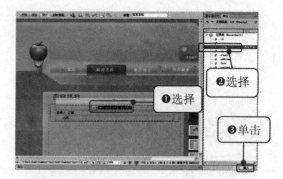

图 11-42　绑定 title 字段

（7）按照步骤 6 的方法绑定其他字段，如图 11-43 所示。

图 11-43　绑定其他字段

 11.1.5　创建添加留言页面

添加留言页面是留言系统的关键页面，如图 11-44 所示。在制作时主要利用插入表单对象和"插入记录"服务器行为来实现，具体操作步骤如下。

240

练习文件　实例素材/练习文件/CH11/11.1/index.html

完成文件　实例素材/完成文件/CH11/11.1/liuyan.asp

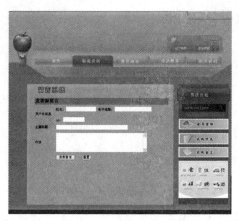

图 11-44　添加留言页面

（1）新建一个 ASP 文档，将其另存为 liuyan.asp，如图 11-45 所示。

（2）将光标置于文档中，执行"插入"|"表单"命令，插入表单，如图 11-46 所示。

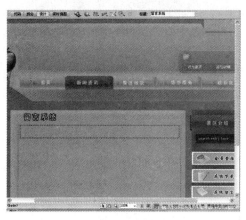

图 11-45　新建文档

图 11-46　插入表单

提示　　　不要在表格中嵌入过多的文本或过大的图像，过慢的浏览器会让浏览者失去浏览的兴趣。

（3）将光标置于表单中，执行"插入"|"表格"命令，插入一个 5 行 2 列的表格。在"属性"面板中将"对齐"设置为"居中对齐"，"填充"和"间距"分别设置为 3，如图 11-47 所示。

（4）将第 1 行单元格合并，并在"属性"面板中将"背景颜色"设置为#648A25。分别在单元格中输入相应的文本，如图 11-48 所示。

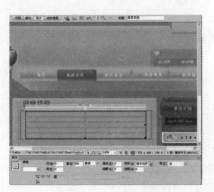

图 11-47 插入表格

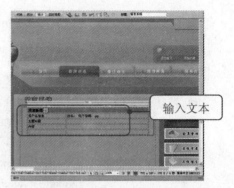

图 11-48 输入文本

（5）将光标置于表格的第 2 行第 2 列单元格中"姓名："的右侧，插入文本域。在"属性"面板的"文本域"文本框中输入"name"，将"字符宽度"设置为 16，"类型"设置为"单行"，如图 11-49 所示。

（6）将光标置于表格的第 2 行第 2 列单元格中"电子信箱："的右侧，执行"插入"|"表单"|"文本域"命令，插入文本域。在"属性"面板的"文本域"文本框中输入"E-mail"，将"类型"设置为"单行"，如图 11-50 所示。

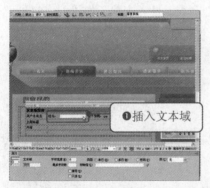

图 11-49 插入"name"文本域

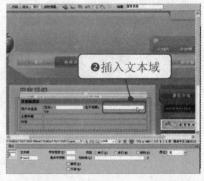

图 11-50 插入"E-mail"文本域

（7）将光标置于表格的第 2 行第 2 列单元格中"qq："的右侧，执行"插入"|"表单"|"文本域"命令，插入文本域。在"属性"面板的"文本域"文本框中输入"qq"，将"类型"设置为"单行"，如图 11-51 所示。

（8）将光标置于表格的第 3 行第 2 列单元格中，执行"插入"|"表单"|"文本域"命令，插入文本域。在"属性"面板的"文本域"文本框中输入"title"，将"字符宽度"设置为 40，"类型"设置为"单行"，如图 11-52 所示。

（9）将光标置于第 4 行第 2 列单元格中，执行"插入"|"表单"|"文本区域"命令，插入文本区域。在"属性"面板的"文本域"文本框中输入"content"，将"字符宽度"设置为 50，"行数"设置为 5，"类型"设置为"多行"，如图 11-53 所示。

（10）将光标置于第 5 行第 2 列单元格中，执行"插入"|"表单"|"按钮"命令，插入按钮，在"属性"面板的"值"文本框中输入"发表留言"，将"动作"设置为"提交表单"，如图 11-54 所示。

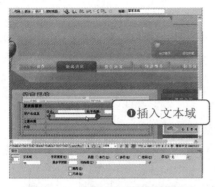

图 11-51　插入 "qq" 文本域

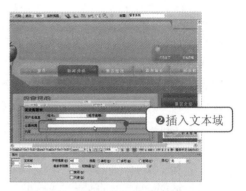

图 11-52　插入 "title" 文本域

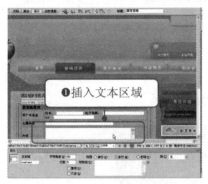

图 11-53　插入 "content" 文本区域

图 11-54　插入 "发表留言" 按钮

（11）将光标置于 "发表留言" 按钮的右侧，执行 "插入" | "表单" | "按钮" 命令，插入按钮，在 "属性" 面板的 "值" 文本框中输入 "重置"，将 "动作" 设置为 "重置表单"，如图 11-55 所示。

（12）执行 "窗口" | "绑定" 命令，打开 "绑定" 面板。在面板中单击 ➕ 按钮，在弹出的下拉列表中选择 "记录集（查询）" 选项，弹出 "记录集" 对话框，在 "名称" 文本框中输入 "Recordset1"，在 "连接" 下拉列表中选择 "guest" 选项，在 "表格" 下拉列表中选择 "guest" 选项，将 "列" 设置为 "全部"，如图 11-56 所示。

图 11-55　插入 "重置" 按钮

图 11-56　"记录集" 对话框

243

（13）单击"确定"按钮，创建记录集，如图 11-57 所示。

（14）执行"窗口"|"服务器行为"命令，打开"服务器行为"面板，在面板中单击 ➕ 按钮，在弹出的下拉列表中选择"插入记录"选项，弹出"插入记录"对话框，在"连接"下拉列表中选择"guest"选项，在"插入到表格"下拉列表中选择"guest"选项，在"插入后，转到"文本框中输入"liupan.asp"，如图 11-58 所示。

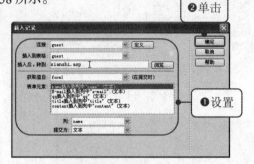

图 11-57　创建记录集　　　　　　　图 11-58　"插入记录"对话框

（15）单击"确定"按钮，插入记录，如图 11-59 所示。

图 11-59　插入记录

11.2　设计新闻发布系统

随着网络的快速发展，网络成为新闻传播的新兴手段。它具有传播速度快、传播范围广、不受时间地点的限制、形式更为开放等特点，并且在网络上浏览者可以发表自己的观点，增强了新闻的交互性。设计新闻网站时注意以下 4 个特点。

- 真实性：真实地反映每时每刻的新闻热点，突出新闻的客观性和完整性，这是众多媒体得以生存的第一要素。

- 时效性：新闻时效性就在于适时性和准确性，只有在第一时间采集新闻，第一时间发布新闻，才能保证新闻的时效性。

- 公开传播性：新闻是公开的、直接的，只有大众的新闻、老百姓的新闻，才能被人民所接受，才能起到新闻作用。特别是在今天网络快速发展的时代，公开传播新闻适合时代的要求。
- 新闻价值：新闻价值就在于新闻的真实、准确和时效，虽然旧的、历史的新闻也有一定价值，但不能反映新闻价值的本性。

11.2.1　主要功能页面

新闻网站的主要功能是新闻发布管理，新闻系统主要用于网站中即时信息的发布。其制作过程是：网站管理员登录后进入新闻录入页面，在该页面发布新闻，前台页面动态显示最新的新闻记录。本章主要通过中华在线网讲解新闻网站的制作方法。

本章制作的新闻发布管理系统可以分为两个部分，如图 11-60 所示。一是前台新闻显示部分，此部分包括新闻列表页面和新闻详细页面；二是后台新闻管理部分，管理员可以添加新闻记录、修改新闻记录及删除新闻记录。

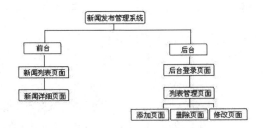

图 11-60　新闻发布管理系统的页面结构

新闻列表页面如图 11-61 所示，这是前台的新闻列表页面，访问者可以通过单击此页面的新闻标题进入新闻详细信息页面。

新闻详细页面如图 11-62 所示，显示新闻详细内容。

图 11-61　新闻列表页面

图 11-62　新闻详细页面

后台登录页面如图 11-63 所示，管理员在这里输入账号和密码后就可以进入后台管理主页面，这样可以限制没有权限的用户登录后台，增强了系统的安全性。

新闻列表管理页面如图 11-64 所示，在这里可以选择添加、修改、删除新闻记录。

图 11-63　后台登录页面

图 11-64　新闻列表管理页面

添加新闻页面如图 11-65 所示，管理员登录后台以后可以在这里添加新闻内容。

修改新闻页面如图 11-66 所示，如果添加的新闻内容中有错误，可以在这里进行修改。

图 11-65　添加新闻页面

图 11-66　修改新闻页面

 11.2.2　设计数据库

这里创建一个数据库 News.mdb，其中包含的表有 news 和 admin，表中存放着新闻的内容信息，其中的字段名称和数据类型如表 11-3 和表 11-4 所示，具体操作步骤如下。

表 11-3　表 news 中的字段

字 段 名 称	数 据 类 型	说　　明
ID	自动编号	新闻的编号
title	文本	新闻的标题
content	数字	新闻的详细内容
time	数字	新闻发表时间
author	数字	添加新闻的作者

表 11-4　表 admin 中的字段

字 段 名 称	数 据 类 型	说　明
ID	自动编号	新闻的编号
name	文本	用户名
password	文本	用户密码

（1）启动 Microsoft Access 2003，执行"文件"|"新建"命令，打开"新建文件"面板，在面板中单击"空数据库"链接，如图 11-67 所示。

（2）弹出"文件新建数据库"对话框，在对话框中选择数据库保存的路径，在"文件名"文本框中输入"News.mdb"，如图 11-68 所示。

图 11-67　"新建文件"面板

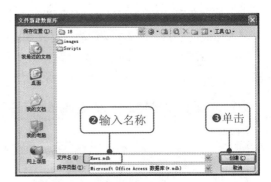

图 11-68　"文件新建数据库"对话框

（3）单击"创建"按钮，弹出如图 11-69 所示的对话框，双击"使用设计器创建表"选项。

（4）打开"表 1：表"窗口，在窗口中输入"字段名称"和字段所对应的"数据类型"，如图 11-70 所示。

图 11-69　"使用设计器创建表"选项

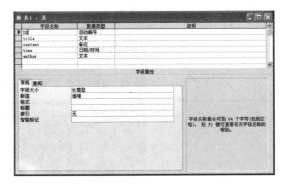

图 11-70　"表 1：表"窗口

（5）将光标置于 ID 字段中，右击，在弹出的快捷菜单中执行"主键"命令，如图 11-71 所示，将其设置为主键。

（6）执行"文件"|"保存"命令，弹出"另存为"对话框，在对话框的"表名称"文本框中输入"news"，单击"确定"按钮，保存表，如图 11-72 所示。

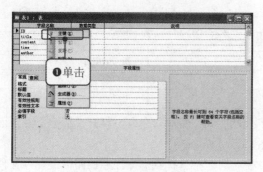

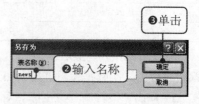

图 11-71　"主键"选项　　　　　图 11-72　"另存为"对话框

（7）返回数据库窗口，双击"使用设计器创建表"选项，打开"表 1：表"窗口，在对话框中输入相应的参数，将 ID 设置为主键，如图 11-73 所示。

（8）执行"文件"|"保存"命令，弹出"另存为"对话框，在对话框的"表名称"文本框中输入"admin"，单击"确定"按钮，保存表，如图 11-74 所示。

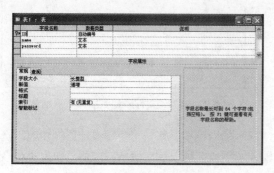

图 11-73　"表 1：表"窗口　　　　图 11-74　"另存为"对话框

（9）返回数据库窗口，双击表 admin，在记录行输入管理员的名称和密码，如图 11-75 所示。

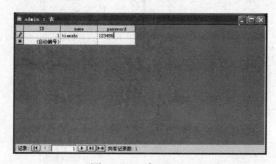

图 11-75　表 admin

11.2.3　创建数据库连接

　　数据库的连接就是对需要连接的数据库的一些参数进行设置，否则应用程序将不知道数据库在哪里和如何与数据库建立连接。可以在运行时和数据库文件建立连接，因为这个数据库文件已经被上传到了远程站点上。

248

创建数据库连接的具体操作步骤如下。

（1）执行"窗口"|"数据库"命令，打开"数据库"面板，在面板中单击 按钮，在弹出的下拉列表中选择"自定义连接字符串"选项，如图 11-76 所示。

（2）弹出"自定义连接字符串"对话框，在"连接名称"文本框中输入"News"，在"连接字符串"文本框中输入以下代码，如图 11-77 所示。

```
"Provider=Microsoft.JET.Oledb.4.0;Data Source="&Server.Mappath("/News.mdb")
```

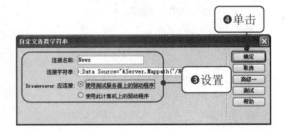

图 11-76　选择"自定义连接字符串"选项　　　　图 11-77　　"自定义连接字符串"对话框

（3）单击"确定"按钮，即可成功连接，此时"数据库"面板如图 11-78 所示。

图 11-78　连接成功

11.2.4　新闻列表页面的制作

新闻列表页面效果如图 11-79 所示，此页面主要显示新闻的标题列表，是利用创建记录集、绑定字段、创建重复区域和转到详细页面服务器行为制作的，具体操作步骤如下。

图 11-79　新闻列表页面效果

◎练习文件 实例素材/练习文件/CH11/11.2 /index.html

◎完成文件 实例素材/完成文件/CH11/11.2/class.asp

（1）打开网页文档 index.html，将其另存为 class.asp，如图 11-80 所示。

（2）将光标置于相应的位置，插入一个 1 行 2 列的表格，在"属性"面板中将"填充"设置为 4，"对齐"设置为"居中对齐"，此表格记为表格 1，如图 11-81 所示。

图 11-80　打开网页文档

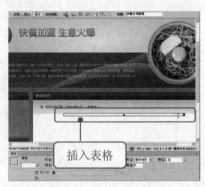

图 11-81　插入表格 1

（3）在表格 1 中输入文字，如图 11-82 所示。

（4）将光标置于表格的右侧，按 Enter 键换行，插入一个 1 行 4 列的表格，在"属性"面板中将"填充"设置为 4，"对齐"设置为"居中对齐"，此表格记为表格 2，如图 11-83 所示。

图 11-82　表格 1

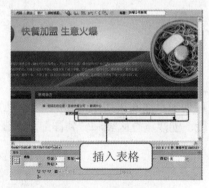

图 11-83　插入表格 2

（5）在表格 2 中输入文字，如图 11-84 所示。

（6）将光标置于表格 2 的右侧，按 Enter 键换行，插入一个 1 行 1 列的表格，将"填充"设置为 4，"对齐"设置为"居中对齐"，并在表格中输入文字，此表格记为表格 3，如图 11-85 所示。

（7）执行"窗口"|"绑定"命令，打开"绑定"面板，在面板中单击 按钮，在弹出的下拉列表中选择"记录集（查询）"选项，如图 11-86 所示。

（8）弹出"记录集"对话框，在"名称"文本框中输入"R1"，在"连接"下拉列表中选择"News"选项，在"表格"下拉列表中选择"news"选项，将"列"设置为"全部"，如图 11-87 所示。

图 11-84　表格 2

图 11-85　表格 3

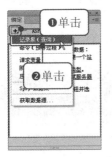

图 11-86　选择"记录集（查询）"选项

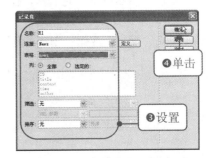

图 11-87　"记录集"对话框

（9）单击"确定"按钮，创建记录集，如图 11-88 所示。

（10）选中文字"新闻标题"，在"绑定"面板中展开记录集 R1，选中 title 字段，单击"插入"按钮，绑定字段，如图 11-89 所示。

图 11-88　创建记录集

图 11-89　绑定"title"字段

（11）选中文字"发表时间"，在"绑定"面板中展开记录集 R1，选中 time 字段，单击"插入"按钮，绑定字段，如图 11-90 所示。

（12）选中表格 1 中的所有单元格，执行"窗口"|"服务器行为"命令，打开"服务器行为"面板，在面板中单击 按钮，在弹出的下拉列表中选择"重复区域"选项，如图 11-91 所示。

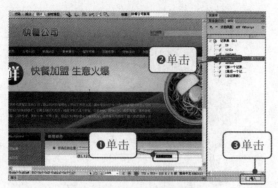

图 11-90 绑定"time"字段

图 11-91 "重复区域"选项

（13）弹出"重复区域"对话框，在"记录集"下拉列表中选择"R1"选项，将"显示"设置为"25"记录，如图 11-92 所示。

（14）单击"确定"按钮，创建重复区域服务器行为，如图 11-93 所示。

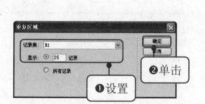

图 11-92 "重复区域"对话框

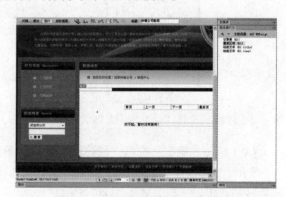

图 11-93 创建重复区域服务器行为

（15）选中"{R1.title}"，单击"服务器行为"面板中的 + 按钮，在弹出的下拉列表中选择"转到详细页面"选项，弹出"转到详细页面"对话框，在"详细信息页"文本框中输入"detail.asp"，如图 11-94 所示。

（16）单击"确定"按钮，创建转到详细页面服务器行为，如图 11-95 所示。

图 11-94 "转到详细页面"对话框

图 11-95 创建转到详细页面服务器行为

第 11 章　设计动态网站常用模块

（17）选中文字"首页"，单击"服务器行为"面板中的 按钮，在弹出的下拉列表中选择 "记录集分页" | "移至第一条记录"选项，如图 11-96 所示。

（18）弹出"移至第一条记录"对话框，在"记录集"下拉列表中选择"R1"选项，如 图 11-97 所示。

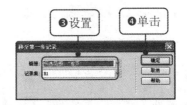

图 11-96　"移至第一条记录"选项　　　　图 11-97　"移至第一条记录"对话框

（19）单击"确定"按钮，创建移至第一条记录服务器行为，如图 11-98 所示。

（20）按照步骤（17）~（19）的方法，分别对文字"上一页"、"下一页"和"最后页"创建 "移至前一条记录"、"移至下一条记录"和"移至最后一条记录"服务器行为，如图 11-99 所示。

图 11-98　创建移到第一条记录服务器行为　　图 11-99　创建其余服务器行为

（21）选中文字"首页"，单击"服务器行为"面板中的 按钮，在弹出的下拉列表中选择 "显示区域" | "如果不是第一条记录则显示区域"选项，如图 11-100 所示。

（22）弹出"如果不是第一条记录则显示区域"对话框，在"记录集"下拉列表中选择"R1" 选项，如图 11-101 所示。

（23）单击"确定"按钮，创建如果不是第一条记录则显示区域服务器行为，如图 11-102 所示。

（24）按照步骤（21）~（23）的方法，分别对文字"上一页"、"下一页"和"最后页" 创建"如果为最后一条记录则显示区域"、"如果为第一条记录则显示区域"和"如果不是最后 一条记录则显示区域"服务器行为，如图 11-103 所示。

253

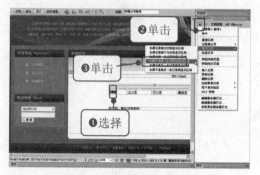

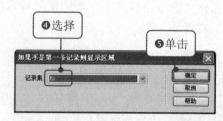

图 11-100 "如果不是第一条记录则显示区域" 选项　　　　图 11-101 "如果不是第一条记录则显示区域" 对话框

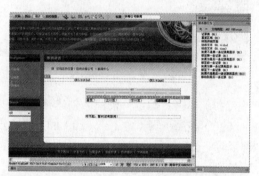

图 11-102 创建如果不是第一条记录则显示区域服务器行为　　　图 11-103 创建其余服务器行为

（25）选中表格 1 和表格 2，单击"服务器行为"面板中的 ➕ 按钮，在弹出的下拉列表中选择"显示区域"｜"如果记录集不为空则显示区域"选项，弹出"如果记录集不为空则显示区域"对话框，在"记录集"下拉列表中选择"R1"选项，如图 11-104 所示。

（26）单击"确定"按钮，创建如果记录集不为空则显示区域服务器行为，如图 11-105 所示。

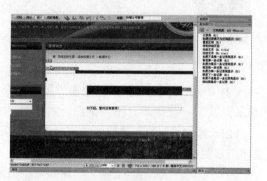

图 11-104 "如果记录集不为空则显示区域" 对话框　　　　图 11-105 创建如果记录集不为空则显示区域 服务器行为

（27）选中表格 3，单击"服务器行为"面板中的 ➕ 按钮，在弹出的下拉列表中选择"显示区域"｜"如果记录集为空则显示区域"选项，弹出"如果记录集为空则显示区域"对话框，在"记录集"下拉列表中选择"R1"选项，如图 11-106 所示。

（28）单击"确定"按钮，创建如果记录集为空则显示区域服务器行为，如图 11-107 所示。

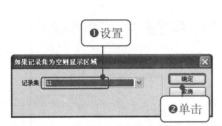

图 11-106　"如果记录集为空则显示区域"　　　　图 11-107　创建如果记录集为空则显示区域
　　　　　　　 对话框　　　　　　　　　　　　　　　　　　　 服务器行为

 11.2.5　新闻详细页面的制作

新闻详细页面是新闻网站的最终文章页面，是全部由内容组成的页面，是链接关系的终点。新闻详细页面效果如图 11-108 所示，此页面用于显示新闻的详细信息，主要是利用创建记录集和绑定字段制作的，具体操作步骤如下。

练习文件　实例素材/练习文件/CH11/11.2/index.html

完成文件　实例素材/完成文件/CH11/11.2/detail.asp

（1）打开网页文档 index.html，将其另存为 detail.asp。

（2）将光标置于相应的位置，执行"插入"|"表格"命令，插入一个 3 行 1 列的表格，在"属性"面板中将"填充"设置为 4，"对齐"设置为"居中对齐"，如图 11-109 所示。

图 11-108　新闻详细页面效果　　　　　　　　　　图 11-109　插入表格

（3）将光标置于第 1 行单元格中，在"属性"面板中将"水平"设置为"居中对齐"，分别在单元格中输入文字，如图 11-110 所示。

（4）单击"绑定"面板中的 按钮，在弹出的下拉列表中选择"记录集（查询）"选项，弹出"记录集"对话框，在"名称"文本框中输入"R1"，在"连接"下拉列表中选择"News"

选项，在"表格"下拉列表中选择"news"选项，将"列"设置为"全部"，在"筛选"选项组中将各项分别设置为"ID"、"="、"URL 参数"和"ID"，如图 11-111 所示。

图 11-110　输入文字

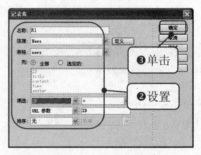

图 11-111　"记录集"对话框

（5）单击"确定"按钮，创建记录集，如图 11-112 所示。

（6）选中文字"新闻标题"，在"绑定"面板中展开记录集 R1，选中 title 字段，单击"插入"按钮，绑定字段，如图 11-113 所示。

图 11-112　创建记录集

图 11-113　绑定字段

（7）按照步骤 6 的方法，分别将 author、time 和 content 字段绑定到相应的位置，如图 11-114 所示。

图 11-114　绑定所有字段

 11.2.6　后台登录页面

后台登录页面效果如图 11-115 所示，主要是利用插入表单对象、检查表单行为和创建登录用户服务器行为制作的，具体操作步骤如下。

练习文件　实例素材/练习文件/CH11/11.2/index.html

完成文件　实例素材/完成文件/CH11/11.2 /login.asp

（1）打开网页文档 index.html，将其另存为 login.asp。

（2）将光标置于相应的位置，执行"插入"|"表单"|"表单"命令，插入表单，如图 11-116 所示。

图 11-115　后台登录页面效果

图 11-116　插入表单

（3）将光标置于表单中，执行"插入"|"表格"命令，插入一个 3 行 2 列的表格，在"属性"面板中将"填充"设置为 4，"对齐"设置为"居中对齐"，如图 11-117 所示。

（4）将光标置于第 1 行第 1 列单元格中，输入文字，如图 11-118 所示。

图 11-117　插入表格

图 11-118　输入文字

（5）将光标置于第 1 行第 2 列单元格中，插入文本域，在"属性"面板的"文本域"文本框中输入"name"，将"字符宽度"设置为 25，"类型"设置为"单行"，如图 11-119 所示。

（6）将光标置于第 2 行第 1 列单元格中，输入文字，在第 2 行第 2 列单元格中插入文本域，在"属性"面板的"文本域"文本框中输入"password"，将"字符宽度"设置为 25，"类型"设置为"密码"，如图 11-120 所示。

图 11-119　插入"name"文本域

图 11-120　插入"password"文本域

（7）将光标置于第 3 行第 2 列单元格中，执行"插入"|"表单"|"按钮"命令，插入按钮，在"属性"面板的"值"文本框中输入"登录"，将"动作"设置为"提交表单"，如图 11-121 所示。

（8）将光标置于"登录"按钮的右侧，再插入一个按钮，在"属性"面板的"值"文本框中输入"重置"，将"动作"设置为"重设表单"，如图 11-122 所示。

图 11-121　插入"登录"按钮

图 11-122　插入"重置"按钮

（9）选中表单，单击"行为"面板中的 + 按钮，在弹出的下拉列表中选择"检查表单"选项，弹出"检查表单"对话框，在对话框中将文本域 name 和 password 的"值"都设置为"必需的"，"可接受"设置为"任何东西"，如图 11-123 所示。

（10）单击"确定"按钮，添加检查表单行为，如图 11-124 所示。

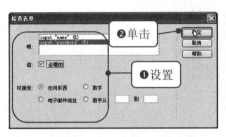

图 11-123　"检查表单"对话框

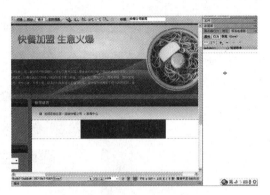

图 11-124　添加行为

（11）单击"绑定"面板中的 ➕ 按钮，在下拉列表中选择"记录集（查询）"选项，弹出"记录集"对话框，在"名称"文本框中输入"R1"，在"连接"下拉列表中选择"News"选项，在"表格"下拉列表中选择"admin"选项，将"列"设置为"全部"，如图 11-125 所示。

（12）单击"确定"按钮，创建记录集，如图 11-126 所示。

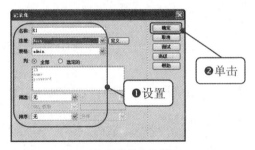

图 11-125　"记录集"对话框

图 11-126　创建记录集

（13）单击"服务器行为"面板中的 ➕ 按钮，在弹出的下拉列表中选择"用户身份验证"|"登录用户"选项，如图 11-127 所示。

（14）弹出"登录用户"对话框，在"使用连接验证"下拉列表中选择"News"选项，在"表格"下拉列表中选择"admin"选项，在"用户名列"下拉列表中选择"name"选项，在"密码列"下拉列表中选择"password"选项，在"如果登录成功，转到"文本框中输入"admin.asp"，在"如果登录失败，转到"文本框中输入"login.asp"，如图 11-128 所示。

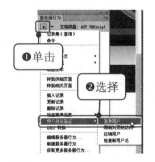

图 11-127　"登录用户"选项

图 11-128　"登录用户"对话框

259

（15）单击"确定"按钮，创建登录用户服务器行为，如图 11-129 所示。

图 11-129　创建登录用户服务器行为

11.2.7　删除新闻页面的制作

删除新闻页面效果如图 11-130 所示，此页面用于删除添加的新闻，主要是利用创建记录集和删除记录服务器行为制作的，具体操作步骤如下。

练习文件　实例素材/练习文件/CH11/11.2/index.html

完成文件　实例素材/完成文件/CH11/11.2/ del.asp

（1）打开网页文档 index.html，将其保存为 del.asp。

（2）将光标置于相应的位置，执行"插入"|"表单"|"表单"命令，插入表单，如图 11-131 所示。

图 11-130　删除新闻页面效果

图 11-131　插入表单

（3）将光标置于表单中，执行"插入记录"|"表单"|"按钮"命令，插入按钮，在"属性"面板的"值"文本框中输入"删除新闻"，将"动作"设置为"提交表单"，如图 11-132 所示。

（4）单击"绑定"面板中的 按钮，在弹出的下拉列表中选择"记录集（查询）"选项，弹出"记录集"对话框，在"名称"文本框中输入"R1"，在"连接"下拉列表中选择"News"选项，在"表格"下拉列表中选择"news"选项，将"列"设置为"全部"，在"筛选"选项组中将各项分别设置为"ID"、"＝"、"URL 参数"和"ID"，如图 11-133 所示。

（5）单击"确定"按钮，创建记录集，如图 11-134 所示。

图 11-132　插入按钮

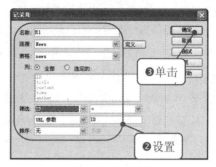

图 11-133　"记录集"对话框

（6）单击"服务器行为"面板中的 ➕ 按钮，在弹出的下拉列表中选择"用户身份验证"｜"限制对页的访问"选项，弹出"限制对页的访问"对话框，在"如果访问被拒绝，则转到"文本框中输入"login.asp"，如图 11-135 所示。

图 11-134　创建记录集

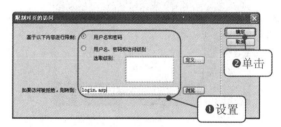

图 11-135　"限制对页的访问"对话框

（7）单击"确定"按钮，创建限制对页的访问服务器行为。

（8）单击"服务器行为"面板中的 ➕ 按钮，在弹出的下拉列表中选择"删除记录"选项，弹出"删除记录"对话框，在"连接"下拉列表中选择"News"选项，在"从表格中删除"下拉列表中选择"news"选项，在"选取记录自"下拉列表中选择"R1"选项，在"唯一键列"下拉列表中选择"ID"选项，在"提交此表单以删除"下拉列表中选择"form1"选项，在"删除后，转到"文本框中输入"admin.asp"，如图 11-136 所示。

（9）单击"确定"按钮，创建删除记录服务器行为，如图 11-137 所示。

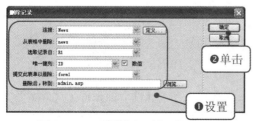

图 11-136　"删除记录"对话框

图 11-137　创建删除记录服务器行为

11.2.8 添加新闻页面的制作

添加新闻页面效果如图 11-138 所示，此页面用于添加新闻，主要是利用插入表单对象和插入记录服务器行为制作的，具体操作步骤如下。

◎练习文件 实例素材/练习文件/CH11/11.2/index.html

◎完成文件 实例素材/完成文件/CH11/11.2/addnews.asp

（1）打开网页文档 index.html，将其另存为 addnews.asp。

（2）将光标置于相应的位置，执行"插入"|"表单"|"表单"命令，插入表单，如图 11-139 所示。

图 11-138 添加新闻页面效果

图 11-139 插入表单

（3）将光标置于表单中，执行"插入"|"表格"命令，插入一个 4 行 2 列的表格，在"属性"面板中将"填充"设置为 4，"对齐"设置为"居中对齐"，如图 11-140 所示。

（4）将光标置于第 1 行第 1 列单元格中，输入文字，如图 11-141 所示。

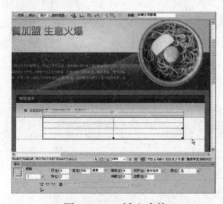

图 11-140 插入表格

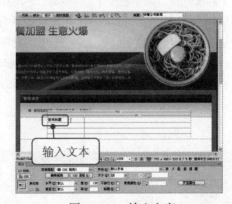

图 11-141 输入文字

（5）将光标置于第 1 行第 2 列单元格中，插入文本域，在"属性"面板的"文本域"文本框中输入"title"，将"字符宽度"设置为 45，"类型"设置为"单行"，如图 11-142 所示。

（6）将光标置于第 2 行第 1 列单元格中，输入文字，在第 2 行第 2 列单元格中插入文本域，在"属性"面板的"文本域"文本框中输入"author"，将"字符宽度"设置为 25，"类型"设置为"单行"，如图 11-143 所示。

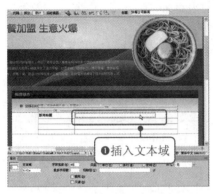

图 11-142　插入"title"文本域

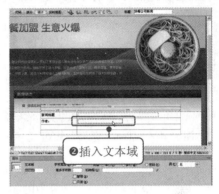

图 11-143　插入"author"文本域

（7）将光标置于第 3 行第 1 列单元格中，输入文字。将光标置于第 3 行第 2 列单元格中，执行"插入"|"表单"|"文本区域"命令，插入文本区域，在"属性"面板的"文本域"文本框中输入"content"，将"字符宽度"设置为 45，"行数"设置为 8，"类型"设置为"多行"，如图 11-144 所示。

（8）将光标置于第 4 行第 2 列单元格中，执行"插入"|"表单"|"按钮"命令，插入按钮，在"属性"面板的"值"文本框中输入"提交"，将"动作"设置为"提交表单"，如图 11-145 所示。

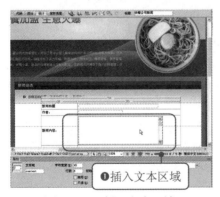

图 11-144　插入文本区域

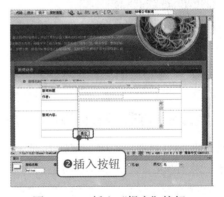

图 11-145　插入"提交"按钮

（9）将光标置于"提交"按钮的右侧，再插入一个按钮，在"属性"面板的"值"文本框中输入"重置"，将"动作"设置为"重设表单"，如图 11-146 所示。

（10）单击"服务器行为"面板中的 按钮，在弹出的下拉列表中选择"插入记录"选项，弹出"插入记录"对话框，在"连接"下拉列表中选择"News"选项，在"插入到表格"下拉列表中选择"news"选项，在"插入后，转到"文本框中输入"admin.asp"，在"获取值自"下拉列表中选择"form1"选项，如图 11-147 所示。

图 11-146　插入"重置"按钮

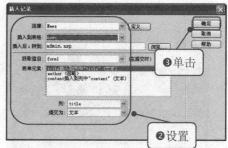

图 11-147　"插入记录"对话框

（11）单击"确定"按钮，创建插入记录服务器行为，如图 11-148 所示。

（12）单击"服务器行为"面板中的 ➕ 按钮，在弹出的下拉列表中选择"用户身份验证"|"限制对页的访问"选项，弹出"限制对页的访问"对话框，在"如果访问被拒绝，则转到"文本框中输入"login.asp"，如图 11-149 所示。

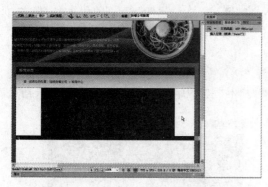

图 11-148　创建插入记录服务器行为

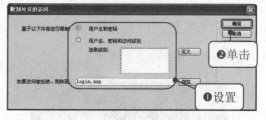

图 11-149　"限制对页的访问"对话框

 11.2.9　修改新闻页面的制作

修改新闻页面效果如图 11-150 所示，当添加的新闻有错误时，就需要进行修改。主要是利用创建记录集和更新记录表单服务器行为制作的，具体操作步骤如下。

🔘 练习文件　实例素材/练习文件/CH11/11.2/index.html

🔘 完成文件　实例素材/完成文件/CH11/11.2/modify.asp

（1）打开网页文档 index.html，将其另存为 modify.asp。

（2）单击"绑定"面板中的 ➕ 按钮，在弹出的下拉列表中选择"记录集（查询）"选项，弹出"记录集"对话框，在"名称"文本框中输入"R1"，在"连接"下拉列表中选择"News"选项，在"表格"下拉列表中选择"news"选项，将"列"设置为"全部"，在"筛选"选项组中将各项分别设置为"ID"、" = "、"URL 参数"和"ID"，如图 11-151 所示。

图 11-150　修改新闻页面

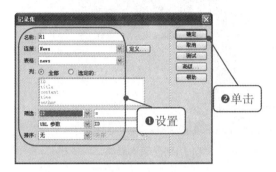

图 11-151　"记录集"对话框

（3）单击"确定"按钮，创建记录集，如图 11-152 所示。

（4）将光标置于相应的位置，单击"数据"插入栏中的"更新记录表单向导"按钮 ，弹出"更新记录表单"对话框，在"连接"下拉列表中选择"News"选项，在"要更新的表格"下拉列表中选择"news"选项，在"选取记录自"下拉列表中选择"R1"选项，在"唯一键列"下拉列表中选择"ID"选项，"在更新后，转到"文本框中输入"admin.asp"，在"表单字段"列表框中选中 ID 字段，单击 按钮，将其删除，选中 title 字段，在"标签"文本框中输入"新闻标题:"，选中 author 字段，在"标签"文本框中输入"作者:"，选中 content 字段，在"标签"文本框中输入"新闻内容:"，在"显示为"下拉列表中选择"文本字段"选项，选中 time 字段，在"显示为"下拉列表中选择"隐藏域"选项，在"提交为"下拉列表中选择"日期"选项，如图 11-153 所示。

图 11-152　创建记录集

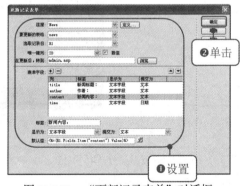

图 11-153　"更新记录表单"对话框

（5）单击"确定"按钮，插入更新记录表单，如图 11-154 所示。

（6）单击"服务器行为"面板中的 按钮，在弹出的下拉列表中选择"用户身份验证"|"限制对页的访问"选项，弹出"限制对页的访问"对话框，在"如果访问被拒绝，则转到"文本框中输入"login.asp"，如图 11-155 所示。

（7）单击"确定"按钮，创建限制对页的访问服务器行为。

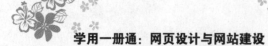

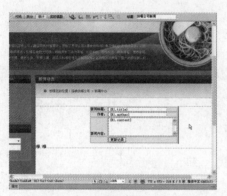

图 11-154 插入更新记录表单

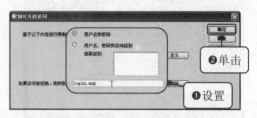

图 11-155 "限制对页的访问"对话框

11.2.10 新闻管理总页面

新闻管理总页面效果如图 11-156 所示，它是登录后进入的页面，在此页面中可以对添加的新闻进行修改、删除等操作，并且还可以添加新的新闻，主要是利用创建记录集、插入动态表格、插入记录集导航条、记录集分页、显示区域和转到详细页面服务器行为制作的，具体操作步骤如下。

图 11-156 新闻管理总页面效果

练习
文件 实例素材/练习文件/CH11/11.2/index.html

完成
文件 实例素材/完成文件/CH11/11.2 /admin.asp

（1）打开网页文档 index.html，将其另存为 admin.asp。

（2）单击"绑定"面板中的 ➕ 按钮，在弹出的菜单中选择"记录集（查询）"选项，弹出"记录集"对话框，在对话框中的"名称"文本框中输入"R1"，在"连接"下拉列表中选择"News"，在"表格"下拉列表中选择"news"，"列"选择"选定的"单选按钮，在其列表框中选择"content"、"ID"、"time"和"title"，在"排序"下拉列表中选择"ID"和"降序"，如图 11-157 所示。

（3）单击"确定"按钮，创建记录集，如图 11-158 所示。

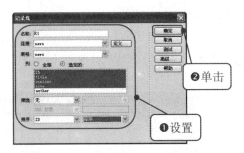

图 11-157　"记录集"对话框

图 11-158　创建记录集

（4）将光标置于相应的位置，单击"数据"插入栏中的"动态表格"按钮，弹出"动态表格"对话框，在对话框中的"记录集"下拉列表中选择"R1"选项，设置"显示"为"15"记录，"边框"和"单元格间距"分别设置为0，"单元格边距"设置为4，如图 11-159 所示。

（5）单击"确定"按钮，插入动态表格，如图 11-160 所示。

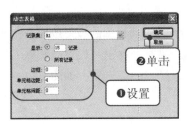

图 11-159　"动态表格"对话框

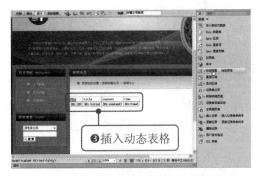

图 11-160　插入动态表格

（6）选中插入的动态表格，在"属性"面板中将"宽"设置为580，"对齐"设置为"居中对齐"，如图 11-161 所示。

（7）将光标置于动态表格的右边，按 Enter 键换行，单击"数据"插入栏中的"记录集导航条"按钮，弹出"记录集导航条"对话框，在对话框中的"记录集"下拉列表中选择"R1"选项，"显示方式"选择"文本"单选按钮，如图 11-162 所示。

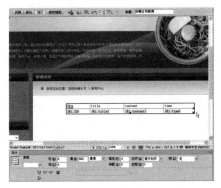

图 11-161　设置动态表格属性

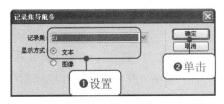

图 11-162　"记录集导航条"对话框

267

（8）单击"确定"按钮，插入记录集导航条，在"属性"面板中将"对齐"设置为"居中对齐"，如图 11-163 所示。

（9）将光标置于记录集导航条的后面，输入文字，设置为"居中对齐"，如图 11-164 所示。

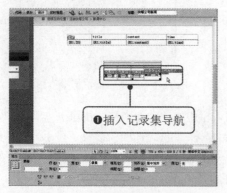
图 11-163　插入记录集导航条

图 11-164　记录集导航条

（10）选中文字"添加"，在"属性"面板中的"链接"文本框中输入"addnews.asp"，如图 11-165 所示。

（11）选中动态表格和记录集导航条，单击"服务器行为"面板中的　按钮，在弹出的菜单中选择"显示区域"|"如果记录集不为空则显示区域"选项，弹出"如果记录集不为空则显示区域"对话框，在对话框中的"记录集"下拉列表中选择"R1"选项，如图 11-166 所示。

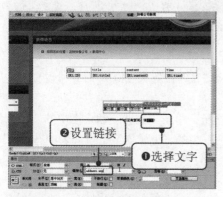
图 11-165　设置记录集导航条链接

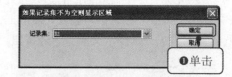
图 11-166　"如果记录集不为空则显示区域"对话框

（12）单击"确定"按钮，创建如果记录集不为空则显示区域服务器行为如图 11-167 所示。

（13）将动态表格的第 1 行单元格中的内容换为文字，将第 4 列单元格中的内容删除，并输入文字，如图 11-168 所示。

（14）选中文字"添加"，在"属性"面板"链接"中输入"addnews.asp"，如图 11-169 所示。

（15）选中文字"修改"，单击"服务器行为"面板中的　按钮，在弹出的菜单中选择"转到详细页面"选项，弹出"转到详细页面"对话框，在对话框中的"详细信息页"文本框中输入"modify.asp"，如图 11-170 所示。

图 11-167　创建"添加"服务器行为

图 11-168　动态表格

图 11-169　设置动态表格链接

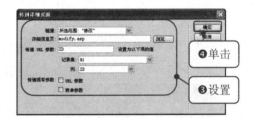

图 11-170　设置"修改"服务器行为

（16）单击"确定"按钮，创建转到详细页面服务器行为，如图 11-171 所示。

（17）选中文字"删除"，单击"服务器行为"面板中的 ➕ 按钮，在弹出的菜单中选择"转到详细页面"选项，弹出"转到详细页面"对话框，在对话框中的"详细信息页"文本框中输入"del.asp"，如图 11-172 所示。

图 11-171　创建"删除"服务器行为　　　　图 11-172　设置"删除"服务器行为"转到详细页面"对话框

（18）单击"确定"按钮，创建转到详细页面服务器行为，如图 11-173 所示。

（19）选中文字，单击"服务器行为"面板中的 ➕ 按钮，在弹出的菜单中选择"显示区域" |"如果记录集为空则显示区域"选项，弹出"如果记录集为空则显示区域"对话框，在对话框中的"记录集"下拉列表中选择"R1"选项，如图 11-174 所示。

图 11-173　创建"删除"服务器行为　　　　图 11-174　　"如果记录集为空则显示区域"对话框

（20）单击"确定"按钮，创建如果记录集为空则显示区域服务器行为，如图 11-175 所示。

（21）单击"服务器行为"面板中的 ➕ 按钮，在弹出的菜单中选择"用户身份验证"｜"限制对页的访问"选项，弹出"限制对页的访问"对话框，在对话框中的"如果访问被拒绝，则转到"文本框中输入"login.asp"，如图 11-176 所示。

（22）单击"确定"按钮，创建限制对页的访问服务器行为。

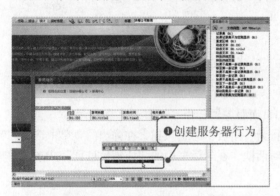

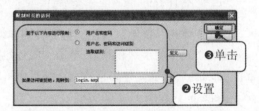

图 11-175　创建如果记录为空则显示区域服务器行为　　　图 11-176　　"限制对页的访问"对话框

11.3　专家秘籍

1．ADO 是什么？它是如何操作数据库的？

ADO 的全名是 ActiveX Data Object(ActiveX 数据对象)，是一组优化的访问数据库的专用对象集，它为 ASP 提供了完整的站点数据库解决方案，它作用在服务器端，提供含有数据库信息的主页内容，通过执行 SQL 命令，让用户在浏览器画面中输入，更新和删除站点数据库的信息。

ADO 主要包括 Connection、Recordset 和 Command 三个对象，它们的主要功能如下：

- Connection 对象：负责打开或连接数据库文件。
- Recordset 对象：存取数据库的内容。
- Command 对象：对数据库下达行动查询指令，以及执行 SQL Server 的存储过程。

2．什么是 Access 数据库？

第 11 章　设计动态网站常用模块

网站的管理功能需要网页中的程序来实现。动态网站是通过在服务器上的动态网页的运行和对数据库的数据管理实现的。动态网站的数据是存储在数据库中的，网站通过对数据库的管理实现对网站内容的管理。数据库的设计与管理，是一项抽象的工作，需要使用到很多概念和技巧。

Access 是一种文件型的数据库，数据库中所有的内容就是一个.mdb 文件，非常便于管理与开发。在一般的中小型网站中，Access 数据库是一个非常好的选择，具有非常好的性能。但是对于有大量数据与频繁数据查询的网站，Access 的数据管理能力与数据查询性能就有很大的局限性了。为了与 SQL Server 2000 的性能作比较，对这一问题进行了测试。在 ASP 网站中，当数据库的文件在 30MB 以下时，Access 与 SQL Server 2000 一样，具有非常好的性能与查询速度，对网站的运行支持得非常好；但是数据文件大于 100MB 时，Access 数据库的访问速度就明显变慢，明显低于 SQL Server 2000 数据库。在中小型 ASP 网站中，数据的大小一般是几兆到十几兆，Access 数据库依然有非常好的性能。这种项目中 Access 在管理方面非常便捷，采用 Access 数据库也是一个非常好的选择。

3．在 ASP 页面中既可以使用 VBScript，也可以使用 JavaScript，那么混合使用脚本引擎好吗？

虽然在 ASP 页面中既可以使用 VBScript，也可以使用 JavaScript，但是在同一个页面上同时使用 JavaScript 和 VBScript 则是不可取的。因为服务器必须实例化并尝试缓存两个（而不是一个）脚本引擎，这在一定程度上增加了系统负担。因此，从性能上考虑，不应在同一页面中混用多种脚本引擎。

4．我在 ASP 脚本中写了很多的注释，这会不会影响服务器处理 ASP 文件的速度？

在编写程序的过程中，注释是良好的习惯。经国外技术人员测试，带有过多注释的 ASP 文件整体性能仅仅下降 0.1%，也就是说，在实际应用中基本上不会感觉到服务器的性能下降。

5．常见的保护数据库的方法是什么？

现在中小企业网站越来越多，而使用 IIS+ASP+Access 则是其最适用的建站方案。对于网站来说，最重要的莫过于安全了，而安全之中又莫过于数据库被非法下载。因为数据库默认的扩展名为.mdb，如果能够猜出数据库的位置，即可不费吹灰之力将其下载。下面介绍两种常见的保护数据库的方法。

1）隐藏存储路径

按照常规，很多人习惯将数据库保存在网站的 data 目录下，并且命名为 data.mdb、admin.mdb 等非常容易被猜到的名字，这样的做法是非常危险的。对此，我们可以突破常规，重新创建一个没有任何含义的文件夹，并且将其隐藏为一个比较深的路径，这样一般就不会被猜测到了。

2）更改名称

默认的文件名极易被猜到，因此在更改存储路径的同时应更改其文件名。而更改文件名不仅要更改文件主名，扩展名同样要更改，例如我们可以将其更改为 ASP 和 ASA 等不影响数据库查询的名字。数据库更改扩展名后是无法通过 IE 浏览器直接下载的，因为打开后看到的是一大片乱码，对盗取者来说毫无用处。

271

第4篇

设计与处理精美的网页图像

第章　使用 Photoshop CS6 设计网页中的特效文字

学前必读

　　虽然图像的表达效果要强于普通的文字，但是文字能够起到注释与说明的作用，何况在图像朦胧而含蓄的表达后，需要用文字这种语言符号加以强化，即图文并茂，引人入胜。可以使用脚本语言来制作特效文字，使用 Photoshop 同样可以快速地制作出专业效果的特效字。

学习流程

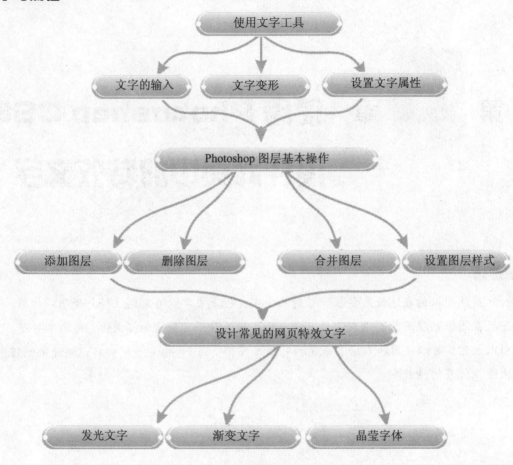

12.1 使用文字工具

文字在图像中往往起着画龙点睛的作用，网页制作中使用特效文字也较多。Photoshop 提供了丰富的文字工具，允许在图像背景上制作多种复杂的文字效果。

12.1.1 上机练习——文字的输入

可以使用工具箱中的"横排文字工具"、"直排文字工具"、"横排文字蒙版工具"和"直排文字蒙版工具"输入文字。使用"横排文字蒙版工具"和"直排文字蒙版工具"创建的文字只带有轮廓选区，而不带填充颜色。输入文本前的效果如图 12-1 所示，输入文本后的效果如图 12-2 所示，具体操作步骤如下。

图 12-1 输入文本前的效果

图 12-2 输入文本后的效果

练习
文件 实例素材/练习文件/CH12/输入文字.jpg

完成
文件 实例素材/完成文件/CH12/输入文字.psd

（1）启动 Photoshop CS6，执行"文件"|"打开"命令，打开光盘中的素材文件输入文字.jpg，选择工具箱中的"横排文字"工具，如图 12-3 所示。

（2）按住鼠标左键在舞台中输入文本"卓越品质 完美品牌"，如图 12-4 所示。

图 12-3 打开文件

图 12-4 输入文字

12.1.2 上机练习——设置文字属性

如果对输入的文字格式不满意，可以在文本的选项栏中设置文本的各种属性，文本的选项栏，如图 12-5 所示。

图 12-5 文本选项栏

在文本选项栏中可以设置以下参数。

- 字体 ：在其下拉列表中设置文本的字体。
- 字体大小 ：在其下拉列表中设置文本的大小，或者直接在列表框中输入数值。
- 对齐方式 ：设置文本的对齐方式。
- 颜色色标 ：单击该色标，弹出"拾色器"对话框，在对话框中设置文本的颜色。

下面通过实例讲述怎样设置文本的属性，设置前效果如图 12-6 所示，设置后效果如图 12-7 所示，具体操作步骤如下。

图 12-6　设置前的效果　　　　　　　　　图 12-7　设置后的效果

练习文件　实例素材/完成文件/CH12/输入文字.psd

完成文件　实例素材/完成文件/CH12/设置文字.psd

（1）启动 Photoshop CS6，执行"文件"|"打开"命令，打开光盘中的素材文件输入文字.psd，选中输入的文本，如图 12-8 所示。

（2）在工具选项栏中单击█按钮，在弹出的下拉列表中选择相应的字体，如图 12-9 所示。

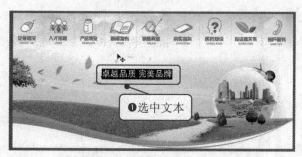

图 12-8　选中文本

图 12-9　选择字体

（3）在工具选项栏中单击█按钮，在弹出的下拉列表中选择 30 点，将文字的大小设置为 30 号，如图 12-10 所示。

（4）单击工具选项栏中的文本颜色按钮█，弹出"选择文本颜色"对话框，在对话框中设置文本的颜色为 005d00，如图 12-11 所示。

（5）单击"确定"按钮，将文本的颜色修改为拾色器中选择的颜色。设置字体后的效果如图 12-7 所示。

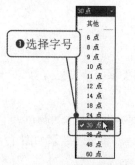

图 12-10　选择字号

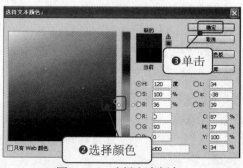

图 12-11　选择文本颜色

12.1.3　上机练习——文字的变形

　　使用变形可以扭曲文字以符合各种形状，例如可以将文字变形为扇形或波浪形。下面通过实例讲述文字的变形，原始效果如图 12-12 所示，文字变形效果如图 12-13 所示，具体操作步骤如下。

图 12-12　原始效果

图 12-13　设置变形效果

　　练习文件　实例素材/练习文件/CH12/变形文字.jpg

　　完成文件　实例素材/完成文件/CH12/变形文字.psd

　　（1）打开光盘中的素材文件变形文字.jpg，如图 12-14 所示。

　　（2）选择工具箱中的"横排文字工具"，在舞台中输入文本"6月盛大起航，超级大奖，震人心魄"，如图 12-15 所示。

图 12-14　打开文件

图 12-15　输入文字

　　（3）单击文本选项栏中的"创建文字变形"按钮，弹出"变形文字"对话框，在对话框中的"样式"下拉列表中选择要应用的文本样式，如图 12-16 所示。

　　（4）设置"弯曲"、"水平扭曲"和"垂直扭曲"参数，单击"确定"按钮，如图 12-17 所示。

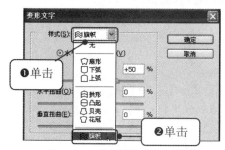

图 12-16　"变形文字"对话框

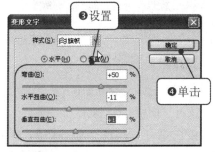

图 12-17　"打开浏览器窗口"对话框

277

12.2 Photoshop 图层基本操作

在"图层"面板中，可以进行多种编辑操作，包括添加图层、删除图层、合并图层、移动图层和复制图层等基本操作。

 ### 12.2.1 添加图层

新建图层有以下几种操作方法。

- 执行"图层"|"新建"|"图层"命令，弹出"新建图层"对话框，在对话框中复制图层的名称，如图 12-18 所示。单击"确定"按钮，新建一个图层，如图 12-19 所示。

图 12-18　"新建图层"对话框　　　　　图 12-19　新建图层

- 单击"图层"面板底部的"创建新图层"按钮，如图 12-20 所示。
- 单击"图层"面板右上角的按钮，在弹出的菜单中选择"新建图层"选项，如图 12-21 所示。弹出"新建图层"对话框，在对话框中复制图层的名称，单击"确定"按钮，新建一个图层。

图 12-20　"图层"面板　　　　　　图 12-21　"新建图层"选项

 ### 12.2.2 删除图层

删除图层有以下几种操作方法。

- 执行"图层"|"删除"|"图层"命令，弹出信息提示框，询问是否删除该图层，如图 12-22 所示，单击"是"按钮，即可删除该图层。
- 单击"图层"面板底部的"删除图层"按钮，如图 12-23 所示。

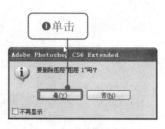

图 12-22　删除图层

图 12-23　"图层"面板

12.2.3　合并图层

合并图层有以下几种操作方法。

● 执行"图层"|"合并所见图层"命令（合并所有的图层）。

● 执行"图层"|"向下合并"命令（合并单个图层）。

● 按"Ctrl+E"组合键向下合并图层。

12.2.4　设置图层样式

Photoshop 提供了各种各样的效果，如暗调、发光、斜面、叠加和描边等，利用这些效果，可以迅速地改变图层内容的外观。执行"图层"|"图层样式"命令，在弹出的子菜单中，可以看出 Photoshop 中包含的图层样式，如图 12-24 所示。

下面通过实例讲述图层样式的应用，设置图层样式前如图 12-25 所示，设置图层样式后如图 12-26 所示，具体操作步骤如下。

 实例素材/练习文件/CH12/图层样式.jpg

 实例素材/完成文件/CH12/图层样式.psd

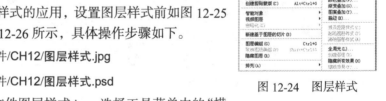

图 12-24　图层样式

（1）打开光盘中的素材文件图层样式.jpg，选择工具菜单中的"横排文字工具"，如图 12-27 所示。

（2）按住鼠标左键在舞台中输入文本"无公害健康产品"。将选项栏中的"字体"设置为"黑体"，字体大小设置为 40，字体颜色设置为 2a4901，如图 12-28 所示。

图 12-25　设置前的效果

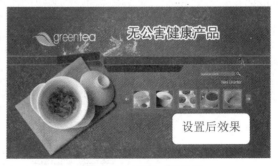

图 12-26　设置后的效果

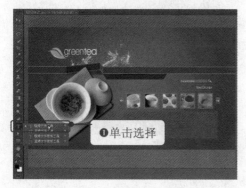

图 12-27 打开文件

图 12-28 设置字体

（3）执行"图层"｜"图层样式"｜"投影"命令，在"投影"选项区设置相应的参数，如图 12-29 所示。

（4）勾选对话框中的"外发光"选项，设置相应的参数，如图 12-30 所示。

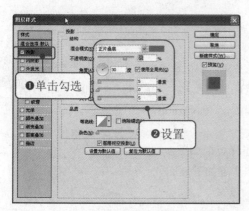

图 12-29 "投影"选项区

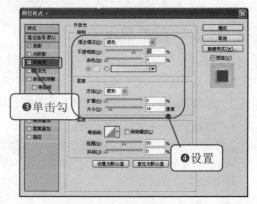

图 12-30 "外发光"选项区

（5）勾选对话框中的"描边"选项，设置相应的参数，如图 12-31 所示。

（6）单击"确定"按钮，完成图层样式设置。

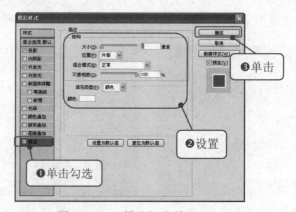

图 12-31 "描边"选项区

12.3　设计常见的网页特效文字

> 在浏览网页时，你也许会对众多网页精致的网页特效文字效果感叹不已。其实，这些动态文字制作起来并不复杂，使用 Photoshop 完全可以自己制作出来。

综合应用 1——发光文字

下面通过实例讲述发光文字的制作，原始效果如图 12-32 所示，设置后的效果如图 12-33 所示，具体操作步骤如下。

图 12-32　原始效果

图 12-33　发光效果

◎练习文件　实例素材/练习文件/CH12/发光文字.jpg

◎完成文件　实例素材/完成文件/CH12/发光文字.psd

（1）执行"文件"|"打开"命令，弹出"打开"对话框，在对话框中选择图像文件"发光文字.jpg"，如图 12-34 所示。

（2）单击"打开"按钮，打开图像，如图 12-35 所示。

图 12-34　"打开"对话框

图 12-35　打开图像

（3）选择工具箱中的"横排文字工具"，按住鼠标左键在舞台中输入文本"时尚女鞋"，如图 12-36 所示。

（4）选中输入的文本，在选项栏中将"字体"设置为"kaiti_GB2312"，字体大小设置为 48 点，如图 12-37 所示。

学用一册通：网页设计与网站建设

图 12-36 输入文本

图 12-37 设置字体

（5）执行"窗口"|"图层"命令，打开"图层"面板，选中文字图层右击，在弹出的列表中选择"栅格化文字"选项，如图 12-38 所示。

（6）选中文字图层，将其拖动到底部的"创建新图层"按钮上，复制文字图层，如图 12-39所示。

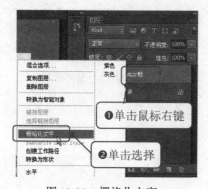

图 12-38 栅格化文字

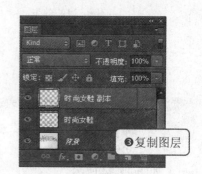

图 12-39 复制图层

（7）选择副本图层，选择工具箱中的"魔棒工具"，按 Shift 键选中文字，如图 12-40 所示。

（8）执行"选择"|"修改"|"扩展"命令，弹出"扩展选区"对话框，将"扩展量"设置为 4 像素，如图 12-41 所示。

图 12-40 选择文字

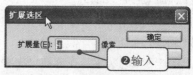

图 12-41 "扩展选区"对话框

282

（9）单击"确定"按钮，设置扩展选区，如图 12-42 所示。

（10）执行"选择"|"修改"|"羽化"命令，弹出"羽化选区"对话框，将"羽化半径"设置为 3 像素，如图 12-43 所示。

图 12-42　设置扩展选区

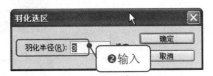

图 12-43　"羽化选区"对话框

（11）单击"确定"按钮，设置羽化选区，如图 12-44 所示。

（12）单击工具箱中的■按钮，弹出"拾色器"对话框，在该对话框中选择相应的前景色，如图 12-45 所示。

图 12-44　设置羽化选区

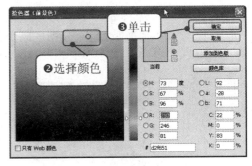

图 12-45　"拾色器"对话框

（13）执行"编辑"|"填充"命令，弹出"填充"对话框，使用前景色填充，如图 12-46 所示。

（14）单击"确定"按钮，填充前景色，如图 12-47 所示。

图 12-46　"填充"对话框

图 12-47　对文本进行填充

283

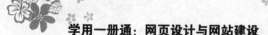

（15）执行"时尚女鞋副本"图层，按住鼠标左键将其拖动到"时尚女鞋"图层的下面，如图 12-48 所示。

（16）执行"滤镜"|"模糊"|"高斯模糊"命令，弹出"高斯模糊"对话框。将"半径"设置为 10.0 像素，如图 12-49 所示。单击"确定"按钮，完成发光文字设置，效果如图 12-33 所示。

图 12-48　移动图层

图 12-49　"高斯模糊"对话框

综合应用 2——渐变文字

下面通过实例讲述渐变文字的制作，原始效果如图 12-50 所示，渐变文字效果如图 12-51 所示，具体操作步骤如下。

图 12-50　原始效果

图 12-51　渐变文字效果

练习文件　实例素材/练习文件/CH12/渐变文字.jpg

完成文件　实例素材/完成文件/CH12/渐变文字.psd

（1）执行"文件"|"打开"命令，弹出"打开"对话框，在对话框中选择图像文件"渐变文字.jpg"，单击"打开"按钮打开图像，如图 12-52 所示。

（2）选择"直排文字工具"，按住鼠标左键在舞台中输入文本"珍爱生命"，选中输入的文本，在选项栏中将"字体"设置为"黑体"，字体大小设置为 48，如图 12-53 所示。

（3）执行"图层"|"图层样式"命令，弹出"图层样式"对话框，勾选"投影"选项，设置相应的参数，如图 12-54 所示。

（4）勾选"内阴影"选项，设置内阴影中相应的参数，如图 12-55 所示。

图 12-52 打开图像

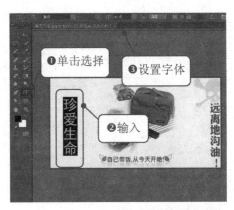

图 12-53 输入文本

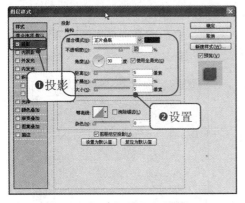

图 12-54 "投影"选项区

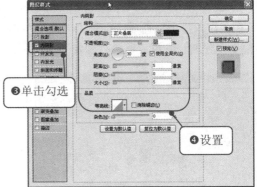

图 12-55 "内阴影"选项区

（5）勾选"斜面和浮雕"选项，设置相应的参数，如图 12-56 所示。

（6）勾选"等高线"选项，设置相应的参数，如图 12-57 所示。

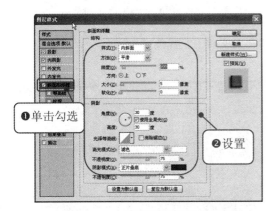

图 12-56 "斜面和浮雕"选项区

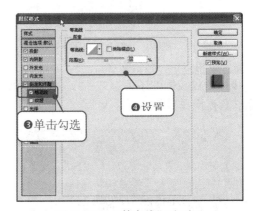

图 12-57 "等高线"选项区

（7）勾选"光泽"选项，设置相应的参数，如图 12-58 所示。

（8）勾选"图案叠加"选项，设置相应的参数，如图 12-59 所示。

285

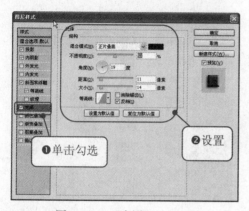

图 12-58　"光泽"选项区

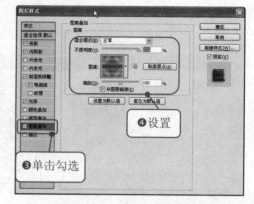

图 12-59　"图案叠加"选项区

（9）勾选"描边"选项，设置相应的参数，如图 12-60 所示。

（10）在"描边"选项区中单击"渐变"右边的按钮，弹出"渐变编辑器"对话框，在该对话框中设置渐变颜色。单击"确定"按钮，返回到"图层样式"对话框，如图 12-61 所示。

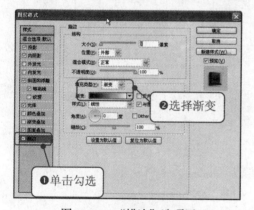

图 12-60　"描边"选项区

图 12-61　"渐变编辑器"对话框

（11）单击"确定"按钮，完成图层样式设置，效果如图 12-51 所示。

综合应用 3——晶莹文字

下面通过实例讲述晶莹文字的制作，原始效果如图 12-62 所示，晶莹文字效果如图 12-63 所示，具体操作步骤如下。

图 12-62　原始效果

图 12-63　晶莹文字效果

练习
文件　实例素材/练习文件/CH12/晶莹文字.jpg

完成
文件　实例素材/完成文件/CH12/晶莹文字.psd

（1）执行"文件"|"打开"命令，弹出"打开"对话框，在对话框中选择图像文件"晶莹文字.jpg"，单击"打开"按钮打开图像，如图 12-64 所示。

（2）选择"横排文字工具"，按住鼠标左键在舞台中输入文本"阳光地带"，选中输入的文本，在选项栏中将"字体"设置为"黑体"，字体大小设置为 60 点，如图 12-65 所示。

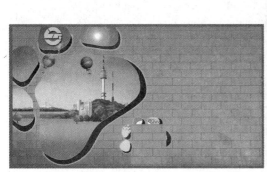

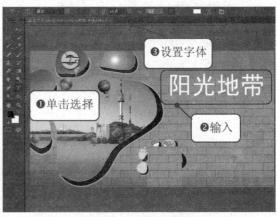

图 12-64　打开图像　　　　　　　　　　　图 12-65　输入文本

（3）执行"图层"|"图层样式"命令，打开"图层样式"对话框，勾选"投影"选项，设置相应的参数，如图 12-66 所示。

（4）勾选"内阴影"选项，设置相应的参数，如图 12-67 所示。

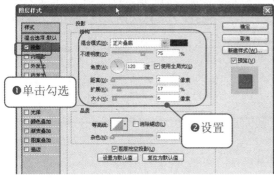

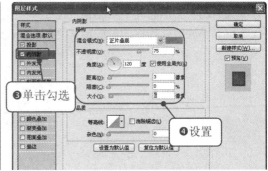

图 12-66　"投影"选项区　　　　　　　　　图 12-67　"内阴影"选项区

（5）勾选"外发光"选项，设置相应的参数，如图 12-68 所示。

（6）勾选"光泽"选项，设置相应的参数，如图 12-69 所示。单击"确定"按钮，制作晶莹文字，效果如图 12-63 所示。

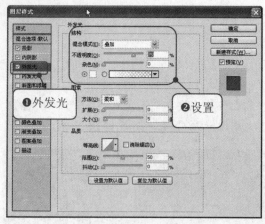

图 12-68 "外发光"选项区

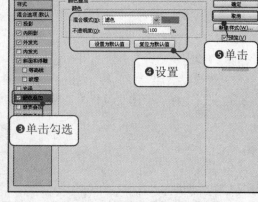

图 12-69 "图层样式"对话框

12.4 专家秘籍

1. 如何将输入的文本放到合适的位置？

在输入文本时，如果文本的位置不符合要求，可以选择工具箱中的"移动"工具，按住鼠标左键不放进行拖动，即可移动文本的位置。

2. 在 Photoshop 中输入文字后，怎样选取文字的一部分？

把文字层转换成图层，然后在层面板上按住 Ctrl 键，单击转换成图层的文字层，就能选中全部文字，按住 Alt 键，就会出现符号"_"，选中不需要的文字，那么留下的就是需要的文字。

3. Action 和滤镜有什么区别？

Action 只是 Photoshop 的宏文件，它是由一步步的 Photoshop 操作组成的，虽然它也能实现一些滤镜的功能，但它并不是滤镜。滤镜本质上是一个复杂的数学运算法则，也就是说，原图中每个像素和滤镜处理后的对应像素之间有一个运算法则。

第章 设计网页中经典图像元素

学前必读

　　一个极具视觉冲击力的 Logo 设计，会吸引来更多的访问者。网络广告是指运用专业的广告横幅、文本链接、多媒体的方法，在互联网刊登或发布广告，通过网络传递到互联网用户的一种广告运作方式。

学习流程

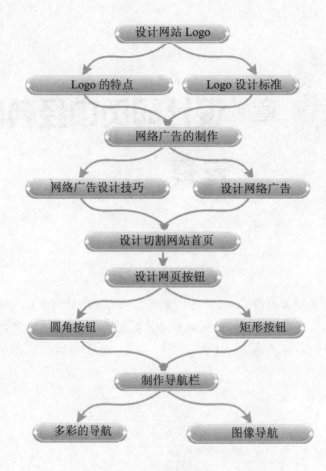

13.1 设计网站 Logo

Logo 是标志、徽标的意思。网站 Logo 即网站标志，它一般出现在站点的每一个页面上，是网站给人的第一印象。

13.1.1 Logo 的特点

设计 Logo 时，了解相应的规范，对指导网站的整体建设有着极现实的意义。要注意以下一些规范。

- 规范 Logo 的标准色，有恰当的背景配色体系、反白，在清晰表现 Logo 的前提下制定 Logo 最小的显示尺寸，为 Logo 制定一些特定条件下的配色、辅助色带等。
- 完整的 Logo 设计，尤其是具有中国特色的 Logo 设计，在国际化的要求下，一般应至少使用中英文双语的形式，并应考虑中英文字的比例、搭配，有的还要考虑繁体及其他特定语言版本等。

为了便于 Internet 上信息的传播，需要一个统一的国际标准。关于网站的 Logo，目前有以下 3 种规格。

- 88*31：这是互联网上最普遍的友情链接 Logo 的规格。
- 120*60：这种规格用于一般大小的 Logo，一般用在首页上的 Logo 广告。
- 120*90：这种规格用于大型 Logo。

13.1.2　Logo 设计标准

Logo 就是网站标志，它的设计要能够充分体现该公司的核心理念，并且设计要求简约、大气、美观。网站 Logo 设计有以下标准。

- 符合企业的 VI 总体设计要求。
- 要有良好的造型。
- 设计要符合传播对象的直观接受能力、习惯，以及社会心理、习俗与禁忌。
- 识别性要强，通过整体规划和设计的视觉符号，必须具有独特的个性和强烈的冲击力。

13.1.3　上机练习——网站 Logo 设计实例

效果如图 13-1 所示，具体操作步骤如下。

◎完成文件　实例素材/完成文件/CH13/logo.psd

（1）启动 Photoshop CS6，执行"文件"|"新建"命令，弹出"新建"对话框，在该对话框中将"宽度"设置为 300 像素，"高度"设置为 250 像素，如图 13-2 所示。

（2）单击"确定"按钮，新建空白文档。执行"文件"|"存储为"命令，将文件保存为"logo.psd"，如图 13-3 所示。

图 13-1　Logo 设计

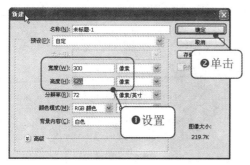

图 13-2　"新建"对话框

图 13-3　保存文档

（3）选择工具箱中的"椭圆工具"，在工具选项栏中设置填充颜色为深蓝色，按住鼠标左键在舞台中绘制椭圆，如图 13-4 所示。

（4）选择工具箱中的"椭圆工具"，在工具选项栏中将填充颜色设置为白色，按住鼠标左键在舞台中绘制椭圆，如图 13-5 所示。

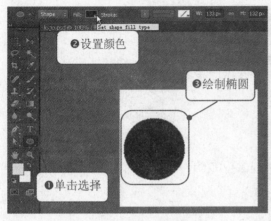

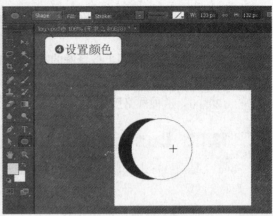

图 13-4　绘制椭圆　　　　　　　　　　　　图 13-5　绘制椭圆

（5）选择工具箱中的"椭圆工具"，在工具选项栏中将填充颜色设置为红色，按住鼠标左键在舞台中绘制椭圆，如图 13-6 所示。

（6）选择工具箱中的"椭圆工具"，在工具选项栏中将填充颜色设置为白色，按住鼠标左键在舞台中绘制椭圆，如图 13-7 所示。

图 13-6　绘制椭圆　　　　　　　　　　　　图 13-7　绘制椭圆

（7）在"图层"面板中选择绘制的"形状 3"，将其向后移动一段距离，如图 13-8 所示。

（8）选择工具箱中的"横排文字工具"，在舞台中输入相应的文本，并在选项栏中设置字体大小和颜色，如图 13-9 所示。

图 13-8　移动椭圆　　　　　　　　　　　　图 13-9　输入文本

（9）选中输入的文本，执行"图层"|"图层样式"命令，弹出"图层样式"对话框，勾选"描边"选项如图 13-10 所示。

（10）在"描边"选项区中单击"渐变"右边的按钮，弹出"渐变编辑器"对话框，在该对话框中设置渐变颜色，如图 13-11 所示。

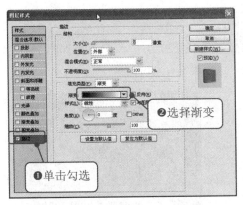

图 13-10　"图层样式"对话框

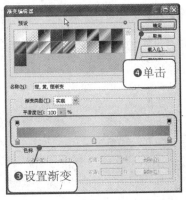

图 13-11　"渐变编辑器"对话框

（11）单击"确定"按钮，返回到"图层样式"对话框。单击"确定"按钮，设置图层样式，最终效果如图 13-1 所示。

13.2　网络广告的制作

> 网络广告对于网上营销的作用已经越来越引起企业的重视，而一个好的广告设计往往能使宣传效果大增，让广告投资获得丰厚的回报。

 ## 13.2.1　网络广告设计技巧

1．构思画面

一个好的网络广告应在其放置的网页上十分醒目、出众，使用户在随意浏览的几秒钟之内就能感觉到它的存在。为此，应充分发挥电脑图像和动画技术的特长，使广告具有强烈的视觉冲击力。旗帜广告的颜色可考虑多用明黄、橙红、天蓝等艳丽色，强调动画效果。从视觉原理上讲，动画比静态图像更能引人注目。当然也要注意广告与网页内容及风格相融合，但一定要避免用户误将广告当成装饰画。

2．构思广告语

- 标题展露最吸引人之处，力争开头抓住人的眼球。
- 正文句子要简短、直截了当，尽量用短语，避免完整长句。
- 语句要口语化，不绕弯子。
- 可以适当运用感叹号，以增强语气效果。
- 如果要引导用户从广告访问企业网站，应使用"请点击"或"Click"等文字。

3．内容常新

网友的注意力资源有限，应该尽力争取"回头客"，最基本的招数就是经常更换内容。内容常新的广告，可以使经常访问网页的用户感觉到广告的存在，因为任何广告图像，即使再好，用户看多了也会视若乌有。广告更新频率一般为 2 周一次。

在制作广告时，一定要考虑下载速度，图像要尽量少，容量应保持在 10KB 左右。

13.2.2 上机练习——设计网络广告

下面通过实例讲述网络广告的制作，原始素材如图 13-12 所示，最终效果如图 13-13 所示，具体操作步骤如下。

图 13-12 原始素材

图 13-13 最终效果

◎练习文件 实例素材/练习文件/CH13/ huo.jpg、火锅.png、布幕.png

◎完成文件 实例素材/完成文件/CH13/设计网络广告.psd

（1）启动 Photoshop CS6，执行"文件"|"新建"命令，打开"新建"对话框，在对话框中将"宽度"和"高度"分别设置为 500 像素和 600 像素，如图 13-14 所示。

（2）单击"确定"按钮，新建文档。执行"文件"|"存储为"命令，将文件存储为"设计网络广告.psd"，如图 13-15 所示。

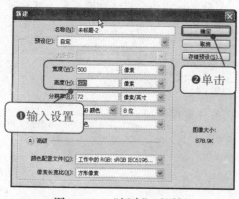

图 13-14 "新建"对话框

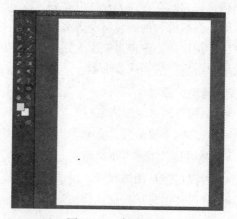

图 13-15 保存文档

（3）选择工具箱中的"渐变工具"，在选项栏中单击"点按可编辑渐变"按钮，弹出"渐变编辑器"对话框，在该对话框中设置渐变颜色，如图 13-16 所示。

（4）单击"确定"按钮，设置渐变颜色，按住鼠标左键从上往下填充，如图 13-17 所示。

图 13-16　设置渐变颜色

图 13-17　填充背景

（5）执行"文件"|"置入"命令，弹出"置入"对话框，在该对话框中选择图像"火锅.png"，如图 13-18 所示。

（6）选择图像以后，单击"置入"按钮，将图像置入舞台中，如图 13-19 所示。

图 13-18　添加行为

图 13-19　置入图像

（7）选择工具箱中的"移动工具"，按住鼠标左键将其移到舞台的底部，如图 13-20 所示。

（8）单击"图层"面板底部的"创建新图层"按钮，新建图层 1，如图 13-21 所示。

图 13-20　移动图像

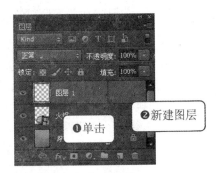

图 13-21　新建图层

（9）选择工具箱中的"渐变工具"，在选项栏中单击"点按可编辑渐变"按钮，弹出"渐变编辑器"对话框，在该对话框中设置渐变颜色，如图 13-22 所示。

（10）选择工具箱中的"椭圆选框工具"，在舞台中绘制椭圆选区，如图 13-23 所示。

图 13-22   "渐变编辑器"对话框

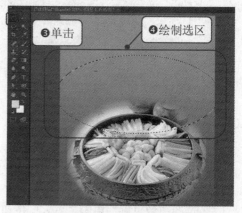

图 13-23   绘制选区

（11）选择工具箱中的"渐变工具"，对绘制的选区进行填充渐变，如图 13-24 所示。

（12）按步骤（5）~（7）的方法，置入"布幕.png"和"huo.png"，并拖到相应位置，如图 13-25 所示。

图 13-24   填充选区

图 13-25   置入图像

（13）在"图层"面板中选中 huo 图层，将"不透明度"设置为 60%，如图 13-26 所示。

（14）选择工具箱中的"横排文字工具"，在选项栏中设置相应的参数，按住鼠标左键在舞台中输入文字"牛腩火锅"，如图 13-27 所示。

（15）执行"图层"|"图层样式"命令，弹出"图层样式"对话框，勾选"投影"选项，设置相应的参数，如图 13-28 所示。

（16）单击"确定"按钮，设置图层样式，如图 13-29 所示。

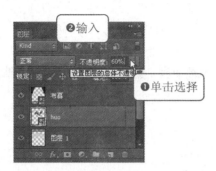

图 13-26 设置不透明度

图 13-27 输入文字

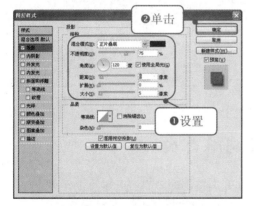

图 13-28 "图层样式"对话框

图 13-29 设置投影效果

（17）选择工具箱中的"横排文字工具"，在选项栏中设置相应的参数，按住鼠标左键在舞台中输入相应的文字，如图 13-30 所示。

（18）选中输入的文本，单击选项栏中的"创建文字变形"按钮，弹出"变形文字"对话框，在该对话框中设置相应的参数，如图 13-31 所示。

图 13-30 输入其他文字

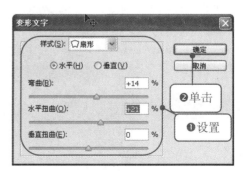

图 13-31 "变形文字"对话框

297

（19）单击"确定"按钮，创建变形文字，如图 13-32 所示。

（20）执行"图层"|"图层样式"命令，弹出"图层样式"对话框，勾选"描边"选项，在该对话框中设置相应的参数，单击"确定"按钮，设置图层样式，如图 13-33 所示。

图 13-32 设置变形文字

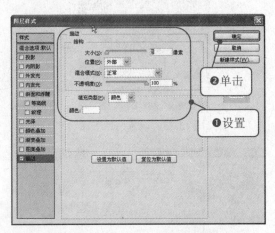

图 13-33 "图层样式"对话框

13.3 设计网站首页

首页，亦称主页、起始页，是用户打开浏览器时自动打开的一个网页。网站首页的设计直接关系到网站的形象和易用性，关系网站整体的质量。下面讲述网站首页的设计。

13.3.1 上机练习——首页的制作

下面通过实例讲述首页的制作，效果如图 13-34 所示，具体操作步骤如下。

图 13-34 网站首页

练习
文件　实例素材/练习文件/CH13/菜.jpg

完成
文件　实例素材/完成文件/CH13/网站主页.psd

（1）启动 Photoshop CS6，执行"文件"|"新建"命令，弹出"新建"对话框，在对话框中将"宽度"和"高度"分别设置为 1000 像素和 735 像素，如图 13-35 所示。

（2）单击"确定"按钮，新建文档。执行"文件"|"存储为"命令，将文件存储为"网站主页.psd"，如图 13-36 所示。

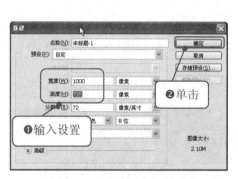

图 13-35　"新建"对话框

图 13-36　保存文档

（3）选择工具箱中的"渐变工具"，在选项栏中设置渐变颜色，按住鼠标左键对文档进行填充，如图 13-37 所示。

（4）选择工具箱中的"多边形工具"，在选项栏中单击"自定义形状"按钮，在弹出的列表中勾选"星形"复选框，"边数"设置为 4，如图 13-38 所示。

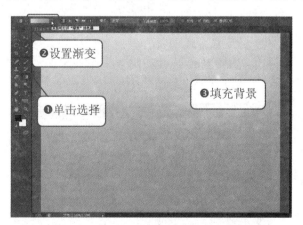

图 13-37　填充背景

图 13-38　设置形状

（5）按住鼠标左键绘制星形，在"图层"面板中将不透明度设置为 70%，如图 13-39 所示。

（6）用同样的方法绘制更多的形状，并对形状进行相应的变换，如图 13-40 所示。

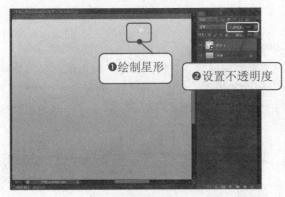

图 13-39 绘制星形

图 13-40 绘制更多形状

（7）选择工具箱中的"横排文字工具"，按住鼠标左键在舞台中输入文本"美到家"，并在选项栏中设置相应的字体样式，如图 13-41 所示。

（8）执行"图层"|"图层样式"|"渐变叠加"命令，设置相应的图层样式，如图 13-42 所示。

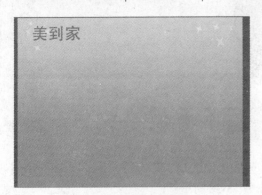

图 13-41 输入文本

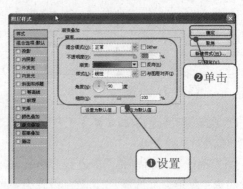

图 13-42 "图层样式"对话框

（9）单击"确定"按钮，设置图层样式，如图 13-43 所示。

（10）选择工具箱中的"自定义形状工具"，在选项栏中设置相应的颜色，在形状下拉框中选择相应的形状，然后按住鼠标左键在舞台中绘制形状，如图 13-44 所示。

图 13-43 设置图层样式

图 13-44 绘制形状

（11）选择工具箱中的"圆角矩形工具"，在选项栏中将"半径"设置为 10，按住鼠标左键绘制圆角矩形，如图 13-45 所示。

（12）执行"图层"|"图层样式"|"描边"命令，设置相应的参数，如图 13-46 所示。

图 13-45　绘制圆角矩形

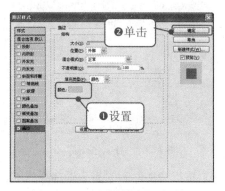

图 13-46　"图层样式"对话框

（13）单击"确定"按钮，设置图层样式，如图 13-47 所示。

（14）在舞台中输入相应的文本，如图 13-48 所示。

图 13-47　设置图层样式

图 13-48　输入文字

（15）执行"文件"|"置入"命令，在弹出的对话框中选择相应的图像，将其置入到舞台中，然后拖动到相应的位置，如图 13-49 所示。

（16）选择工具箱中的"横排文字工具"，按住鼠标左键在舞台中输入相应的文本，并在选项栏中设置相应的参数，如图 13-50 所示。

图 13-49　置入网页链接图像

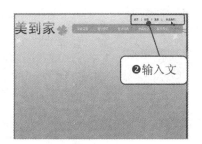

图 13-50　输入文本

（17）执行"文件"|"置入"命令，在弹出的对话框中选择相应的图像，将其置入到舞台中，然后拖动到相应的位置，如图 13-51 所示。

（18）选择工具箱中的"横排文字工具"，按住鼠标左键在舞台中输入相应的文本，并在选项栏中设置相应的参数，如图 13-52 所示。

图 13-51　置入主图像

图 13-52　输入宣传文字

（19）执行"文件"|"置入"命令，在弹出的对话框中选择相应的图像，将其置入到舞台中，然后拖动到相应的位置，如图 13-53 所示。

（20）选择"圆角矩形工具"，按住鼠标左键在舞台中绘制圆角矩形，如图 13-54 所示。

图 13-53　置入"最新动态"图像

图 13-54　绘制"最新动态"圆角矩形

（21）选择"直线工具"，按住鼠标左键在舞台中绘制直线，如图 13-55 所示。

（22）选择工具箱中的"横排文字工具"，按住鼠标左键在舞台中输入相应的文本，并在选项栏中设置相应的参数，如图 13-56 所示。

图 13-55　绘制直线

图 13-56　输入"最新动态"文本

（23）选择工具箱中的"圆角矩形工具"，按住鼠标左键在舞台中绘制圆角矩形，并设置填充渐变，如图 13-57 所示。

（24）选择工具箱中的"圆角矩形工具"，按住鼠标左键在舞台中绘制圆角矩形，如图 13-58 所示。

图 13-57　绘制圆角矩形

图 13-58　绘制"主题餐厅"圆角矩形

（25）执行"文件"|"置入"命令，在弹出的对话框中选择相应的图像，将其置入到舞台中，然后拖动到相应的位置，如图 13-59 所示。

（26）选择工具箱中的"横排文字工具"，按住鼠标左键在舞台中输入相应的文本，并在工具选项栏中设置相应的参数，如图 13-60 所示。

图 13-59　置入"主题餐厅"图像

图 13-60　输入"主题餐厅"文本

（27）执行"文件"|"置入"命令，在弹出的对话框中选择相应的图像，将其置入到舞台中，然后拖动到相应的位置，然后在下面输入相应的文本，并设置文本属性，如图 13-61 所示。

（28）执行"文件"|"置入"命令，在弹出的对话框中选择相应的图像，将其置入到舞台中，然后拖动到相应的位置，然后输入相应的文本，并设置文本属性，如图 13-62 所示。

图 13-61　置入其余图像

图 13-62　输入联系方式文本

（29）执行"文件"｜"置入"命令，在弹出的对话框中选择相应的图像，将其置入到舞台中，然后拖动到相应的位置，如图 13-63 所示。

（30）在首页底部输入相应的文本，并设置文本属性，如图 13-64 所示。

图 13-63　置入页面底部图像

图 13-64　输入页面底部文本

13.3.2　上机练习——切割输出首页图像

利用 Photoshop CS6 所提供的切片功能可将源图像分成许多功能区域。在存储图像和 HTML 文件时，每个切片都会作为独立的文件存储，具有独立的设置和颜色调板，而且保留正确的连接、翻转及动画效果。原始效果如图 13-65 所示，切割输出后效果如图 13-66 所示，具体操作步骤如下。

图 13-65　原始效果

图 13-66　切割后的效果

练习文件　实例素材/练习文件/CH13/网站主页.jpg

完成文件　实例素材/完成文件/CH13/网站主页.html

（1）执行"文件"｜"打开"命令，弹出"打开"对话框，在对话框中选择图像文件"网站主页.jpg"，如图 13-67 所示。

（2）单击"打开"按钮，打开图像文件，如图 13-68 所示。

（3）选择工具箱中的"切片工具"，在图像上按住鼠标左键进行拖动，绘制切片，如图 13-69 所示。

（4）使用切片工具绘制其他切片，如图 13-70 所示。

第 13 章 设计网页中经典图像元素

图 13-67   "打开"对话框

图 13-68   打开图像

图 13-69   绘制切片

图 13-70   切割网页

（5）执行"文件"|"存储为 Web 和设备所用格式"命令，弹出"存储为 Web 和设备所用格式"对话框，如图 13-71 所示。

（6）单击"存储"按钮，弹出"将优化结果存储为"对话框，在"格式"下拉列表中选择"HTML 和图像"选项，如图 13-72 所示。

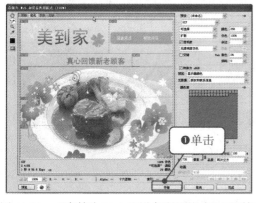

图 13-71   "存储为 Web 和设备所用格式"对话框

图 13-72   "将优化结果存储为"对话框

（7）单击"保存"按钮，效果如图 13-66 所示。

305

13.4　设计网页按钮

如何使用 Photoshop 做一些精美有质感的网页按钮？下面通过具体的实例讲述网页按钮的制作。

 13.4.1　上机练习——制作圆角按钮

下面通过实例讲述圆角按钮的制作，原始效果如图 13-73 所示，制作圆角后的效果如图 13-74 所示，具体操作步骤如下。

图 13-73　原始效果

图 13-74　制作圆角按钮后的效果

练习文件　实例素材/练习文件/CH13/圆角按钮.jpg

完成文件　实例素材/完成文件/CH13/圆角按钮.psd

（1）启动 Photoshop CS6，执行"文件"|"打开"命令，弹出"打开"对话框，在对话框中选择相应的图像文件"圆角按钮.jpg"，单击"打开"按钮，打开相应的图像，如图 13-75 所示。

（2）选择工具箱中的"圆角矩形工具"，在选项栏中将"半径"设置为 10，"颜色"设置为 fe862c，按住鼠标左键在舞台中绘制圆角矩形，如图 13-76 所示。

图 13-75　打开文件

图 13-76　绘制圆角矩形

（3）执行"图层"|"图层样式"|"描边"命令，设置相应的参数，如图 13-77 所示。

（4）单击"确定"按钮，设置图层样式，如图 13-78 所示。

（5）选择工具箱中的"横排文字工具"，在舞台中输入文本"店铺活动进入"，并在工具选项栏中设置相应的参数，效果如图 13-74 所示。

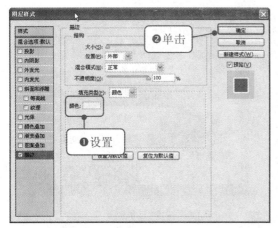

图 13-77　"图层样式"对话框　　　　　　图 13-78　设置图层样式

13.4.2　上机练习——制作矩形按钮

下面通过实例讲述矩形按钮的制作，原始效果如图 13-79 所示，制作矩形按钮后的效果如图 13-80 所示，具体操作步骤如下。

图 13-79　原始效果　　　　　　　　图 13-80　制作矩形按钮效果

练习文件　实例素材/练习文件/CH13/矩形按钮.jpg

完成文件　实例素材/完成文件/CH13/矩形按钮.psd

（1）启动 Photoshop CS6，执行"文件"|"打开"命令，弹出"打开"对话框，在对话框中选择图像文件"矩形按钮.jpg"，单击"打开"按钮，打开相应的图像，如图 13-81 所示。

（2）选择工具箱中的"矩形工具"，按住鼠标左键在舞台中绘制矩形，如图 13-82 所示。

（3）执行"图层"|"图层样式"|"斜面和浮雕"命令，设置相应的参数，如图 13-83 所示。

（4）勾选"渐变叠加"选项，设置相应的参数，如图 13-84 所示。

图 13-81　打开文件

图 13-82　绘制矩形

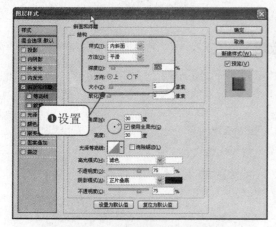

图 13-83　"图层样式"对话框

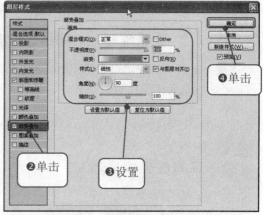

图 13-84　勾选"渐变叠加"选项

（5）单击"确定"按钮，设置图层样式，如图 13-85 所示。

（6）择工具箱中的"横排文字工具"，在舞台中输入文本"点击查看详情"，并在选项栏中设置相应的参数，如图 13-86 所示。

图 13-85　设置图层样式

图 13-86　输入文本

第 13 章　设计网页中经典图像元素

13.5　制作导航栏

导航栏是一组超链接，典型的导航栏上有一些指向站点的主页和网站栏目的超链接，用来帮助网站访问者浏览站点，因此又被称为"网站地图"。

13.5.1　上机练习——制作丰富多彩的导航栏

下面通过实例讲述多彩导航栏的制作，原始效果如图 13-87 所示，制作丰富多彩的效果如图 13-88 所示，具体操作步骤如下。

图 13-87　原始效果

图 13-88　多彩导航栏效果

练习文件　实例素材/练习文件/CH13/多彩导航栏.jpg

完成文件　实例素材/完成文件/CH13/多彩导航栏.psd

（1）启动 Photoshop CS6，执行"文件"|"打开"命令，弹出"打开"对话框，在对话框中选择图像文件"多彩导航栏.jpg"，单击"打开"按钮，打开相应的图像，如图 13-89 所示。

（2）选择工具箱中的"圆角矩形工具"，在选项栏中将"半径"设置为 10，颜色设置为 e8b12d，按住鼠标左键在舞台中绘制圆角矩形，如图 13-90 所示。

图 13-89　打开文件

图 13-90　绘制圆角矩形

绘制圆角矩形

（3）执行"图层"|"图层样式"命令，弹出"图层样式"对话框，在该对话框中单击"样式"选项，在弹出的列表中选择相应的样式，如图 13-91 所示。

（4）单击"确定"按钮，设置图层样式，如图 13-92 所示。

309

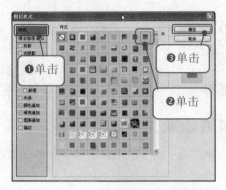

图 13-91　"图层样式"对话框

图 13-92　设置图层样式

（5）选择工具箱中的"横排文字工具"，在舞台中输入相应的文本，并在选项栏中设置相应的参数，如图 13-93 所示。

（6）选择工具箱中的"圆角矩形工具"，在选项栏中将"半径"设置为 10，颜色设置为 e306b7，按住鼠标左键在舞台中绘制圆角矩形，如图 13-94 所示。

图 13-93　输入文字

图 13-94　绘制其他圆角矩形

（7）执行"图层"|"图层样式"命令，设置按钮的样式，然后在按钮上面输入相应的文字，如图 13-95 所示。

（8）选择工具箱中的"圆角矩形工具"，在选项栏中"半径"设置为 10，"颜色"设置为 e306b7，按住鼠标左键在舞台中绘制其他圆角矩形，并输入相应的文字，最终效果如图 13-96 所示。

图 13-95　输入文字

图 13-96　绘制其他按钮

 13.5.2　上机练习——制作图像导航

下面通过实例讲述图像导航的制作，原始效果如图 13-97 所示，图像导航效果如图 13-98 所示。

图 13-97　原始效果

图 13-98　图像导航效果

练习文件　实例素材/练习文件/CH13/图像导航.jpg

完成文件　实例素材/完成文件/CH13/图像导航.psd

（1）启动 Photoshop CS6，执行"文件"|"打开"命令，弹出"打开"对话框，在对话框中选择图像文件"图像导航.jpg"，单击"打开"按钮，打开相应的图像，如图 13-99 所示。

（2）选择工具箱中的"圆角矩形工具"，按住鼠标左键在舞台中绘制圆角矩形，如图 13-100 所示。

图 13-99　打开文件

图 13-100　绘制圆角矩形

（3）执行"图层"|"图层样式"|"内阴影"命令，设置相应的参数，如图 13-101 所示。

（4）单击"确定"按钮，设置图层样式，如图 13-102 所示。

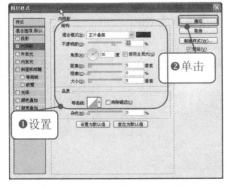

图 13-101　"图层样式"对话框

图 13-102　设置图层样式

（5）执行"文件"|"置入"命令，在弹出的对话框中选择相应的图像，将其置入到舞台中，并拖动到相应的位置，如图 13-103 所示。

311

（6）选择工具箱中的"横排文字工具"，在选项栏中设置相应的参数，按住鼠标左键在舞台中输入文本"首页"，如图 13-104 所示。

图 13-103　置入图像

图 13-104　输入文字

（7）按照步骤 2～6 的方法制作其余的按钮，并导入相应的图像，输入相应的文本，最终效果如图 13-98 所示。

13.6　专家秘籍

1．如何快速打开文件？

双击 Photoshop 的背景空白处（默认为灰色显示区域），即可打开选择文件的浏览窗口。

2．如何获得精确光标？

按 Caps Lock 键可以使画笔和磁性工具的光标显示为精确十字线，再按一次可恢复原状。

3．如何显示/隐藏控制板？

按 Tab 键可切换显示或隐藏所有的控制板（包括工具箱），如果按 Shift+Tab 则工具箱不受影响，只显示或隐藏其他控制板。

4．如何恢复以前的操作步骤？

Ctrl+Z 组合键的还原功能太弱了（只能还原一次），来来回回地在历史面板里翻查又太麻烦。Ctrl+Alt+Z（向后无限次恢复）和 Ctrl+Shift+Z（向前无限次恢复）这两组组合键，和在历史面板里进行操作差不多，不过要方便得多。

5．怎样精确控制图像的大小？

由变换功能中的透视功能就能精确地控制它，快捷键为 Ctrl+T。

6．怎样把做好的方框拉成其他形状？

把做好的方型变成选区，并把选区变成工作路径，然后添加节点，就能变成其他形状。

7．如何在 Photoshop 中将图片淡化？

（1）改变图层的透明度，100%为不透明。

（2）减少对比度，增加亮度。

（3）用层蒙板。

（4）如果要将图片的一部分淡化可用羽化效果。

8．在 Photoshop 中怎样使图片的背景透明？

（1）用魔棒选中背景删掉，然后存成 GIF 即可。

（2）将需要的图片抠下，然后删除不用的部分。

第 5 篇

设计超炫的网页动画

第 14 章 使用 Flash CS6 创建基本动画

学前必读

    Flash CS6 软件是用于动画制作和多媒体创作，以及交互式网站设计的强大的顶级创作平台。Flash CS6 起初仅仅作为 Web 动画制作的工具时，已然成为台式电脑、平板电脑、智能手机及智能电视等多种设备的交互式开发平台，而且各种设备都能呈现出一致的互动体验效果。

学习流程

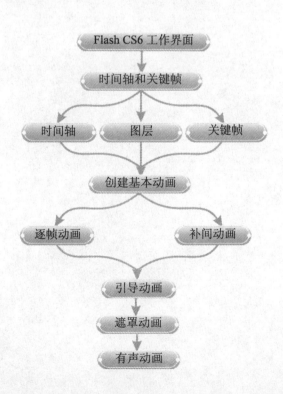

Flash CS6 工作界面

时间轴和关键帧

时间轴　　图层　　关键帧

创建基本动画

逐帧动画　　补间动画

引导动画

遮罩动画

有声动画

14.1 Flash CS6 工作界面

要正确、高效地运用 Flash CS6 软件制作动画，必须了解 Flash CS6 的工作界面及各部分功能。Flash CS6 的工作界面由菜单栏、工具箱、时间轴、舞台和面板等组成，如图 14-1 所示。

图 14-1 Flash CS6 的工作界面

1. 菜单栏

菜单栏是最常见的界面要素，它包括"文件"、"编辑"、"视图"、"插入"、"修改"、"文本"、"命令"、"控制"、"调试"、"窗口"和"帮助"菜单，如图 14-2 所示。根据不同的功能类型，可以快速地找到所要使用的各功能选项。

文件(F) 编辑(E) 视图(V) 插入(I) 修改(M) 文本(T) 命令(C) 控制(O) 调试(D) 窗口(W) 帮助(H)

图 14-2 菜单栏

- "文件"菜单：用于文件操作，如创建、打开和保存文件等。
- "编辑"菜单：用于动画内容的编辑操作，如复制、剪切和粘贴等。
- "视图"菜单：用于对开发环境进行外观和版式设置，包括放大、缩小、显示网格及辅助线等。
- "插入"菜单：用于插入性质的操作，如新建元件、插入场景和图层等。
- "修改"菜单：用于修改动画中各种对象的属性，如帧、图层、场景及动画本身等。
- "文本"菜单：用于对文本的属性进行设置。
- "命令"菜单：用于对命令进行管理。
- "控制"菜单：用于对动画进行播放、控制和测试。
- "调试"菜单：用于对动画进行调试。
- "窗口"菜单：用于打开、关闭、组织和切换各种窗口面板。
- "帮助"菜单：用于快速获得帮助信息。

2. 工具箱

工具箱中包含一套完整的绘图工具，位于工作界面的左侧，如图 14-3 所示。如果想将工具箱变成浮动工具箱，可以拖动工具箱最上方的位置，这时屏幕上会出现一个工具箱的虚框，释放鼠标即可将工具箱变成浮动工具箱。

工具箱中各工具的功能如下。

- 选择工具 ：用于选定对象、拖动对象等操作。
- 部分选取工具 ：可以选取对象的部分区域。
- 任意变形工具 ：对选取的对象进行变形。
- 3D 旋转工具 ：3D 旋转功能只能对影片剪辑发生作用。
- 套索工具 ：选择一个不规则的图形区域，并且还可以处理位图图形。
- 钢笔工具 ：可以使用此工具绘制曲线。
- 文本工具 T ：在舞台上添加文本，编辑现有的文本。

图 14-3　工具箱

- 线条工具 ：使用此工具可以绘制各种形式的线条。
- 矩形工具 ：用于绘制矩形，也可以绘制正方形。
- 铅笔工具 ：用于绘制折线、直线等。
- 刷子工具 ：用于绘制填充图形。
- 墨水瓶工具 ：用于编辑线条的属性。
- 颜料桶工具 ：用于编辑填充区域的颜色。
- 滴管工具 ：用于将图形的填充颜色或线条属性复制到别的图形线条上，还可以采集位图作为填充内容。
- 橡皮擦工具 ：用于擦除舞台上的内容。
- 手形工具 ：当舞台上的内容较多时，可以使用该工具平移舞台及各个部分的内容。
- 缩放工具 ：用于缩放舞台中的图形。
- 笔触颜色工具 ：用于设置线条的颜色。
- 填充颜色工具 ：用于设置图形的填充区域。
- 骨骼工具 ：可以像 3D 软件一样，为动画角色添加上骨骼，可以很轻松地制作各种动作的动画。

3. "时间轴"面板

"时间轴"面板是 Flash 界面中重要的部分，用于组织和控制文档内容在一定时间内播放的图层数和帧数，如图 14-4 所示。

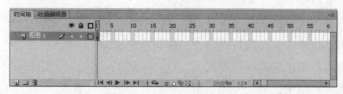

图 14-4　"时间轴"面板

在"时间轴"面板中，其左边上方和下方的几个按钮用于调整图层的状态和创建图层。在帧区域中，其顶部的标题指示了帧编号，动画播放头指示了舞台中当前显示的帧。

时间轴状态显示在"时间轴"面板的底部，它包括若干用于改变帧显示的按钮，指示当前帧编号、帧频和到当前帧为止的播放时间等。其中，帧频直接影响动画的播放效果，单位是帧每秒（fps），默认值是 24 帧每秒。

4．舞台

舞台是放置动画内容的区域，可以在整个场景中绘制或编辑图形，但是最终动画仅显示场景白色区域中的内容，而这个区域就是舞台。舞台之外的灰色区域称为工作区，在播放动画时不显示此区域，如图 14-5 所示。

舞台中可以放置的内容包括矢量插图、文本框、按钮和导入的位图图形或视频剪辑等。工作时，可以根据需要改变舞台的属性和形式。

5．"属性"面板

"属性"面板的内容取决于当前选定的内容，可以显示当前文档、文本、元件、形状、位图、视频、帧或工具的信息和设置。如当选择工具箱中的"文本工具"时，在"属性"面板中将显示有关文本的一些属性设置，如图 14-6 所示。

图 14-5　舞台

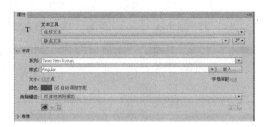

图 14-6　"属性"面板

14.2　时间轴与关键帧

帧是组成动画的基本元素，任何复杂的动画都是由帧构成的，通过更改连续帧内容，可以在 Flash 文档中创建动画，让一个对象移动经过舞台、增加或减小大小、旋转、改变颜色、淡入淡出或改变形状等，这些效果可以单独实现，也可以同时实现。

14.2.1　时间轴

时间轴是 Flash 中最重要、最核心的部分，所有的动画顺序、动作行为、控制命令和声音都是在时间轴中编排的。

时间轴是帧和图层操作的地方，显示在 Flash 工作界面的上部，位于编辑区的上方。时间轴用于组织和控制动画在一定时间内播放的层数和帧数，图层和帧中的内容随时间的变化而发生变化，从而产生了动画。时间轴主要由图层、帧和播放头组成，如图 14-7 所示。

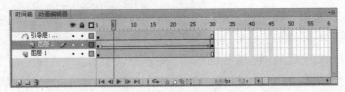

图 14-7　时间轴的组成

 14.2.2　时间轴中的图层

在 Flash CS6 中，图层类似于堆叠在一起的透明纤维，在不包含任何内容的图层区域中，可以看到下面图层中的内容。图层有助于组织文档中的内容。例如，可以将背景图像放置在一个图层上，而将导航按钮放置在另一个图层上。此外可以在图层上创建和编辑对象，而不会影响另一个图层中的对象。

Flash 对每一个动画中的图层数没有限制，输出时 Flash 会将这些图层合并。因此图层的数目不会影响输出动画文件的大小。

图层可以帮助组织文档中的各类元素，在图层上绘制和编辑对象，不会影响其他图层的对象特别是制作复杂的动画时，图层的作用尤其明显。

- 普通图层：普通图层是 Flash CS6 默认的图层，放置的对象一般是最基本的动画元素。如矢量对象、位图对象及元件等。普通图层起着存放帧（画面）的作用。使用普通图层可以将多个帧（多幅画面）按一定的顺序叠放，以形成一幅动画。

- 引导层：引导层的图案可以为绘制的图形或对象定位。引导层不从影片中输出，所以不会增大作品文件的大小，而且可以使用多次，其作用主要是设置运动对象的运动轨迹。

- 遮罩层：利用遮罩层可以将与其相链接的图层中的图像遮盖起来。可以将多个图层组合起来放在一个遮罩层下，以创建出多种效果。在遮罩层中也可使用各种类型的动画使遮罩层中的对象动起来，但是在遮罩层中不能使用按钮元件。

单击"时间轴"面板底部的"新建图层"按钮，可以将相关的图层拖动到一个图层文件夹中，便于查找和管理，如图 14-8 所示。

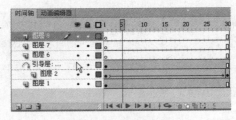

图 14-8　新建图层

 14.2.3　关键帧

关键帧是用来定义动画变化的帧。在动画播放的过程中，关键帧会呈现出关键性的动作或内容上的变化。在时间轴中的关键帧以实心的小圆点显示，存在于此帧中的对象与前后帧中的对象的属性是不同的，在"时间轴"面板中插入关键帧，如图 14-9 所示。

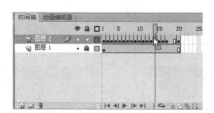

图 14-9　"时间轴"面板

14.3　创建基本动画

下面通过实例讲解基本动画的创建。Flash 创建动画的基本方法有两种：逐帧动画和补间动画。逐帧动画也叫"帧帧动画"，顾名思义，它需要定义每一帧的内容，以完成动画的创建；补间动画包含动画补间和形状补间两类效果。

 ## 14.3.1　上机练习——逐帧动画

逐帧动画是最基本的动画方式，与传统动画制作方式相同，通过向每帧中添加不同的图像来创建简单的动画，每一帧都有内容。逐帧动画是一种非常简单的动画方式，不设置任何补间，直接将连续的若干帧都设置为关键帧，然后在其中分别绘制内容，这样连续播放的时候就会产生动画效果了。

使用逐帧动画可以制作出复杂而出色的动画效果，这些效果使用其他动画方式有时是很难实现的。但用这种方法制作动画，其工作量非常大。本例制作的逐帧动画效果如图 14-10 所示，具体操作步骤如下。

图 14-10　逐帧动画

练习文件　实例素材/练习文件/CH14/逐帧动画.jpg

完成文件　实例素材/完成文件/CH14/逐帧动画.fla

（1）启动 Flash CS6，执行"文件"|"新建"命令，新建一个空白文档。执行"文件"|"导入"命令，弹出"导入"对话框，在该对话框中选择图像"逐帧动画.jpg"，如图 14-11 所示。

（2）单击"确定"按钮，导入图像文件。执行"修改"|"文档属性"命令，弹出"文档设置"对话框，如图 14-12 所示。

图 14-11　"导入"对话框

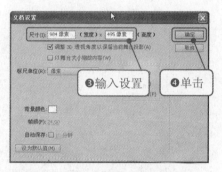

图 14-12　"文档设置"对话框

（3）单击"确定"按钮，修改文档大小和图像大小一样，如图 14-13 所示。

（4）单击"时间轴"面板左下角的"新建图层"按钮，在图层 1 的上面新建一个图层 2，如图 14-14 所示。

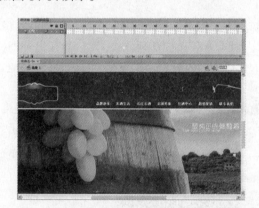

图 14-13　修改文档大小

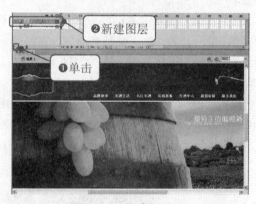

图 14-14　新建图层

（5）选择工具箱中的"文本工具"，在舞台中输入相应的文本，并在"属性"面板中设置相应的参数，如图 14-15 所示。

（6）选中输入的文本，执行"修改"|"分离"命令，分离文本，如图 14-16 所示。

图 14-15　输入文本

图 14-16　分离文本

（7）选择图层 1 的第 10 帧，按 F5 键插入帧，选择图层 2 的第 10 帧，按 F6 键插入关键帧，如图 14-17 所示。

（8）选择图层 2 的第 2~9 帧，按 F6 键插入关键帧，如图 14-18 所示。

图 14-17　插入帧和关键帧

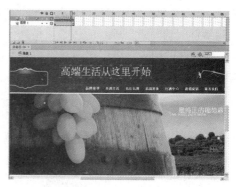

图 14-18　插入关键帧

（9）选择图层 2 的第 1 帧，将"高"后面所有的文字删除，如图 14-19 所示。

（10）选择图层 2 的第 2 帧，将"端"后面所有的文字删除，如图 14-20 所示。

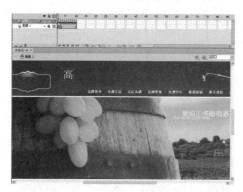

图 14-19　图层 2 第 1 帧

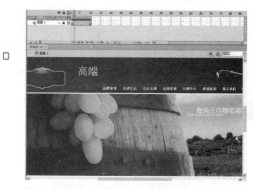

图 14-20　图层 2 第 2 帧

（11）选择图层 2 的第 3~8 帧，选择相应的关键帧，然后删除相应的文本，如图 14-21 所示。保存文档，按 Ctrl+Enter 组合键，测试动画效果，如图 14-10 所示。

图 14-21　图层 2 第 3~8 帧

14.3.2 上机练习——补间动画

在制作动画时，有时为了减小所生成的文件，可以制作补间动画。补间动画是指一个对象在两个关键帧上分别定义了不同的属性，并且在两个关键帧之间建立了一种补间关系。补间动画中的动画渐变过程很连贯，制作过程也比较简单，只需要建立动画的第一个画面和最后一个画面即可。

运动补间动画所处理的动画必须是舞台上的组件实例，多个图形组合、文字、导入的素材对象。利用这种动画，可以实现对象的大小、位置、旋转、颜色及透明度等变化设置。效果如图 14-22 所示，具体操作步骤如下。

图 14-22 补间动画

◎练习文件 实例素材/练习文件/CH14/补间动画.jpg

◎完成文件 实例素材/完成文件/CH14/补间动画.fla

（1）启动 Flash CS6，新建一个空白文档，执行"文件"|"导入"命令，弹出"导入"对话框，在对话框中选择图像文件"补间动画.jpg"，如图 14-23 所示。

（2）单击"打开"按钮，导入图像文件。执行"修改"|"文档属性"命令，弹出"文档设置"对话框，如图 14-24 所示。

图 14-23 "导入"对话框

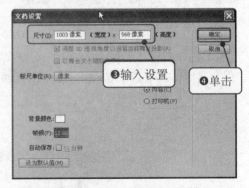

图 14-24 "文档设置"对话框

（3）单击"确定"按钮，修改文档大小和图像大小一样，如图 14-25 所示。

（4）选中导入的图像，执行"修改"|"转换为元件"命令，或者按 F8 键，弹出"转换为元件"对话框，在对话框中的"类型"下拉列表中选择"图形"选项，如图 14-26 所示。

图 14-25　修改文档大小

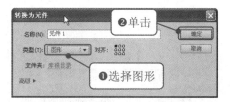

图 14-26　"转换为元件"对话框

（5）单击"确定"按钮，将图像转换为图形元件，如图 14-27 所示。

（6）分别在第 20、40 和 60 帧处，按 F6 键插入关键帧，如图 14-28 所示。

图 14-27　转换为元件

图 14-28　插入关键帧

（7）选中第 1 帧，选中图形元件，在"属性"面板的"颜色"下拉列表中选择"Alpha"选项，将 Alpha 的透明度设置为 20％，如图 14-29 所示。

（8）选中第 20 帧，将 Alpha 的透明度设置为 50％，如图 14-30 所示。

图 14-29　设置第 1 帧透明度

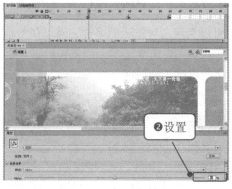

图 14-30　设置第 20 帧透明度

（9）将光标放置在第 1～20 帧之间的任意一帧，单击鼠标右键，在弹出的快捷菜单中执行
"创建传统补间"命令，创建补间动画，如图 14-31 所示。

（10）在其余关键帧之间设置相应的属性，然后创建补间动画，如图 14-32 所示。保存文档，
按 Ctrl+Enter 组合键测试影片，如图 14-22 所示。

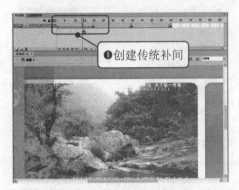

图 14-31　创建补间动画

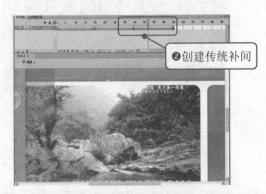

图 14-32　创建其余补间动画

14.4　创建引导动画

> 制作引导动画实际就是对引导层和被引导层中的对象进行编辑，使被
> 引导层中的对象沿着引导层中的路径运动。

14.4.1　引导动画的创建原理

引导层分为"普通引导层"和"运动引导层"两种。"普通引导层"起辅助静态定位的作
用，而"运动引导层"在制作动画时起着引导运动路径的作用。

引导层在动画中起着辅助作用，引导动画由引导层和被引导层组成，引导层应位于被引导
层的上方，在引导层中可绘制引导线，它只对对象运动起引导作用，在最终效果中不会显示出
来。要绘制引导动画必须创建引导层。

14.4.2　上机练习——创建引导动画

可以自定义对象运动路径，通过在对象上方添加一个运动路径的层，在该层中绘制运动路
线，而让对象沿路线运动，而且可以将多个层链接到一个引导层，使多个对象沿同一个路线运
动。下面通过实例讲解引导层动画的制作，效果如图 14-33 所示，具体操作步骤如下。

练习
文件　实例素材/练习文件/CH14/引导动画.jpg

完成
文件　实例素材/完成文件/CH14/引导动画.fla

（1）启动 Flash CS6，新建一个空白文档，执行"文件"|"导入"|"导入到舞台"命令，
导入图像文件，如图 14-34 所示。

（2）单击"时间轴"面板底部的"新建图层"按钮，在图层 1 的上面新建图层 2，如图 14-35
所示。

图 14-33　引导层动画效果

图 14-34　导入文件

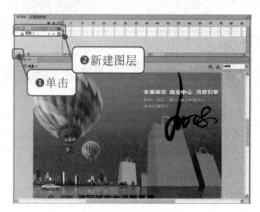

图 14-35　新建图层

（3）执行"文件"｜"导入"｜"导入到舞台"命令，在弹出的对话框中选择相应的图像，将其导入到舞台中，如图 14-36 所示。

（4）选中导入的图像，执行"修改"｜"转换为元件"命令，或者按 F8 键，弹出"转换为元件"对话框，如图 14-37 所示。

图 14-36　导入图像

图 14-37　"转换为元件"对话框

325

（5）选中图层 2，单击鼠标右键，在弹出的快捷菜单中执行"添加传统运动引导层"命令，添加引导层，如图 14-38 所示。

（6）选中引导层，选择工具箱中的"铅笔工具"，在文档中绘制一条曲线作为引导线，如图 14-39 所示。

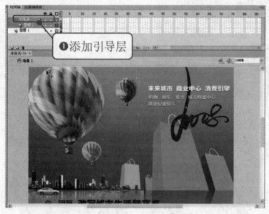

图 14-38　添加引导层　　　　　　　　　　　　　　图 14-39　绘制引导线

（7）选中图层 2 中的图形元件，将图形元件拖放到路径的起点，如图 14-40 所示。

（8）选中图层 1 的第 30 帧，按 F5 键插入帧，选中图层 2 和引导层的第 30 帧，按 F6 键插入关键帧，如图 14-41 所示。

图 14-40　拖放元件到起点　　　　　　　　　　　　图 14-41　插入帧和关键帧

（9）选中图层 2 的第 30 帧，将图形元件拖入到路径的终点，如图 14-42 所示。

（10）将光标置于图层 2 的第 1～30 帧之间的任意位置，单击鼠标右键，在弹出的快捷菜单中执行"创建传统补间"命令，创建补间动画，如图 14-43 所示。保存文档，按 Ctrl+Enter 组合键测试动画，效果如图 14-33 所示。

图 14-42 拖放元件到终点

图 14-43 创建补间动画

14.5 创建遮罩动画

> 遮罩动画是 Flash 中很实用且最具潜力的功能，利用不透明的区域和这个区域以外的部分来显示或隐藏元素，从而增加了运动的复杂性，一个遮罩层可以链接多个被遮罩层。

14.5.1 遮罩动画的创建原理

遮罩图层在 Flash 创作中极为重要。在 Flash 中利用遮罩图层可以制作出很多变幻莫测的效果，其原理是动画播放时显示被遮罩图层的内容，但只显示遮罩图层上图形大小区域内的图形，其余不显示。

遮罩图层是一种特殊的图层，创建遮罩图层后，遮罩图层下面图层的内容就像透过一个窗口显示出来一样，这个窗口的形状就是遮罩图层中内容的形状。在遮罩图层中绘制对象时，这些对象具有透明效果，可以把图形位置的背景显露出来。在 Flash 中，使用遮罩图层可以制作出一些特殊的效果。

遮罩动画也是 Flash 中常用的一种技巧。遮罩动画就好比在一个板上打了各种形状的孔，透过这些孔，可以看到下面的图层。遮罩项目可以是填充的形状、文字对象、图形元件的实例或影片剪辑。可以将多个图层组织在一个遮罩图层之下来创建复杂的效果。

14.5.2 上机练习——创建遮罩动画

下面通过实例讲解遮罩动画的制作，效果如图 14-44 所示，具体操作步骤如下。

 练习文件 实例素材/练习文件/CH14/遮罩动画.jpg

 完成文件 实例素材/完成文件/CH14/遮罩动画.fla

（1）启动 Flash CS6，新建一个空白文档，执行"文件"|"导入"|"导入到舞台"命令，导入图像文件，如图 14-45 所示。

（2）选中第 80 帧，按 F6 键插入关键帧，如图 14-46 所示。

图 14-44　遮罩动画

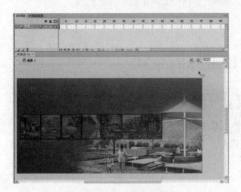

图 14-45　导入图像

图 14-46　插入关键帧

（3）单击"时间轴"面板底部的"新建图层"按钮，在图层 1 的上面新建图层 2，如图 14-47 所示。

（4）选中图层 1 的第 1 帧，单击鼠标右键，在弹出的快捷菜单中执行"复制帧"命令，选中图层 2 的第 1 帧，单击鼠标右键，在弹出的快捷菜单中执行"粘贴帧"命令，如图 14-48 所示。

图 14-47　新建图层

图 14-48　粘贴帧

（5）选择工具箱中的"任意变形工具"，调整复制图像的大小，如图 14-49 所示。

（6）单击"时间轴"面板底部的"新建图层"按钮，在图层 2 的上面新建图层 3，选择工具箱中的"多角星形工具"，在舞台中绘制多角星形，如图 14-50 所示。

第 14 章　使用 Flash CS6 创建基本动画

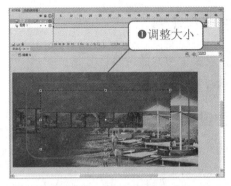

图 14-49　调整复制图像的大小

图 14-50　绘制多角星形

（7）选中图层 3 的第 30、50 和 80 帧，按 F6 键插入关键帧，然后在每帧将多角星形移动到不同的位置，如图 14-51 所示。

（8）分别在第 1~30、第 30~50、第 50~80 帧之间单击鼠标右键，在弹出的快捷菜单中执行"创建传统补间"命令，创建补间动画，如图 14-52 所示。

图 14-51　插入关键帧

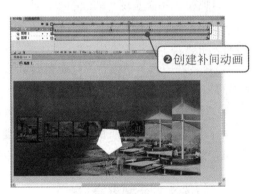

图 14-52　创建补间动画

（9）选中图层 3，单击鼠标右键，在弹出的快捷菜单中执行"遮罩层"命令，如图 14-53 所示。

（10）创建遮罩层，如图 14-54 所示。保存文档，按 Ctrl+Enter 组合键测试动画，如图 14-54 所示。

图 14-53　执行"遮罩层"命令

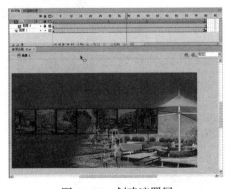

图 14-54　创建遮罩层

329

14.6 创建有声动画

作为多媒体动画制作软件，Flash 提供了使用声音的多种方法。用户既可以使声音独立于时间轴连续播放，也可以使声音和动画保持同步。

 14.6.1 Flash 中可使用的声音文件类型

在 Flash 中，有两种类型的声音：事件声音和流声音。

1. 事件声音

事件声音在播放之前必须下载完毕，它可以持续播放，也可以播放一个音符作为单击按钮的声音，并且可以把它放置在任意位置。事件声音应该注意以下几点：

- 事件声音在播放前必须下载完毕，有的动画下载时间很长是其声音文件过大导致的。
- 事件声音不论动画是否发生变化，都会独立地把声音播放完毕，与动画的运行不发生关系。即使播放另一场景声音时，它也不会因此而停止播放，所以有时会干扰动画的播放质量，不能实现与动画同步播放。
- 事件声音不论长短，都只能插入到一个帧中。

2. 流声音

流声音在下载若干帧后，只要数据足够，就可以开始播放，此外还可以做到和网络上播放的时间轴同步。流声音应该注意以下几点：

- 可以把流声与影片中的可视元素同步。
- 即使它是一个很长的声音，也只需要下载很小一部分声音即可进行播放。
- 流声音只在时间轴上其所在的帧中播放。

 14.6.2 添加声音

为了使动画更加形象，变得有声有色，需要在动画中添加声音，从而制作出有声的动画，如下图 14-55 所示。如果要将声音添加到影片中，首先得为声音添加一个层，并设置声音的相应属性。

图 14-55　添加声音

练习
文件　实例素材/练习文件/CH14/添加声音.fla

完成
文件　实例素材/完成文件/CH14/添加声音.fla

（1）打开光盘中的素材文件添加声音.fla，如图 14-56 所示。

（2）执行"文件"|"导入"|"导入到库"命令，弹出"导入到库"对话框，选择要导入的音乐文件，如图 14-57 所示。

图 14-56　打开文件　　　　　　　图 14-57　"导入到库"对话框

（3）单击"打开"按钮，将其导入到"库"面板中，如图 14-58 所示。

（4）单击"时间轴"面板底部的"新建图层"按钮，新建一个图层 2，如图 14-59 所示。

图 14-58　"库"面板　　　　　　　图 14-59　新建图层

（5）选择图层 2 的第 1 帧，选中"库"面板中的音乐文件，将其拖动到舞台中，如图 14-60 所示。保存文档，按 Ctrl+Enter 键测试动画，效果如图 14-55 所示。

图 14-60　拖入音乐文件

14.6.3　编辑声音

在时间轴上选中添加了音效的任何一帧，可以看到下面的"属性"面板所处的状态，它的右侧是声音属性栏，在其中可以进行声音选择、音效选择、同步模式选择和重复次数设置，如图 14-61 所示。

图 14-61　"属性"面板

1．设置事件的同步模式

在当前编辑环境中添加的声音最终要体现在生成的动画作品中，声音和动画采用什么样的形式协调播放也是设计者需要考虑的问题，这关系到整个作品的总体效果和播放质量，这就要使用到 Flash 软件在"属性"面板中提供的同步模式选择功能。在"属性"面板的"同步"下拉列表中有事件、开始、停止、数据流 4 个选项供选择，如图 14-62 所示。

图 14-62　"同步"列表

- 事件：该模式是默认的声音同步模式，选择了该模式后，事先在编辑环境中选择的声音就会与事件同步，即不论在何种情况下，只要动画播放到插入声音的开始帧，就开始播放该声音，而且不受时间轴的限制，直至声音播放完毕为止。如果要在下载动画的同时播放动画，则动画要等到声音下载完才能开始播放；如果动画本身未下载完而声音已经先下载完了，则会将声音先播放出来。

- 开始：有时如果在同一个动画中使用了多个声音，并且其在时间上有重合时，如果应用事件模式，不论有没有其他声音正在播放，每个声音只要到时间就会开始播放直至结束，这样就会造成声音的重叠，变得杂乱，而有些情况下是不希望声音重叠的。要避免这种情况，可以将声音设置为开始模式，在这种模式下，到了该声音开始播放的帧时，如果此时有其他的声音正在播放，则会自动取消将要进行的该声音的播放；如果此时没有其他声音在播放，该声音才会开始播放。

- 停止：该模式用于将声音停止，如果将某个声音设置为停止模式，则当动画播放到该声音的起始帧时，不但该声音本身不会开始播放，而且如果当时有其他声音正在播放，则所有正在播放的声音也都会在该时刻停止。

- 数据流：该模式通常是用在网络传输中，在这种模式下，动画的播放被强迫与声音的播放保持同步，有时如果动画帧的传输速度与声音相比相对较慢，则会跳过这些帧进行播放。另外当动画播放完毕时，如果声音还没播完，则也会与动画同时停止，这一点与事件模式不同。使用数据流模式可以在下载的过程中同时进行播放，而不必像事件模式那样必须等到声音下载完毕后才可以播放。

2. 音效的设置

有时需要对声音进行编辑，使之具有所需的特殊效果，如声道选择、音量变化等，这时就需要用到声音属性中的音效功能了。在"属性"面板的"效果"下拉列表中共有 8 个选项，如图 14-63 所示。选择需要的音效，当前编辑环境下被选择的声音就会具备相应的声音特效了。

除了自带的这几种音效之外，Flash 还提供了自定义编辑音效的功能。在"效果"下拉列表中选择"自定义"选项或单击"效果"栏右侧的"编辑"按钮，将弹出"编辑封套"对话框，如图 14-64 所示。

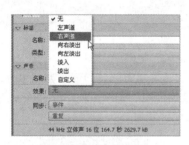

图 14-63 效果属性

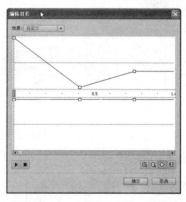

图 14-64 "编辑封套"对话框

"编辑封套"对话框的左上角仍然是和"属性"面板中相同的"效果"，中间是音效编辑区，编辑区中间是时间轴，左下角是试听键，右下角的工具控制显示区的大小和时间轴的单位。左、右声道分开编辑，有各自的控制点。

14.6.4 上机练习——创建声音动画

下面通过实例讲解有声动画的制作，效果如图 14-65 所示，具体操作步骤如下。

练习文件 实例素材/练习文件/CH14/有声动画.jpg

完成文件 实例素材/完成文件/CH14/有声动画.fla

图 14-65 有声动画

333

（1）打开光盘中的素材文件有声动画.fla，如图 14-66 所示。

（2）单击"时间轴"面板底部的"新建图层"按钮，在图层 1 的上面新建图层 2，如图 14-67 所示。

图 14-66　打开文件

图 14-67　新建图层

（3）执行"文件"｜"导入"｜"导入到库"，弹出"导入到库"对话框，如图 14-68 所示。

（4）选择要导入的音乐文件，单击"打开"，将其导入到"库"面板中，如图 14-69 所示。

图 14-68　"导入到库"对话框

图 14-69　导入音乐文件

（5）选择图层 2 的第 1 帧，选中"库"面板中的音乐文件，将其拖动到舞台中，如图 14-70 所示。

（6）执行"窗口"｜"属性"命令，打开"属性"面板，设置相应的属性，如图 14-71 所示。保存文档，按 Ctrl+Enter 组合键测试动画效果，如图 14-65 所示。

图 14-70　拖入音乐文件

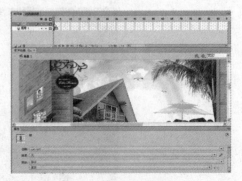

图 14-71　设置属性

14.7　专家秘籍

1．导出透明图片的方法有哪些？

在 Flash 中只支持透明 GIF 图像的发布。勾选发布设置中的 GIF 选项，默认格式是不透明，在其下拉列表中第二项即为透明项目，勾选它，进行发布即可得到透明的 GIF 格式图像。

2．如何为自己的作品加上密码保护？

执行"文件" | "发布设置"命令，弹出"发布设置"对话框，在发布下面勾选"Flash.swf"选项，勾选高级下面"防止密码导入"选项，在"密码"文本框中输入相应的密码即可。

3．如何保持导入后的位图仍然透明？

尽管 Flash 动画是基于矢量图的动画，但我们如果有必要，仍然可以在其中使用位图，而且 Flash4 支持透明位图。为了引入透明的位图，我们必须保证含有透明部分的 GIF 图片使用的是 Web216 色安全调色板，而不是其他调色板。

4．为什么删除了 WAV 声音文件后 Flash 文件大小并没有变？

在 Flash 文件中，仅仅删除了其中的 WAV 声音文件，并不能有效地改变其大小。这是因为该 Flash 文件跟电脑硬盘上的 WAV 文件还保留一定的联系。因此，可以重新建立一个文件，然后把删除了 WAV 声音的 Flash 文件时间轴上的帧全部复制到新建的文件中，这样即可彻底改变文件的大小。

5．形状补间与动画补间有何不同？

动画补间是由一个形态到另一个形态的变化过程，如移动位置、改变角度等。动画补间是淡紫色底加一个黑色箭头组成的。

形状补间是由一个物体到另一个物体间的变化过程，如由三角形变成四方形等。形状补间是淡绿色底加一个黑色箭头组成的。

6．做"沿轨迹运动"动画的时候，物件为何总是沿直线运动？

首帧或尾帧物件的中心位置没有放在轨迹上。有一个简单的检查办法：把屏幕大小设定为 400% 或更大，察看图形中间出现的圆圈是否对准了运动轨迹。

第 *15* 章　使用 ActionScript 创建交互动画

学前必读

　　ActionScript 是一种脚本语言，能够面向对象进行编程。另外，也可以通过一个按钮所产生的事件来控制某个对象。使用 ActionScript 可以动态地控制动画的进行，大大增加 Flash 动画的交互性。利用 ActionScript 动画，只要有一个清晰的构思，通过一些简单的 ActionScript 组合，就可以实现精彩的动画效果。

学习流程

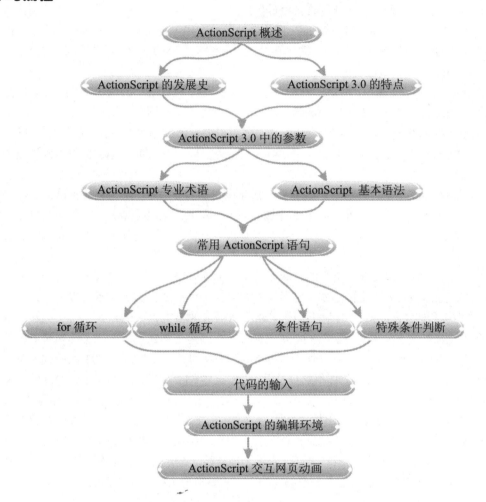

15.1 ActionScript 概述

ActionScript 是一种专用的 Flash 程序语言，是 Flash CS6 的一个重要组成部分，它的出现给设计和开发人员带来了很大方便。通过使用 ActionScript 脚本编程，可以实现根据运行时间和加载数据等事件来控制 Flash 文档播放的效果。另外还可以为 Flash 文档添加交互性，使之能够响应按键、单击等操作。

15.1.1 ActionScript 的发展史

ActionScript 简称为 AS，是 Flash 产品平台的脚本解释语言。该语言可以实现 Flash 中内容与内容、内容与用户之间的交互。AS 的解释工作由 Action Virtual Machine（AVM）来解释，AVM

可以称为 AS 虚拟机，类似于 JVM，是 Flash Player 播放器中的一部分。AS 语句要想起作用需要通过 Flash 创作工具或 Flex 服务器将其编译生成 2 进制代码格式，而编译过的 2 进制代码格式将成为 SWF 文件中的一部分，被 Flash 播放器执行。AS1.0 起源于 ECMAScript 标准，由于 ECMA 的语法的兼容性和 Flash Player 播放器的大小和渲染引擎的需要，可以说 AS 的语法来源于 ECMAScript。

说到 AS 不得不说 Flash4 的 AS 集合，它曾经让 Flash4 兼容格式的内容变化多端。但是从一定程度上，Flash4 的 AS 不能称为成熟的并且为开发者所承认的脚本语言集合。它的语法方式完全不同于 ECMAScript。虽然在 Flash 5 的时代可以向它添加一些 ECMA 效仿的语句上去，但是 AS 在 Flash4 中是完全与 ECMAScript 标准相左的。现在 Flash4 的 AS 仍然可以被应用在 Flash Lite1.1 的内容之上。

AS1.0 是从 Flash 5 的时代诞生的，这时的版本就已经具备了 ECMAScript 标准的语法格式和语义解释。尽管后来的 Flash Player5/6 的播放器版本（Build）一再更新，使得越来越多的 ECMA 语法和语义被纳入到 AS1.0 的 API 当中去，但是核心语言的编译处理及表现方式都是延续了 Flash5 的 AS1.0 的标准。

AS2.0 是在 MX 时代被慢慢引入的，而在 MX 2004 版本被开发者全面采纳。AS2.0 的运行则是完全在 Flash Player6 以上的版本中才具备的机制。AS2.0 在 Flash6 中都可以运行，是因为 AS2.0 语句在运行时（runtime）环境下仍然采用了 AS1.0 的模型。这也是为什么 AS2.0 的运行性能并不比 AS1.0 优秀的重要原因。AS2.0 的编写方式则是更加成熟，引入了面向对象编程的方式，并且有良好的类型声明，而且分离了运行时和编译时的异常处理。AS2 在格式上遵从了 ECMA4 Netscape 的语言方案，但并不是完全兼容 ECMAScript 标准。虽然基于 AS2.0 的开发方式在众多开发者眼中褒贬不一，但不可否认的是，AS2.0 为 AS3.0 的诞生铺设了一条康庄大道。

AS3.0 的规范已经出来了，而 AS3.0 也是未来 Flash 开发脚本的核心。AS3.0 的播放器只有从 Flash Player 8.5 以上版本开始支持，也就是我们现在用到的 Flex 2.0 Beta 才可以对 AS3.0 进行编译的工作。AS3.0 有着很多不同之处，它将全面支持 ECMA4 的语言标准，意味着 AS3.0 将具有 ECMAScript 中的 Package/命名空间 namespace 等多项 AS2.0 不具备的特点。AS3.0 将全面支持 E4X，也就是支持 ECMAScrpit for XML 的标准。AS3.0 将采用全新的 AVM 来进行解释，与 AS1/2 的 AVM 将完全不同，编译器也完全和 AS2.0 的编译器不同。此外，AS3 的 API 将更加直观，会去除很多容易让人混淆的部分，添加对 ECMA 全面的兼容性，目的就是让基于 AS3 的内容更加快速与强壮。

15.1.2　ActionScript 3.0 的特点

ActionScript 3.0 较之于 ActionScript 2.0 在核心语言方面融入 ECMAScript 以遵守其标准，并且引入了一些新的改进的功能区域。所有这些特点在 ActionScript 3.0 语言参考中都有详细的介绍和讨论，另外一些开发者还总结了几个新特点。

1. 增强处理运行错误的能力

应用 ActionScript 2.0 时，许多表面上"完美无瑕"的运行错误无法得到记载。这使得 Flash Player 无法弹出提示错误的对话框，就像 JavaScript 语言在早期的浏览器中所表现的一样。也就

是说，这些缺少的错误报告使得我们不得不花更多的精力去调试 ActionScript 2.0 程序。ActionScript 3.0 引入在编译中容易出现的错误的情形，改进的调试方式能够健壮地处置应用项目中的错误。提示的运行错误提供足够的附注和以数字提示的时间线，帮助开发者迅速地定位产生错误的位置。

2．对运行错误的处理方式

在 ActionScript 2.0 中，运行错误的注释主要提供给开发者一个帮助，所有的帮助方式都是动态的。而在 ActionScript 3.0 中，这些信息将被保存到一定的数量，Flash Player 将提供时间型检查以提高系统的运行安全。这些信息将被记录下来用于监视变量在电脑中的运行情况，以使开发者能够让自己的应用项目得到改进，减少对内存的使用。

3．密封的类

ActionScript 3.0 将引入密封的类的概念。在编译时间内的密封类拥有唯一固定的特征和方法，其他的特征和方法不可能被加入。这使得比较严密的编译时间检查成为可能，创造出健壮的项目。因此它可以提高对内存的使用效率，因为不需要为每一个对象实例增加内在的杂乱指令。当然动态类依然可以使用，只要声明为 dynamic 的关键字即可。

4．代理方式

在 ActionScript 3.0 中事件处理变得更加简化，这归功于它的嵌入式代理方式。而在 ActionScript 2.0 中，方法关闭后并没有记住什么对象事例引用了它们，当调用已经关闭的方法时将导致意想不到的后果。

15.2　ActionScript 3.0 语句中的参数

下面将具体介绍使用 ActionScript 进行程序编写的基础知识。

 ## 15.2.1　ActionScript 中的专业术语

像其他脚本语言一样，ActionScript 根据特定的语法规则使用特定的术语。以下将按字母顺序介绍重要的 ActionScript 术语。

- Actions（动作）：是指导 Flash 电影在播放时执行某些操作的语句。例如，gotoAndStop 动作就可以将播放磁头转移到指定的帧或帧标识。Actions 也可以称做 statement（语句），是允许将值传递给函数的占位符。例如，以下语句中的函数 Welcome 就使用了两个参数 firstName 和 hobby 来接收值：

```
funCtion Welcome(firstName,hobby){
WelcomeText="HellO,"firstName+"I See you enjoy"+hobby; }
```

- Lasses（类）：是各种数据类型。用户可以创建 "类" 并定义对象的新类型。要定义对象的类，用户需创建构造器函数。
- Contnts（常量）：是不会改变的元素。常量对于值的比较非常有用。
- Constructors（构造器）：是用来定义 "类" 的属性和方法的函数。以下代码通过创建 Circle

构造器函数生成了一个新的 CircIe 类：

```
function Circle(x, y,radius){
this.x=x;
this.y=y;
this.radius=radius;
}
```

- Data types（数据类型）：是可以执行的千组值和操作。ActionScript 的数据类型包括字符串、数值、逻辑值、对象和电影剪辑。

- Events（事件）：是在电影播放过程中发生的动作。例如，电影载入、播放磁头到达某一帧、用户单击按钮或电影剪辑或用户按压键盘上的按键时，都会产生不同的事件。

- Expressions（表达式）：是可以产生值的语句。例如，2+2 就是一个表达式。

- Functions(函数)：是可以重复使用和传递参数的代码段，可以返回一个值。例如，getPrope 函数可以使用电影剪辑的实例名称和属性名称，返回属性值；getVersion 函数可以返回当前播放电影的 Flash 播放器的版本。

- Handlers（句柄）：是可以管理诸如 mouseDown 或 load 事件的特殊动作。例如，onMouseEvent 和 onClipEvent 就是 ActionScript 的句柄。

- Identtifiers（标识符）：是用来指示变量、属性、对象、函数或方法的名称。标识符的首字母必须是字符、下画线（_）或美元符号（$）。后续字符可以是字符、数字、下画线或美元符号。例如，firstName 就是一个变量名。

- Instances（实例）：是属于某些 Class（类）的对象。每个类的实例都包含该类的所有属性和方法。例如，所有电影剪辑实例都包含 MovieClip 类的属性（透明度属性、可见性属性等）和方法（gotoAndPlay、getURL 等）。

- Instancenames（实例名称）：是一个唯一的名称。可以在脚本中作为目标被指定。

- Keywords（关键字）：是具有特殊意义的保留用词。例如，var 就是一个关键字，它可以用来定义本地变量。

- Methods（方法）：是指定给对象的函数。在函数被指定给对象之后，该函数就可以被称为该对象的方法。例如，在以下示例中，clear 就变成了 controller 对象的方法：

```
function Reset(){
x_pos=0,
x_pos=0,
}
controller•clear=Reset;
controller•clear();
```

- Objects（对象）：是属性的集合。每个对象都有自己的名称和值。对象允许用户访问某些类型的信息。例如，Action Script 的预定义对象 Date 就提供了系统时钟方面的信息。

- Operands（运算项）：是由表达式中的运算符操控的值。

- Operators（运算符）：可以从一个或多个值中计算获得新值。例如，将两个数值相加就可以获得一个新值。
- Parameters（参数）：也被称为 Argument（参数）。
- PropeMes（属性）：是定义对象的 attributes（属性）。例如，所有电影剪辑对象都具有一个 visible（可见性）属性，通过该属性可以决定电影剪辑是否显示。
- Targetpaths（目标路径）：是 Flash 电影中电影剪辑名称、变量和对象的垂直分层结构地址。主时间轴的名称是 _root。在电影剪辑属性检查器中可以命名电影剪辑的实例。用户可以通过目标路径使动作指向电影剪辑，也可以使用目标路径获取或设置变量的值。例如，以下示例语句就是电影剪辑 stereoControl 内部的变量 volume 的路径：

```
_root.stereoControl.volume
```

- Variables（变量）：是存储了任意数据类型值的标识符。变量可以创建、修改和更新。变量中存储的值可以被脚本检索使用。在以下示例中，等号左边是变量标识符，右边则是赋予变量的值：

```
X=5;
name="Lolo";
customer.address="66 7th Street";
c=new Color(mcinstanceName);
```

15.2.2　ActionScript 3.0 基本语法

ActionScript 的语法是 ActionScript 编程中十分重要的组成部分，和其他类型的编程语言相同，只有对其语法有了充分的认识才能在编写程序的过程中游刃有余，编写出精彩的程序。下面将详细介绍 ActionScript 3.0 的基本语法。

1．点语法

在 Flash 动画中，对当前场景下的影片剪辑实例的控制是十分常见的功能，在以前的 Flash 版本中，tellTarget 就可以告诉程序目的所在，其作用就是告知程序要做什么样的特定动作。如果再结合程序的实际情况在其中加入对影片的控制动作，就能控制实例的动画播放过程了。

例如，要使实例 syc 移动到第 30 帧并停止，可以编写为：

```
tellTarget("syc"){
gotoAndstop(30);
}
```

这种语法在以前版本的 Flash 中曾经被广泛应用，不过现在并不推荐使用 tellTarget 语法，取而代之的是一种更为简洁的语法形式，这就是点语法。

点语法的由来是因为其在编程语句中使用了一个"."。它是一种面向基于"面向对象"概念的语法形式，所谓面向对象，就是利用目标物体自身去管理自己，而物体本身就是其自身的特性和方法，即只要告诉物体该做什么，它就会自动完成任务。

例如，在使用点语法后，上面的例子可以将程序语句简化为：

```
syc.gotoAndstop(30);
```

这样就大大简化了语句的编写步骤。

在 ActionScript 中，"."不但被用于指出与一个对象或影片剪辑相关的属性或方法，还被用于标识指向一个影片剪辑或变量的目标路径。点语法的表达式是由一个带有点的对象或者影片剪辑的名字作为起始，以对象的属性、方法或者想要指定的变量作为表达式的结束。例如，前边所提到的例子中，syc 就是影片剪辑的名字，而"."的作用就是要告诉影片剪辑执行后面的动作。

2．小括号

小括号用于定义函数中的相关参数，例如：

```
function Line(x1,x2,y1,y2) {}
```

此外，还可以通过使用小括号来调整 ActionScript 操作符的优先顺序，对一个表达式求值或者提高程序的可读性。

3．大括号

当一段 ActionScript 程序语句被大括号括起来时，就会形成一个语句块。

4．分号

在 ActionScript 中，任何一条语句的结束都需要使用分号来结尾。但是如果忽略了使用分号作为脚本语句的结束标志，新版的 Flash 同样可以成功编译这个脚本。

5．注释

在脚本的编写过程中，为了能够使某一部分的代码更方便地被程序阅读者理解，因此需要使用 comment 注释语句对程序添加注释信息。

```
function Line(x1,x2,y1,y2) {}
    //定义 Line 函数
```

在动作编辑区中，注释一般用区别于程序语句的灰色显示。

6．字母的大小写

在 ActionScript 的语法中，只有关键字是需要区分大小写的，其他的 ActionScript 代码则不区分。

例如，下面的程序在编译的时候是完全等价的：

```
Name=gaolu
NAME=gaolu
name=gaolu
```

不过为了方便区分变量名、函数名或者函数，在实际的程序编写中还是应该固定使用大写或者小写。

7．分号和常量

在 ActionScript 中，";"表示一个语句的结束。但如果在代码中忘记加上分号也没有关系，编译程序会自动加上。但是大家一定要养成在语句结束时加上";"的良好习惯，因为无论是以后自己查错还是阅读都能减少很多不必要的麻烦，使程序条理更清楚严谨。在 ActionScript 中有些内容是固定不变的，可以在编程时引用它，如一些常用的按键的键值，布尔值中的 true和 false。

第 15 章　使用 ActionScript 创建交互动画

15.3　常用 ActionScript 语句

在 Flash 中经常用到的语句是条件语句和循环语句。条件语句包括 if
语句、特殊条件语句，循环语句包括 while 循环、for 循环语句。

 15.3.1　for 循环

通过 for 语句创建的循环，可在其中预先定义好决定循环次数的变量。

for 语句创建循环的语法格式如下：

```
for(初始化 条件 改变变量){
语句
}
```

在"初始化"中定义循环变量的"初始值"，"条件"是确定什么时候退出循环，"改变变量"是指循环变量每次改变的值，例如：

```
trace=0
for(var i=1 i<=30 i++) {
trace = trace +i
}
```

以上实例中，初始化循环变量 i 为 1，每循环一次，i 加 1，并且执行一次 "trace = trace +i"，直到 i
等于 30，停止增加 trace。

 15.3.2　while 和 do while 循环

while 语句可以重复执行某条语句或某段程序，使用 while 语句时，系统会先计算一个表达式，如果表达式的值为 true，则执行循环的代码，在执行完循环的每一个语句后，while 语句会再次对该表达式进行计算，当表达式的值仍为 true 时，会再次执行循环体中的语句，直到表达式的值为 false。

do while 语句与 while 语句一样可以创建相同的循环，这里要注意的是，do while 语句对表达式的判定是在其循环结束处，因而使用 do while 语句至少会执行一次循环。

for 语句的特点是有确定的循环次数，而 while 和 do while 语句没有确定的循环次数，具体使用格式如下：

```
while (条件){
语句
}
```

以上代码只要满足"条件"，就一直执行"语句"的内容。

```
do{
语句
}while (条件)
```

343

15.3.3 条件语句

条件语句 if 能够建立一个执行条件，只有当 if 语句设置的条件成立时，才能继续执行后面的动作。if 条件语句主要应用于一些需要对条件进行判定的场合，其作用是当 if 中的条件成立时执行 if 和 else if 之间的语句。

最简单的条件语句如下：

```
if（条件a）{
语句a}
```

当满足条件 a 时，执行语句 a。

一般 else 都与 if 一起使用表示较为复杂的条件判断：

```
if(条件a){
语句a
}else{
语句b}
```

当满足条件 a 时，执行语句 a；否则执行语句 b。

以下是"else if"的条件判断的完整语句：

```
if(条件a){
语句a
}else if（条件b）{
语句b
} else{
语句c}
```

当满足条件 a 时，执行语句 a；否则判断是否满足条件 b，如果满足，就执行语句 b；如果都不满足，就执行语句 c。

15.3.4 特殊条件判断

特殊条件判断语句一般用于赋值，本质是一种计算形式，格式为：

```
变量a=判断条件？表达式1;表达式2;
```

如果判断条件成立，那么 a 就取表达式 1 的值，如果不成立就取表达式 2 的值。

例如：

```
Var a:Number=1
Var b:Number=2
Var max:Number=a>ba:b
```

执行以后，max 值就为 a 和 b 中较大的值，即为 2。

15.4 代码的输入

如果需要给帧添加 ActionScript，帧的类型必须是关键帧。为关键帧添加一个 ActionScript，可以使影片达到帧需要的效果，具体操作步骤如下。

（1）在时间轴中选择添加动作的关键帧，执行"窗口"|"动作"命令，打开"动作"面板，如图 15-1 所示。

（2）在面板中插入 ActionScript，可以看到，关键帧上出现了一个小小的"a"，标志着在该帧处有 ActionScript 代码，如图 15-2 所示。

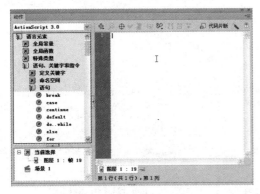

图 15-1　"动作"面板

图 15-2　添加代码

15.5　ActionScript 的编辑环境

下面具体介绍使用 ActionScript 进行程序编写的编辑环境——"动作"面板，它是 Flash CS6 专门用来编写动作的。

ActionScript 语句是 Flash 中提供的一种动作脚本语言，具备了强大的交互功能，提高了动画与用户之间的交互性，并使得用户对动画元件的控制得到加强。通过对其中相应语句的调用，使 Flash 能实现一些特殊的功能。ActionScript 是 Flash 强大交互功能的核心，是 Flash 中不可缺少的重要组成部分之一。

"动作"面板是 ActionScript 编程的专用环境，在学习 ActionScript 脚本之前，首先来熟悉一下"动作"面板的界面，"动作"面板如图 15-3 所示。

图 15-3　"动作"面板

345

1. 动作工具箱

该工具箱中包含了所有的 ActionScript 动作命令和相关的语法。在列表中，图标 ➚ 表示命令夹，单击它可以打开这个命令夹；图标 ➚ 表明是一个可使用的命令、语法或者其他的相关工具，双击它或者用鼠标拖动它到动作编辑区即可进行引用。动作工具箱的命令很多，在使用中可以不断积累和总结。

2. 对象窗口

在动作工具箱的下方显示当前 ActionScript 程序添加的对象。

3. 动作编辑区

该区是进行 ActionScript 编程的主区域，针对当前对象的所有脚本程序都在该区显示，程序内容也要在这里进行编辑。

4. 工具栏

在动作编辑区上方，有一个编辑工具栏，其中的工具是在 ActionScript 命令编辑时经常用到的。

15.6 利用 ActionScript 制作交互网页的动画

> Flash 的 ActionScript 功能非常强大，灵活地使用可以轻而易举地制作出交互性极强的作品。本节通过实例讲解交互动画的制作。

15.6.1 综合应用 1——创建跳转到其他网页动画

制作 Flash 网站时，跳转到其他网页的按钮是最常见的元素之一。getURL 语句用于创建网页链接，输入要链接的 URL 地址，只要 URL 地址正确，链接的内容就会正确显示出来。下面通过实例讲述如何创建跳转到其他网页动画，效果如图 15-4 所示，具体操作步骤如下。

图 15-4　跳转网页效果

🔵练习
文件　实例素材/练习文件/CH15/跳转动画.jpg

🔵完成
文件　实例素材/完成文件/CH15/跳转动画.fla

（1）新建一个 ActionScript 2.0 文档，执行"文件"|"导入"命令，弹出"导入"对话框，在对话框中选择"跳转动画.jpg"图像，将其导入到舞台中，如图 15-5 所示。

（2）执行"插入"|"新建元件"命令，弹出"创建新元件"对话框，在"类型"下拉列表中选择"按钮"选项，如图 15-6 所示。

图 15-5　"导入"对话框

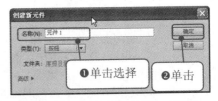

图 15-6　"创建新元件"对话框

（3）单击"确定"按钮，进入按钮剪辑编辑模式，如图 15-7 所示。

（4）选择工具箱中的"矩形工具"，设置填充颜色，在"点击"帧按 F6 键插入关键帧，然后绘制矩形，如图 15-8 所示。

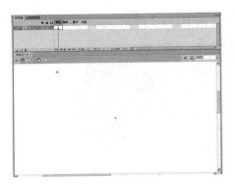

图 15-7　元件编辑模式

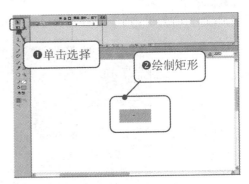

图 15-8　绘制矩形

（5）单击场景 1 返回主场景。将制作好的按钮元件拖动到舞台中相应的位置，如图 15-9 所示。

（6）执行"窗口"|"动作"命令，打开"动作"面板，在该面板中输入以下代码，如图 15-10 所示。

```
on (release) {getURL("http://www.xxxxxx.net/qianggou.html","blank");}
```

图 15-9　拖入元件

图 15-10　输入代码

（7）保存文档，按 Ctrl+Enter 组合键测试影片，效果如图 15-4 所示。

语法：getURL(url, window, variables)

参数：

- url：字符串值，表示要显示的 Web 页面文档 URL 地址。
- window：字符串值，表示要显示 Web 页面文档的窗口。
- variables：字符串值，表示在获取页面时传递数据的方式。

说明：使用 getURL 语句，可以让指定的浏览器窗口转向显示指定的 URL 地址。参数 url 指定要显示 Web 页面文档的 URL 地址。参数 window 指定要要显示 Web 页面文档的浏览器窗口，它可以是指定为自定义的窗口名称，也可以是"_self"、"_blank"、"_parent"、"_top"四者之一。参数 variables 指定在调用新 Web 页面时是否传递参数及传递的方式，设置为 GET，表示使用 GET 方式传递参数，设置为 POST，表示使用 POST 方式传递参数。

15.6.2 综合应用 2——创建网页导航动画

下面通过实例讲述如何创建网页导航动画，效果如图 15-11 所示，具体操作步骤如下。

图 15-11　网页导航动画

练习文件 实例素材/练习文件/CH15/网页导航.jpg

完成文件 实例素材/完成文件/CH15/网页导航.fla

（1）新建一个 ActionScript 2.0 文档，执行"文件"|"导入"命令，弹出"导入"对话框，在对话框中选择"网页导航.jpg"图像，将其导入到舞台中，如图 15-12 所示。

（2）执行"插入"|"新建元件"命令，弹出"创建新元件"对话框，在"类型"下拉列表中选择"影片剪辑"选项，如图 15-13 所示。

（3）单击"确定"按钮，进入影片剪辑编辑模式，如图 15-14 所示。

（4）选择"矩形工具"，将笔触颜色设置为#006600，填充颜色设置为#669900，在"属性"面板中将"样式"设置为"点刻线"，然后按住鼠标左键在舞台中绘制矩形，如图 15-15 所示。

第 15 章 使用 ActionScript 创建交互动画

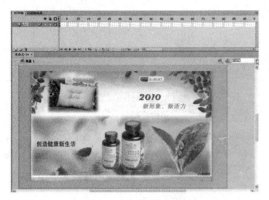

图 15-12　新建文档

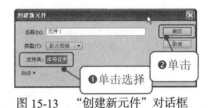

图 15-13　"创建新元件"对话框

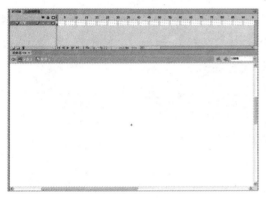

图 15-14　影片剪辑编辑模式

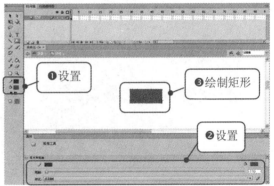

图 15-15　绘制矩形

（5）执行"插入"|"新建元件"命令，弹出"创建新元件"对话框，在"类型"下拉列表中选择"按钮"选项，单击"确定"按钮，新建按钮元件，如图 15-16 所示。

（6）执行"窗口"|"库"命令，打开"库"面板，将制作好的影片剪辑元件拖入到舞台中，如图 15-17 所示。

图 15-16　新建按钮元件

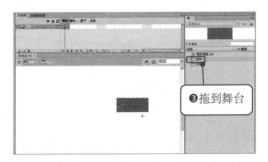

图 15-17　拖入元件

（7）在"属性"面板中单击"添加滤镜"按钮，在弹出的下拉列表中选择"发光"选项，添加发光效果，颜色设置为#FFFF00，如图 15-18 所示。

（8）选择工具箱中的"文本工具"，在拖入的元件上输入文本"首页"，如图 15-19 所示。

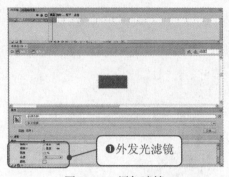

❶外发光滤镜

图 15-18　添加滤镜

❷输入文字

图 15-19　输入文字

（9）按照步骤 5 ~ 8 的方法，制作其余导航按钮，如图 15-20 所示。

（10）执行"插入"|"新建元件"命令，弹出"创建新元件"对话框，在"类型"下拉列表中选择"影片剪辑"选项，单击"确定"按钮，新建影片剪辑元件，如图 15-21 所示。

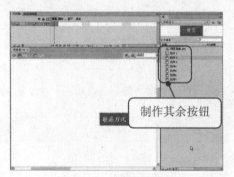

制作其余按钮

图 15-20　制作按钮

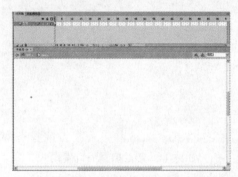

图 15-21　新建影片剪辑元件

（11）选择工具箱中的"矩形工具"，在工具箱中将填充颜色设置为#DEF1BA，按住鼠标左键在舞台中绘制矩形，如图 15-22 所示。

（12）执行"文件"|"导入"|"导入到库"命令，弹出"导入到库"对话框，在该对话框中选择相应的图像，单击"确定"按钮，将其导入到"库"面板中，如图 15-23 所示。

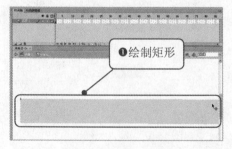

❶绘制矩形

图 15-22　绘制矩形

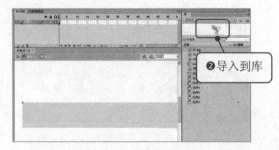

❷导入到库

图 15-23　导入图像

（13）选择导入的图像文件，将其拖动到舞台中相应的位置，如图 15-24 所示。

（14）选择工具箱中的"文本工具"，在元件上输入相应的文本，如图 15-25 所示。

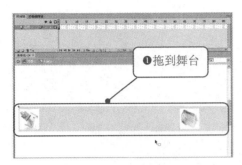

图 15-24　导入图像

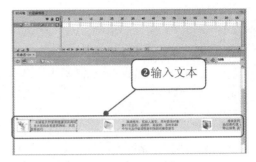

图 15-25　输入文本

（15）执行"插入"|"新建元件"命令，弹出"创建新元件"对话框，在"类型"下拉列表中选择"按钮"选项，单击"确定"按钮，新建按钮元件。在"点击"帧按 F6 键插入关键帧，选择工具箱中的"矩形工具"，在舞台中绘制矩形，如图 15-26 所示。

（16）单击场景 1 返回到主场景，将制作好的导航按钮拖入到舞台中相应的位置，如图 15-27 所示。

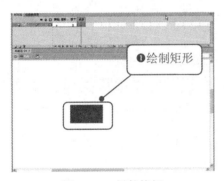

图 15-26　导航按钮

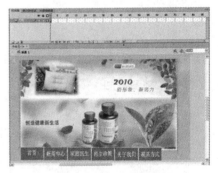

图 15-27　主场景

（17）单击"时间轴"面板底部的"新建图层"按钮，新建图层 2，选择"库"面板中的 menu 元件，将其拖动到相应的位置，在"属性"面板中将实例名称设置为"menu"，如图 15-28 所示。

（18）执行"窗口"|"动作"命令，打开"动作"面板，在该面板中输入以下代码，如图 15-29 所示。

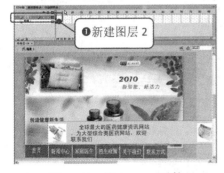

图 15-28　拖入 menu 元件

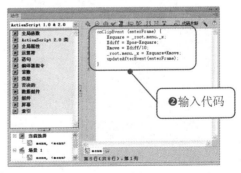

图 15-29　输入代码

351

```
onClipEvent (enterFrame) {
    Xsquare = _root.menu._x;
    Xdiff = Xpos-Xsquare;
    Xmove = Xdiff/10;
    _root.menu._x = Xsquare+Xmove;
    updateAfterEvent(enterFrame);
}
```

（19）单击"时间轴"面板底部的"新建图层"按钮，新建图层 3，选择"库"面板中的 bt 元件，将其拖动到相应的位置，如图 15-30 所示。

（20）选择第 1 个按钮，在"动作"面板中输入以下代码，如图 15-31 所示。

```
On (release) {
_root.menu.Xpos = 0;
}
```

图 15-30　拖入 bt 元件

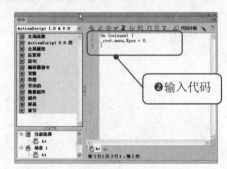

图 15-31　输入第 1 个按钮代码

（21）选择第 2 个按钮，在"动作"面板中输入以下代码，如图 15-32 所示。

```
on (release) {
_root.menu.Xpos =-650;
}
```

（22）选择第 3 个按钮，在"动作"面板中输入以下代码，如图 15-33 所示。

```
on (release) {
_root.menu.Xpos = -1400;
}
```

图 15-32　输入第 2 个按钮代码

图 15-33　输入第 3 个按钮代码

（23）保存文档，按 Ctrl+Enter 组合键测试影片，效果如图 15-11 所示。

 15.6.3　综合应用 3——创建鼠标特效

下面通过实例讲述鼠标特效的制作，效果如图 15-34 所示，具体操作步骤如下。

图 15-34　鼠标特效

练习文件　实例素材/练习文件/CH15/鼠标跟随.jpg

完成文件　实例素材/完成文件/CH15/鼠标跟随.fla

（1）新建一个 ActionScript 2.0 文档，执行"文件"|"导入"|"导入到舞台"命令，将"鼠标跟随.jpg"图像导入到舞台中，如图 15-35 所示。

（2）执行"插入"|"新建元件"命令，弹出"创建新元件"对话框，在"类型"下拉列表中选择"按钮"选项，如图 15-36 所示。

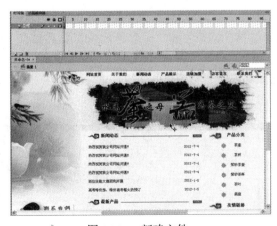

图 15-35　新建文件

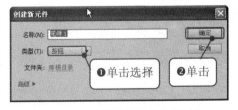

图 15-36　"创建新元件"对话框

（3）单击"确定"按钮，进入影片剪辑编辑模式，选择工具箱中的"椭圆工具"，将填充颜色设置为#FF9900，按住鼠标左键在舞台中绘制椭圆，如图 15-37 所示。

（4）选择"点击"帧，按 F6 键插入关键帧，如图 15-38 所示。

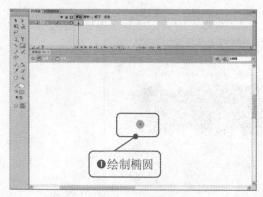

图 15-37　绘制椭圆

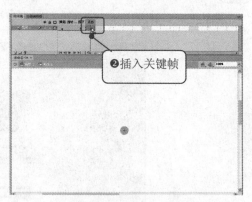

图 15-38　插入关键帧

（5）执行"插入"|"新建元件"命令，弹出"创建新元件"对话框，在"类型"下拉列表中选择"影片剪辑"选项，单击"确定"按钮，创建影片剪辑元件，如图 15-39 所示。

（6）打开"库"面板，将制作好的按钮元件 1 拖入到舞台中，如图 15-40 所示。

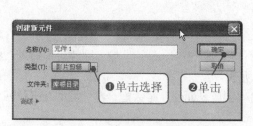

图 15-39　创建影片剪辑元件

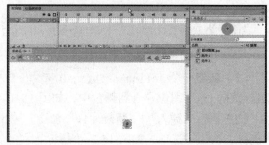

图 15-40　拖入元件 1

（7）选择第 30 帧，按 F6 键插入关键帧。选择工具箱中的"任意变形工具"，在舞台中调整椭圆的大小，如图 15-41 所示。

（8）选择 1～30 帧之间的任意一帧，单击鼠标右键，在弹出的快捷菜单中执行"创建传统补间"命令，创建补间动画，如图 15-42 所示。

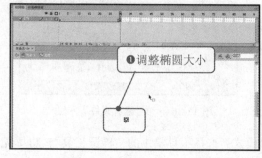

图 15-41　调整椭圆大小

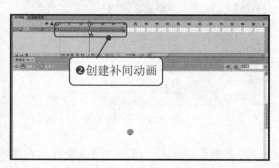

图 15-42　创建补间动画

（9）选择第 30 帧，打开"动作"面板，在面板中输入代码"stop"，如图 15-43 所示。

（10）执行"插入"|"新建元件"命令，弹出"创建新元件"对话框，在"类型"下拉列表中选择"影片剪辑"选项，单击"确定"按钮，新建影片剪辑元件。将在"库"面板中制作好的元件 2 拖入到舞台中，如图 15-44 所示。

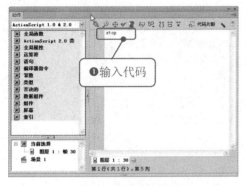
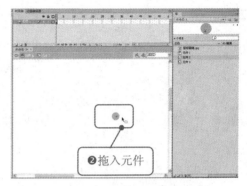

图 15-43　输入代码　　　　　　　　　　　　　图 15-44　拖入元件 2

（11）选中拖入的元件，在"属性"面板中将实例名字设置为"hot"，如图 15-45 所示。

（12）单击场景 1 返回主场景，将制作好的元件 3 拖入到舞台中相应的位置，如图 15-46 所示。

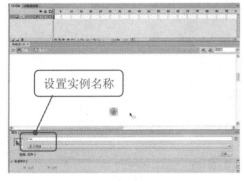

图 15-45　设置实例名称　　　　　　　　　　　图 15-46　主场景

（13）选中拖入的按钮元件，执行"窗口"|"动作"命令，打开"动作"面板，在该面板中输入以下代码，如图 15-47 所示。

```
onClipEvent (load) {
    friction = 10;
    t = 0;
    i = 0;
}
onClipEvent (enterFrame) {
    diffx = _root._xmouse-_x;
    diffy = _root._ymouse-_y;
```

```
diffs = Math.sqrt((diffx*diffx)+(diffy*diffy));
phi = Math.atan2(diffy, diffx);
t = t+0.628318530717959;
if (t == Math.PI*2) {
    t = 0;
}
_x = (_x+((diffx/friction)-(((Math.sin(phi)*Math.sin(t))*diffs)/10)));
_y = (_y+((diffy/friction)+(((Math.cos(phi)*Math.sin(t))*diffs)/10)));
_root.attachMovie("hot", "hot"+i, i+1889);
_root["hot"+i]._x = _x;
_root["hot"+i]._y = _y;
i++;
if (i == 10) {
    i = 0;
}
}
```

图 15-47　输入代码

（14）保存文档，按 Ctrl+Enter 组合键测试影片，效果如图 15-34 所示。

15.6.4　综合应用 4——制作发光旋转效果

下面通过实例讲述发光旋转效果的制作。效果如图 15-48 所示，具体操作步骤如下。

图 15-48　发光效果

第 15 章　使用 ActionScript 创建交互动画

练习
文件　实例素材/练习文件/CH15/发光.jpg

完成
文件　实例素材/完成文件/CH15/发光.fla

（1）新建一个 ActionScript 2.0 文档，执行"文件"|"导入"命令，弹出"导入"对话框，在对话框中选择"发光.jpg"图像，将其导入到舞台中，如图 15-49 所示。

（2）执行"修改"|"文档"命令，弹出"文档设置"对话框，在该对话框中设置尺寸和背景颜色，单击"确定"按钮，修改文档大小，如图 15-50 所示。

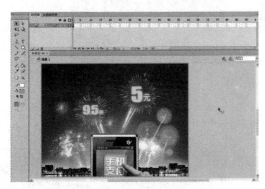

图 15-49　新建文档

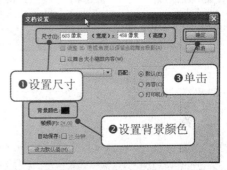

图 15-50　"文档设置"对话框

（3）执行"插入"|"新建元件"命令，弹出"创建新元件"对话框，在该对话框中设置相应的参数，如图 15-51 所示。

（4）单击"确定"按钮，进入元件编辑模式，如图 15-52 所示。

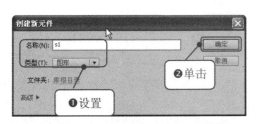

图 15-51　"创建新元件"对话框

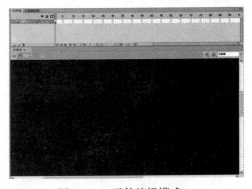

图 15-52　元件编辑模式

（5）选择工具箱中的"线条工具"，在"属性"面板中"笔触"设置为 4，"样式"选择"点刻线"，在舞台中绘制线条，如图 15-53 所示。

（6）执行"插入"|"新建元件"命令，弹出"创建新元件"对话框，在该对话框中设置相应的参数，单击"确定"按钮，进入元件编辑模式。将制作好的 s1 元件拖入到舞台中，如图 15-54 所示。

（7）在第 60 帧按 F6 键插入关键帧，选择工具箱中的"任意变形工具"对其进行变形，并向下移动一段距离，如图 15-55 所示。

357

（8）打开"属性"面板，"样式"选择"Alpha"，将其设置为 0%，如图 15-56 所示。

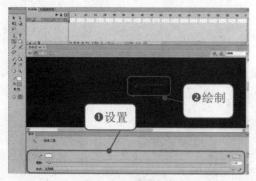

图 15-53　绘制线条

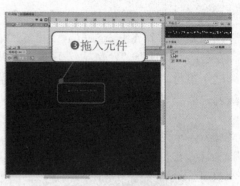

图 15-54　拖入元件 s1

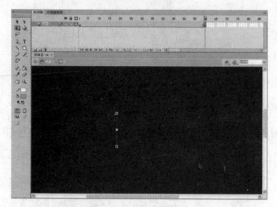

图 15-55　移动形状

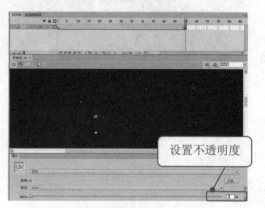

图 15-56　设置不透明度

（9）在 1～60 帧之间单击鼠标右键，在弹出的列表中选择"创建传统补间"选项，创建补间动画，如图 15-57 所示。

（10）在第 61 帧插入空白关键帧，执行"窗口"|"动作"命令，打开"动作"面板，在该面板中输入代码"removeMovieClip(_target);"，如图 15-58 所示。

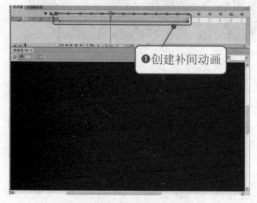

图 15-57　创建补间动画

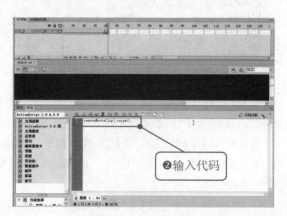

图 15-58　输入代码

（11）在第 100 帧处按 F5 键插入帧，如图 15-59 所示。

（12）单击"场景 1"按钮，返回到主场景，将制作好的 s2 影片剪辑拖入到舞台中，在"属性"面板中命名为"s2"，如图 15-60 所示。

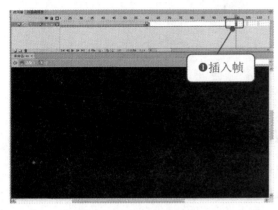

图 15-59　插入帧

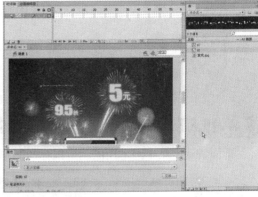

图 15-60　拖入元件 s2

（13）在第 3 帧处按 F5 键插入帧，单击"新建图层"按钮，在图层 1 的上面新建图层 2，如图 15-61 所示。

（14）选中图层 2 的第 1 帧，打开"动作"面板，在该面板中输入代码"i = 2;setProperty("/s2s", _visible, false);"，如图 15-62 所示。

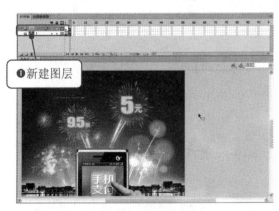

图 15-61　新建图层

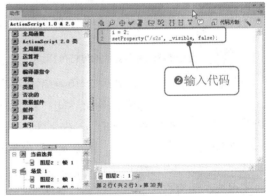

图 15-62　图层 2 第 1 帧

（15）选中图层 2 的第 2 帧，按 F6 键插入关键帧，打开"动作"面板，在该面板中输入以下代码，如图 15-63 所示。

```
duplicateMovieClip("/s2s", "s2" add i, i);
setProperty("s2" add i, _rotation, i*10);
i = Number(i)+1;
```

（16）选中图层 2 的第 3 帧按 F6 键插入关键帧，打开"动作"面板，在该面板中输入代码"gotoAndPlay(2);"，如图 15-64 所示。

图 15-63　图层 2 第 2 帧

图 15-64　图层 2 第 3 帧

15.6.5　综合应用 5——制作响应鼠标效果

下面讲述网站中经常用的响应鼠标的制作，效果如图 15-65 所示，具体操作步骤如下。

图 15-65　响应鼠标效果

练习文件　实例素材/练习文件/CH15/s1.jpg、s2.jpg、s3.jpg、s4.jpg

完成文件　实例素材/完成文件/CH15 响应鼠标效果.fla

（1）执行"文件" | "新建"命令，弹出"新建文档"对话框，在该对话框中类型选择 ActionScript 2.0，背景颜色设置为#FF9900，如图 15-66 所示。

（2）单击"确定"按钮，新建一个空白文档，如图 15-67 所示。

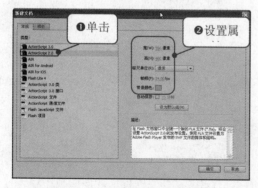

图 15-66　"新建文档"对话框

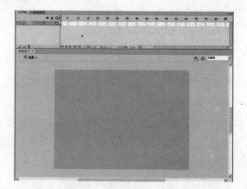

图 15-67　新建空白文档

（3）选择工具箱中的"矩形工具"，将填充颜色设置为#FFCCFF，笔触颜色设置为#FFFFFF，按住鼠标左键在舞台中绘制矩形，如图 15-68 所示。

（4）选中绘制的矩形，按 F8 键弹出"转换为元件"对话框，在该对话框中将"类型"设置为"影片剪辑"，如图 15-69 所示。

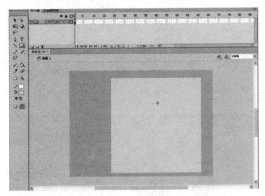

图 15-68　绘制矩形　　　　　　　　　图 15-69　"转换为元件"对话框

（5）单击"确定"按钮，转换为影片剪辑，在"属性"面板中将属性命名为"pic"，如图 15-70 所示。

（6）双击元件实例，进入元件编辑模式，选择工具箱中的"文本工具"，在舞台中输入文字"响应图像"，如图 15-71 所示。

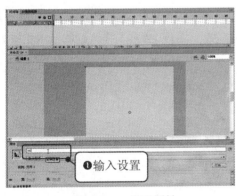

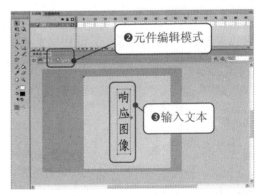

图 15-70　设置属性　　　　　　　　　图 15-71　输入文字

（7）执行"文件"|"导入"|"导入到库"命令，弹出"导入到库"对话框，在该对话框中选择相应的图像，如图 15-72 所示。

（8）单击"确定"按钮，将其导入到"库"面板中，如图 15-73 所示。

（9）选择第 2 帧按 F6 键插入关键帧，在"库"面板中选中 s1，将其拖入到舞台中，如图 15-74 所示。

（10）按照步骤 9 的方法在第 3~5 帧插入关键帧，然后分别拖入相应的图像，如图 15-75 所示。

图 15-72　选择图像

图 15-73　"库"面板

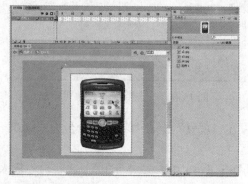

图 15-74　拖入 s1

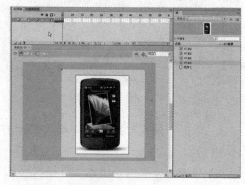

图 15-75　拖入图像

（11）选择第 1 帧，打开"动作"面板，在该面板中输入代码"stop();"，如图 15-76 所示。

（12）单击"场景 1"按钮，返回到主场景，将"库"面板中的 s1 拖入到舞台中相应的位置，并选择"任意变形工具"将图像缩小，如图 15-77 所示。

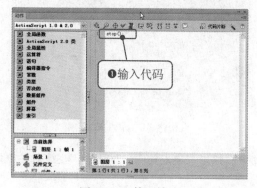

图 15-76　第 1 帧

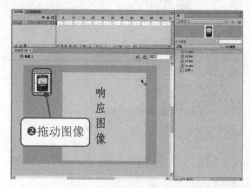

图 15-77　主场景

（13）选择图像，按 F8 键，弹出"转换为元件"对话框，"类型"选择"按钮"，单击"确定"按钮，将其转换为元件，如图 15-78 所示。

（14）按照步骤 12～13 的方法，拖入另外 3 张图像，并将其转换为按钮元件，如图 15-79 所示。

图 15-78　设置元件

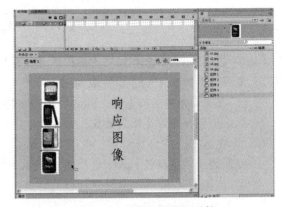

图 15-79　制作企业按钮元件

（15）选择第 1 个手机按钮，在"动作"面板中输入相应的代码，如图 15-80 所示。

（16）选择第 2 个手机按钮，在"动作"面板中输入相应的代码，如图 15-81 所示。

图 15-80　元件 2

图 15-81　元件 3

（17）选择第 3 个手机按钮，在"动作"面板中输入相应的代码，如图 15-82 所示。

（18）选择第 4 个手机按钮，在"动作"面板中输入相应的代码，如图 15-83 所示。保存文档，按 Ctrl+Enter 组合键测试动画，效果如图 15-65 所示。

图 15-82　元件 4

图 15-83　元件 5

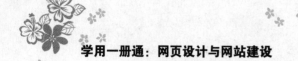

15.7 专家秘籍

1. 做好的 Flash 放在网页上面以后老是循环，怎么让它不进行循环？

最后一个帧的 Action 设置成 Stop（停止）。

2. 在关键帧中的脚本里，Stop 后的脚本会不会起作用？

Stop 语句只能停止帧的播放，并不能停止该 Stop 所在关键帧的 Action 语句的执行。

3. 在 Action 中，"/:"与"/"有什么区别，各在什么时候用？

"/:"表示某一路径下的变量，如/:a 表示根路径下的变量 a，而"/"表示的是绝对路径。

4. 如何用 ActionScript 将页面设为首页？

设为首页的代码如下：

```
on (release) {
getURL("javascript:void(document.links[0].style.behavior='url(#default#h
omepage)');void document.links[0].setHomePage('http://www.www.com/');",
"_self", "POST");
    }
```

5. 如何将 swf 文件直接生成 exe 文件？

带有标题栏的 swf 文件可以通过菜单直接生成 exe 文件，是先在 Flash Player 中打开 swf 文件，然后执行"文件"|"创建播放器"命令。

第6篇

网站的策划与安全管理

第 **16** 章 网站的整体策划

学前必读

　　网站策划是整个网站构建的灵魂，网站策划在某种意义上就是一个导演，它引领了网站的方向，赋予网站生命，并决定着网站能否走向成功。本章主要介绍为什么要进行网站策划、怎样进行网站策划、如何确定网站定位、网站的目标用户，以及网站内容策划。

学习流程

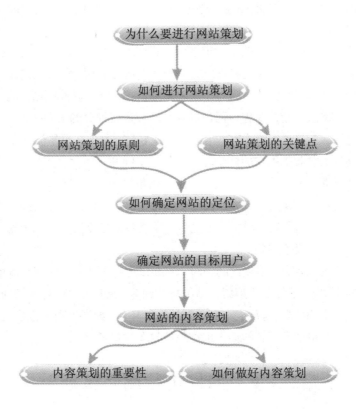

16.1　为什么要进行网站策划

网站策划是指在网站建设前对市场进行分析，确定网站的功能及要面对的用户，并根据需要对网站建设中的技术、内容、费用、测试、推广、维护等做出策划。网站策划对网站建设起到计划和指导的作用。

　　一个网站的成功与否和建站前的网站策划有着极为重要的关系。在建立网站前应明确建设网站的目的，确定网站的功能，确定网站规模、投入费用，明确要做成什么样的网站，网站建成后面对的是广大网民还是有针对性的客户。这些问题只有详细规划并进行必要的市场分析，才能使网站建设顺利进行。

　　为什么目前大部分的网站会成为摆设？为什么数以百万计的网站无声无息？为什么同样的网站模式却有着截然不同的价值？其实很简单，因为这些网站根本没有事先进行全面的策划，很多网站还没有意识到网站策划的重要意义。网站策划是网站建设过程中最重要的一部分，从网站如何架设，到确定网站的浏览人群、受众目标，再到网站的栏目设置、宣传推广策略、更新维护等都需要慎重而缜密地策划。

一个成功的网站，不在于投资多少钱，不在于有多少高深的技术，也不在于市场有多大，而在于这个网站是否符合市场需求，是否符合体验习惯，是否符合运营基础。专业的网站策划可以带来以下几方面好处：

- 避免日后返工，提高运营效率。很多网站投资人不是 IT 行业人士，以为有了网站开发人员、编辑人员和市场人员就可以将一个网站运营成功。但是当网站建设好以后，市场工作却无法展开。为什么？因为技术人员总是在不断地修改网站。所以，为了避免以后不停地返工修改网站，事先对网站的各个环节进行细致的策划是非常必要的。

- 避免重复烧钱，节约运营成本。当网站建设好后，为什么总是没有用户呢？这是因为网站的各环节，尤其是用户的体验环节定位出了问题。因此，如果想节省网站推广的钱，那就仔细反省一下网站自身的定位，做好网站的策划。

- 避免投资浪费，提高成功概率。在投资网站之前，一定要做一次细致的策划，如市场的考察、赢利模式的研究、网站的定位。只有具备了专业的思考和策划，才能使投资人的钱不白花，避免投资浪费。

- 避免教训，成功运营。当建设网站时，不要以为有了技术、内容、市场人员就万事大吉了。策划网站时，不但是要策划网站的具体细节，更多的时候是要策划网站的市场定位、赢利模式、运营模式、运营成本等重要的运营环节。如果投资人连投资网站要花多少钱、什么时候有回报都不了解的话，那么投资这个网站最终也会失败。

16.2　如何进行网站策划

网站策划得好可以说已经成功一半了，甚至会事半功倍，在以后的运营中会省掉很多麻烦。如果网站建设前期不做好网站策划，等网站运营到一定的程度时就会发现网站有很多问题，投入很多却不见效果。下面讲述怎样进行网站策划。

 16.2.1　网站策划的原则

网站失败的原因各不相同，但是成功的网站却有着相似的策划理念。如果想要自己的网站成功，就得借鉴其他网站成功的经验，以下这些原则是一个成功网站必不可少的前提。

1．保持网页的朴素

一个好的网站最重要的一点就是页面简单、朴素。网页设计者很容易掉入这样一个陷阱，即把所有可能用到的网页技巧，如漂浮广告、网页特效、GIF 动画等都用上。使用一些网页技巧无可厚非，但如果多了的话就会让访问者眼花缭乱，不知所措，也不会给他们留下很深的印象。当要使用一个技术时，先问一问自己：在网页上加入这个技术有什么价值？是否能更好地向访问者表达网站的主题？

2．简单有效

许多人会被网站的奇特效果所迷惑，而忽视了信息的有效性。保持简单的真正含义就是：

如何使网站的信息与访问者所需要的一样。应该把技术和效果用在适当的地方，即用在有效信息上，让访问者关注他们想要的东西。

3．了解用户

发布网站的目的就是希望网民浏览，而这些网民就是网站的用户。网站越了解用户，影响力就会越大。如果用户希望听到优美的音乐，那么就在网页上添加合适的背景音乐。一个好站点的定义是：通过典雅的风格设计提供给潜在用户高质量的信息。

4．清晰的导航

对一个好的网站来说，清晰的导航也是最基本的标准。应该让访问者知道在网站中的位置，并且愉快地通过导航的指引浏览网站。例如，"下一步"的选择数目应尽量少，以便用户不会迷失在长长的选择项目列表中。

5．快捷

让用户在获取信息时不要超过 3 次点击。当访问者在访问一个网站时，如果点击了七八次才找到想要的信息，甚至还没找到，他肯定会离开你的网站去别的网站查找，而且可能再也不会来你的网站了。要做到当访问者进入网站后，他可以不费力地找到所需要的资料。

6．30 秒的等待时间

有一条不成文的法则：当访问者在决定下一步该去哪儿之前，不要让他现在所处页面的下载时间超过 30 秒钟。保证页面有个适度的大小而不会无限制地下载。

7．平衡

平衡是一个好网站设计的重要部分，如文本和图像之间的平衡、背景图像和前景内容之间的平衡。

8．测试

一定要在多种浏览器、多种分辨率下测试每个网页。现在 Firefox 用户越来越多，至少要在 Firefox 和 Internet Explorer 下都测试一遍。

9．学习

网站风格、页面设计只是网站策划的一小部分内容，必须有好的网站策划思想才能策划出好的页面，因为页面是用户体验的一个重要部分。网站策划与设计是一个不断学习的过程，技术和工具在不断进步，网民的上网习惯及方式也在不断变化，这一切都需要我们不断学习、不断进步。

16.2.2　网站策划的关键点

网站策划是网站能够成功的一个关键因素。在网站策划中，有两个核心关键点最需要注意。

1．不受经验约束

网站策划没有固定的模式，重要的是符合商业的战略目标。很多策划人员在策划会员管理的注册流程时，喜欢把注册流程简化，目的就是为了让用户能够很快注册完毕。但是，这并不适合所有网站。成立于 1999 年的 Rent.com 是美国最受欢迎的公寓租赁网站，2005 年 2 月 Rent.com 被 eBay 以 4.33 亿美元现金收购。后来有人总结它成功的一个重要因素，就是它比其他租赁网站有着更为繁复的用户注册流程，Rent.com 在用户注册流程上收集了比其他租赁网站更多的顾客信息。这样做带来的好处是 Rent.com 的用户成交率大大提高。

当然并不是说所有网站都应该这样做，重要的是根据每个网站的经营目标来定。像一些 Web 2.0 的网站，并不需要为每个用户定制服务，也就没有必要去搜集那些用不上的信息。而 Rent.com 这样的网站需要通过注册搜索到用户的很多信息，这些信息可以为用户提供差异化的服务。

2．系统思维

1997 年，世界卫生组织宣布要在非洲消灭疟疾。但是 8 年后，非洲的疟疾发病率整整提高了几倍。为什么初衷很好，但后果却更加严重呢？原因是世界卫生组织在制定目标之后，开始大量采购一家日本公司的药品，使当地生产疟疾药物的厂商倒闭，进而导致当地一种可以治疗疟疾的植物无人种植，结果预防疟疾的天然药物由此消失。管理学大师彼得·圣吉总结认为，造成这个结果的重要原因在于没有系统性的思考，只治标不治本。"他们没有看到种棉花的农民也在其中起作用，更没有意识到预防疟疾的天然药物到底起什么作用，外来的系统如果不考虑原来体系的话就只能是适得其反。"

对于互联网策划而言，道理是一样的，在推出功能点并做出决策时，需要考虑所有的因素。一个功能可能从一个方面看上去会给用户带来价值，但是从另一方面或从长久来看，是不是有价值？这就需要找到平衡点，进而找到解决问题的关键。

16.3　如何确定网站的定位

> 做网站时，首先要解决两个问题：一是网站有没有定位，二是网站定位是不是合适。如果不能够用一句话来概括网站是做什么的，那么网站就没有清晰的定位。网站有定位也不一定是对的，定位于一个竞争激烈的市场或者已经饱和的市场，跟没有定位是没有差别的。所以，一个网站不仅要有定位，而且要有一个差异化的定位。不是为了差异化而差异化，而是为了目标用户群的需求而差异化，为了市场空间的不同而差异化。

清晰而合适的定位，本身就是一种竞争的优势，能比对手少走弯路，以更少的资源做更多的事，所以也比竞争对手跑得更快，走得更远。

在网站发展的初始阶段，网站的目标最好要够小，小并不一定就不好，大并不一定就好。目标很高远，定位很宏大，并不代表网站就能达到定位希望实现的目标。为了实现大目标，最好从小目标开始。

定位小目标，也不是否定将来的大目标。精确的定位反而有利于网站的进一步发展，因为在不同的发展阶段定位是可以变化的。如美国著名的社交网站脸谱网 Facebook，原来是为美国部分著名高校的学生提供服务的社区，而后来则向社会开放。如果一开始就制定一个面向全球的目标，很难想象 Facebook 能够流行起来。如果一开始定位过大，往往造成战线过长、资源及精力不够集中，最后很难形成优势。

网站目标定位不仅要小，而且还需要找到一个基点，这个点是网站创立、发展、壮大的依

靠点，如迅雷以下载为基点、百度以搜索为基点等。刚开始时，这个点可能很小，但是网站发展壮大之后，就可以繁衍出无数的应用。如果一开始点太大太多，什么都想做，什么都不肯放弃，最后的结果将是什么都得不到。

确定网站的定位，就要找到这个基点，需要从以下 3 个方面考虑：一是要有良好的性价比的市场空间；二是网站定位必须考虑用户的新需求；三是相比于竞争对手应具有独特优势。

1．网站定位必须考虑市场前景，找到性价比高的市场空间

如果现在做门户网站，也许投入上亿元，都不能保证做得好。因为这个市场经过多年的发展，基本格局已经定下来了，要跻身门户的行列，需要花费大量的人力、资金和资源，也不一定能建立起来。用户的习惯、门户本身的优势都不是一天建立起来的，这都是长期积累的结果。

网站的定位要找到性价比高的市场。什么是性价比高的市场？我们从用户的需求考虑这个问题。如率先进入网络销售钻石等 B2C 领域，hao123 的网址导航网站是性价比高的典型例子。

2．网站定位必须考虑用户的新需求

用户的需求分为已满足的需求和尚未满足的需求。进入已充分满足需求的领域，成本将会非常高；如果能找到用户未被满足的需求，进入成本就会大大降低，而网站成功的可能性也会增大。如率先进入某些行业的网络 B2C 直销服务。

3．网站定位必须考虑竞争对手，找到独特的竞争优势

网站要有独特的优势，如当初的 Google 搜索引擎，这是竞争对手一时难以企及的。拥有了这些独特的竞争优势，网站也会迅速成长起来。

总之，能够提供给用户价值的网站最终都能实现商业价值的转化。在确定网站定位之前，可以反思一下：网站这样定位能给用户提供什么样的价值？这个价值是不是用户需要的？如果需要，有多少用户需要它？用户是不是愿意为它付钱？这样的价值其他网站是不是已经提供了？这样的价值是不是其他网站也很容易提供？

16.4　确定网站的目标用户

当中、小企业投资建立企业网站后，大多会关注企业网站的流量，想知道每天能有多少人在查询网站内容，以此来推断企业网站的作用，流量越多则说明成交的机会越多；也有部分中、小企业更注重通过网站来得到目标用户。得到更多的目标用户，就说明增加了生意的成交概率。不过，到底是流量重要还是用户重要呢？

很多网站经营者不知道网站的目标用户群在哪里，更不用说了解网站的目标群了。而这又恰恰是一个决定网站质量的直接因素。不要只是盲目地做网站，要花点时间弄清楚网站的目标用户群，进一步了解他们，让网站发挥更大的作用。

选择好目标用户，做起网站来也就更明确了。了解用户需要什么，才能更好地为用户服务。只有针对目标用户，网站的作用才能得到更好的发挥。如果只是为了流量而投入太大，那就太不值得了。如果浏览者不是目标用户，网站没有他想要的东西，他再次来的机会就很渺茫了。

这样的点击可谓真正的"无效点击"。而我们要的是有效点击，只有有效的点击才能给网站带来效益。网站必须有明确的目标用户群，才能充分发挥网站的作用，实现效益最大化。

16.5　网站的内容策划

网站的内容策划，就是策划网站需要什么样的内容、内容以什么样的方式产生、以什么样的方式组织内容。这里所指的网站内容策划包括了网站整体架构的策划，同时也包括具体栏目、板块、功能的策划，产品和服务的详细功能、规则及流程也属于网站的内容策划。

16.5.1　网站内容策划的重要性

一个成功的网站一定要注重外观布局。外观是给用户的第一印象，只有给浏览者留下一个好的印象，那么他看下去或再次光顾的可能性才会更大。但是一个网站要想留住更多的用户，最重要的还是网站的内容。网站内容是一个网站的灵魂，内容做得好，有自己的特色，才会脱颖而出。当然需要注意的一点是不要为了差异化而差异化，只有满足用户核心需求的差异化才是有效的，否则跟模仿其他网站功能没有实质的区别。

一般的网站都讲究实用，有用才是最重要的。如 hao123，既没艺术，又没技术，可为什么做得很成功呢？一个很重要的原因就是实用。中国网民上网，一般不愿意甚至不会输入冗长的难记的网址，所以 hao123 这个网址导航网站很实用。

形式美只会给浏览者留下一个好的印象，好的印象固然可以让浏览者进一步浏览网站。可如果从网站上看到的都是些垃圾信息，没有浏览者需要的实用信息，那么浏览者很快就会离开。

16.5.2　如何做好网站内容策划

网站的内容是浏览者停留时间的决定要素，内容空泛的网站，访客会匆匆离去。只有内容充实丰富的网站，才能吸引访客细细阅读，深入了解网站的产品和服务，进而产生合作的意向。

每个用户都有其理性需求与感性需求，网站内容要想打动浏览者，归根结底是 8 个字：晓之以理，动之以情。

1. 晓之以理

晓之以理，即以理性的语言向客户透彻介绍产品与服务，并清晰地指出企业的优势所在，让客户可以明确地进行选择。然而，"理性"不等于枯燥，采用以下方法，可以更好地向客户讲"理"。

- 图片说话：俗话说一图胜千言，与其大篇幅地介绍公司的规模、架构、企业文化，不如采用图片来与客户沟通。好的图片可以令客户更真实地了解企业，并产生信赖感。
- 案例佐证：过于夸大产品优点，会有"王婆卖瓜"的嫌疑，采用案例就可信得多了，详细地介绍重点案例，会令网站的信任指数大大提升。
- 突出数字和图表：浏览者在网站上停留的时间往往很短，突出数字和图表可以帮助浏览者在短时间内了解网站的实力和优势，减少阅读的时间。

2. 动之以情

动之以情，即以客户喜爱的语言和内容来打动客户，令客户停留。下面是几个基本方法。

- 亲切的问候与提示：网站的问候与提示多用敬语，如"请"、"您"、"谢谢"、"对不起"等，令客户觉得亲切与温馨。

- 讲故事的叙述方式：试着采用更轻松的表达方式，无论是介绍公司还是说明产品，采用朋友般的语气跟客户沟通，让客户阅读起来更加轻松，也更容易接受。

- 给予用户足够的帮助：当用户阅读网站内容时，给予用户充分的提示和帮助，如产品的帮助文档、操作步骤说明、问题解答等，让客户感觉如同是一位热情的销售人员在为其提供服务，从而倍感亲切。

第章 网站页面设计策划

学前必读

　　网站页面的设计对于网站要表达的理念起到关键的作用。网站页面设计是为了服务于目标用户，这是网站设计优先考虑的因素。网站页面风格的设计是网站竞争力的一个重要方面，在同质化非常严重的互联网网站中，有自己风格的网站更容易让用户喜欢并成为网站的忠实用户。

学习流程

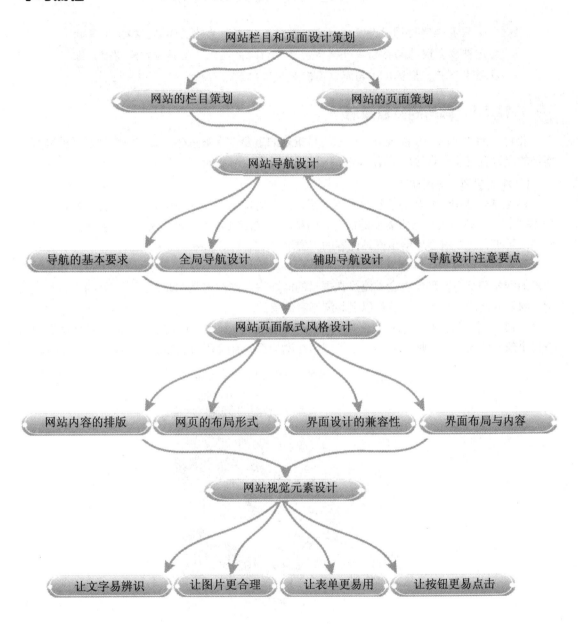

17.1　网站栏目和页面设计策划

只有准确把握用户需求，才能做出用户真正喜欢的网站。如果不考虑用户需求，网站的页面设计得再漂亮、功能再强大，也只能作为摆设，无法吸引用户，更谈不上将网站用户变为客户。

17.1.1　网站的栏目策划

相对于网站页面及功能规划，网站栏目策划的重要性常被忽略。其实，网站栏目策划对于网站的成败有着非常直接的关系，网站栏目兼具以下两个功能。

1．提纲挈领，点题明义

网速越来越快，网络的信息越来越丰富，浏览者却越来越缺乏浏览耐心。打开网站不超过10秒钟，一旦找不到自己所需要的信息，网站就会被浏览者毫不客气地关掉。要让浏览者停下匆匆的脚步，就要清晰地给出网站内容的"提纲"，也就是网站的栏目。

网站栏目的规划，其实也是对网站内容的高度提炼。即使是文字再优美的书籍，如果缺乏清晰的纲要和结构，恐怕也会被淹没在书籍的海洋中。网站也是如此，不管网站的内容有多精彩，缺乏准确的栏目提炼，就难以引起浏览者的关注。

因此，网站的栏目规划首先要做到"提纲挈领、点题明义"，用最简练的语言提炼出网站中每个部分的内容，清晰地告诉浏览者网站在说什么、有哪些信息和功能，如图17-1所示。

图17-1　网站栏目

2．指引迷途，清晰导航

网站的内容越多，浏览者就越容易迷失。除了"提纲"的作用之外，网站栏目还应该为浏览者提供清晰直观的指引，帮助浏览者方便地到达网站的任何页面。网站栏目的导航作用通常包括以下4种情况。

- 全局导航：全局导航可以帮助用户随时跳转到网站的任何一个栏目。通常全局导航的位置是固定的，以减少浏览者查找的时间。

- 路径导航：路径导航显示了用户浏览页面的所属栏目及路径，帮助用户访问该页面的上下级栏目，从而更完整地了解网站信息。
- 快捷导航：网站的老用户需要快捷地到达所需栏目，快捷导航为这些用户提供了直观的栏目链接，减少用户的点击次数和时间，提升浏览效率。
- 相关导航：为了增加用户的停留时间，网站策划者需要充分考虑浏览者的需求，为页面设置相关导航，让浏览者可以方便地到达所关注的相关页面，从而增进对企业的了解，提升合作概率。

在如图 17-2 所示的网页中，可以看到多级导航栏目，顶部有一级页面导航，左侧又有产品展示和服务范围下的二级导航。

图 17-2　多级导航栏目，方便用户浏览

归根结底，成功的栏目规划还是基于对用户需求的理解。对用户和需求理解得越准确、越深入，网站的栏目就越具有吸引力，也就能够留住越多的潜在客户。

17.1.2　网站的页面策划

网站页面是网站营销策略的最终表现层，也是用户访问网站的直接接触层。同时，网站页面的规划也最容易让项目团队产生分歧。

对于网页设计的评估，最有发言权的是网站的用户，然而用户却无法明确地告诉网站设计者，停留或者离开网站是他们表达意见的最直接方法。好的网站策划者除了要听取团队中各个角色的意见之外，还要善于从用户的浏览行为中捕捉用户的意见。

网站策划者在做网页策划时，应遵循以下原则。

- 符合客户的行业属性及网站特点：在客户打开网页的一瞬间，让客户直观地感受到网站所要传递的理念及特征，如网页色彩、图片、布局等。
- 符合用户的浏览习惯：根据网页内容的重要性进行排序，让用户用最少的光标移动，找到所需的信息。

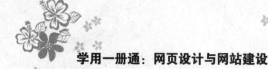

- 符合用户的使用习惯：根据网页用户的使用习惯，将用户最常使用的功能置于醒目的位置，以便于用户的查找及使用。
- 图文搭配，重点突出：用户对于图片的认知程度远高于对文字的认知程度，适当地使用图片可以提高用户的关注度。此外，确立页面的视觉焦点也很重要，过多的干扰元素会让用户不知所措。如图 17-3 所示的页面中使用了图片，大大提高了用户的关注程度。

图 17-3　页面中使用了图片

- 利于搜索引擎优化：减少 Flash 和大图片的使用，多用文字及描述，使搜索引擎更容易收录网站，让用户更容易找到所需内容。

17.2　网站导航设计

网站的导航机制是网站内容架构的体现，网站导航是否合理是网站易用性评价的重要指标之一。网站的导航机制一般包括全局导航、辅助导航、站点地图等体现网站结构的因素。正确的网站导航要做到便于用户的理解和使用，让用户对网站形成正确的空间感和方向感，不管进入网站的哪一页，都很清楚自己所在的位置。

17.2.1　导航设计的基本要求

一个网站的导航设计对提供丰富友好的用户体验有至关重要的作用，简单直观的导航不仅能提高网站易用性，而且在用户找到所需要的信息后，有助于提高用户转化率。导航设计在整个网站设计中的地位举足轻重。导航有许多方式，常见的有导航图、按钮、图符、关键字、标签、序号等。在设计中要注意以下基本要求。

- 明确性：无论采用哪种导航策略，导航的设计应该明确，让使用者能一目了然。具体表现为能让使用者明确网站的主要服务范围及能让使用者清楚了解自己所处的位置等。只

有明确的导航才能真正发挥"引导"的作用，引导浏览者找到所需的信息。

- 可理解性：导航对于用户应是易于理解的。在表达形式上，要使用清楚简洁的按钮、图像或文本，要避免使用无效字句。
- 完整性：网站所提供的导航应具体、完整，这样可以让用户获得整个网站范围内的领域性导航，能涉及网站中全部的信息及其关系。
- 咨询性：导航应提供用户咨询信息，它如同一个问询处、咨询部，当用户有需要的时候，能够为使用者提供导航。
- 易用性：导航系统应该容易进入，同时也容易退出，或者可以让使用者以简单的方式跳转到想要去的页面。
- 动态性：导航信息可以说是一种引导，动态的引导能更好地解决用户的具体问题。及时、动态地解决使用者的问题，是一个好导航必须具备的特点。

考虑到以上这些导航设计的要求，才能保证导航策略的有效，发挥出导航策略应有的作用。

17.2.2　全局导航的基本要素

全局导航又称主导航，它是出现在网站每个页面上的一组通用的导航元素，以一致的外观出现在网站的每个页面，对用户最基本访问进行方向性指引。

对于大型电子商务网站来说，全局导航还应当包括搜索与购买两大要素，以方便用户在任意页面均能进行产品搜索与购物。如图 17-4 所示为京东商城购物网站的全局导航。

图 17-4　购物网站的全局导航

17.2.3　辅助导航的设计要点

辅助导航的作用是无论用户进入站内的任何页面，均能自由地跳转到其他页面，尤其当网站的栏目层次较多的时候，正确的辅助导航设置尤为重要。它从另一个层面反映了网站的结构层次，是对全局导航的有效补充，体现为内页的"当前位置"提示。如图 17-5 所示为家宝网的辅助导航"您现在的位置：家宝网>>建材城>>瓷砖>>墙砖>>"。

图 17-5 辅助导航

辅助导航出现在网站的每一个内页，紧挨着主导航，以">>"来对层级进行分隔，简单而形象地从视觉上暗示了浏览层次的前进方向，末尾的"墙砖"和当前所在页面的名称一致，并用不同的颜色加以突出，让浏览者对当前位置一目了然。

辅助导航设计时有以下要点。

- 出现的位置在全局导航之下、正文内容之上的过渡空间。
- 层级关系体现正确，用户通过当前页面可以依次返回上一页，直至首页，不出现缺少链接、错误链接的情况。
- 形式采用文本链接，而不是图片。

17.2.4 导航设计要点

在设计导航时，最佳导航方式是采用文本链接方式，但不少网站，尤其是娱乐休闲类网站为了表现网站的独特风格，在全局导航条上使用 Flash 或图片等作为导航。以下是一些常见的导航设计注意事项。

- 导航使用的简单性。导航的使用必须尽可能地简单，避免使用下拉或弹出式菜单导航，如果不要一定得用，那么菜单的层次不要超过两层。
- 不要采用"很酷"的表现技巧。如把导航隐藏起来，只有当鼠标停留在相应位置时才会出现，这样虽然看起来很酷，但是浏览者更喜欢可以直接看到的导航。
- 不要使用图片或 Flash 来做网站的导航，虽然从视觉角度上讲这样做更别致、更醒目，但是它对提高网站易用性没有好处。

- 注意超链接颜色与单纯叙述文字的颜色呈现。HTML 允许设计者特别标明单纯叙述文字与超链接的颜色，以便丰富网页的色彩呈现。如果网站充满知识性的信息，建议将网页内的文字与超链接颜色设计成较干净素雅的色调，以利于阅读。
- 应该让用户知道当前网页的位置，例如通过辅助导航的“首页>新闻频道>新闻标题”对所在网页位置进行文字说明，同时配合导航的高亮颜色，以达到视觉直观指示的效果。
- 测试所有的超链接与导航按钮的真实可行性。网站发布后，第一件该做的事是逐一测试每一页的超链接与每一个导航按钮的真实可行性，彻底检验有没有失败的链接。
- 导航内容必须清晰。导航的目录或主题种类必须清晰，不要让用户感到困惑，而且如果有需要突出主要网页的区域，则应该与一般网页在视觉上有所区别。
- 准确的导航文字描述。用户在单击导航链接前对他们所找的东西能有一个大概的了解，链接上的文字必须能准确描述链接所要到达的网页内容。

17.3　网站页面版式风格设计

> 网站页面的布局版式、展示形式直接影响用户使用网站的方便性。合理的页面布局可以使用户快速发现网站的核心内容和服务。如果页面布局不合理，用户不知道怎样获取所需的信息，或者很难找到相应的信息，那么他们就会离开，甚至以后都不会再访问。

17.3.1　网站内容的排版

虽然网站拥有传统媒体不具有的优势，能够将声音、图片、文字、动画相结合，营造一个富有生机的独特世界，并且拥有极强的交互性，但是最基本的模式还是平面设计，所以就要考虑形式美的内容，其中网页的排版布局就属于形式美的内容。

现在的网站通常具有的内容是文字、图片、符号、动画、按钮等。其中文字占很大的比重，因为现在网络基本上还是以传送信息为主，而使用文字是非常有效的一种方式。其次是图片，添加图片不但可以使页面更加活跃，而且可以直观形象地说明问题。

既然文字是现在网页传输信息的主要工具，那么就得把页面上主要的部分留给文字。这个看似简单的道理却被很多网站所忽视，包括一些影响力较大的网站，一味地讲求“美观”，主要的文字性内容却放到下边，结果用户很难获得需要的信息，有时候要拉动滚动条才能看到整个页面的主要内容。

真正好的文本排布是这样的：一般放在最显著的地方，如整个屏幕的中央稍微偏右下；文本的排版整体性好，浏览起来通畅而丝毫没有阻碍，理解内容更加容易。文字的大小应该适中，太大浏览起来增加了翻页的难度，太小看起来太累，加之不同显示器的分辨率不同，导致这个矛盾更加突出。因此这是值得每一个设计者慎重考虑的问题。用色也要讲究，一般用区别于主体的颜色可以起到强调的作用，但用得太多，也会影响读者的理解，影响他们使用的心情，导致厌倦情绪的产生。对于文字的处理，很多软件都非常注意这方面的改进工作，使文字处理更加方便。如图 17-6 所示为网站页面中的文字排版。

图片在网页设计中也占据着很重要的地位，由于图片的加入使网页更加丰富多彩，所以用好图片是非常重要的。图片不能太大，同时又要使图片尽量清楚、直观，最大限度地发挥它的作用，把握这个度是很关键的。另外图片的排布也很有讲究，特别是多图的情况，要使图片与图片之间的联系清楚，同时又要融为一个整体，使其看起来富有条理。如图 17-7 所示为页面中的多图排版。

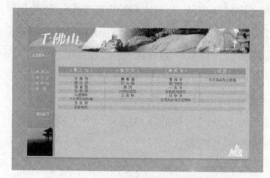

图 17-6　网站页面中的文字排版

图 17-7　页面中的多图排版

17.3.2　网站网页的布局形式

　　按照平面布局的形式来看，整个页面可以分为若干部分，每个部分都有不同的功能，也能体现不同的形式，具体是上边、左边、下边、右边、中间。中间的部分一般是最大的，因为它承载着主要的信息，用户一般也主要看中间这部分的内容。下面是几种布局方式。

- 上边和左边相结合，这是最常用的一种方式。页面上部是网站的 Logo、导航和广告条，左边是导航按钮或其他链接，如图 17-8 所示。这样的布局有其本质上的优点，因为人的注意力主要在右下角，所以能让浏览者很方便地进行浏览。但是按钮在左边，一般我们都是用右手来操作鼠标，要到左边去单击按钮就要移过整个屏幕，所以会很不方便。当然也不是一成不变，只有在这种基础上做一些变化，就能做出很好的网页，如图 17-9 所示的网页就采用了上边和右边结合的布局。

图 17-8　上边和左边相结合

图 17-9　上边和右边结合的布局

- 上边和下边相结合，这种方式用得少一些，但是也有很多网站采用。这样可以解决使用上的问题，因为在屏幕下方移动鼠标可以很自如。同时由于上面有横的导航或者是广告

条，这样上下造成一种对比和呼应，无论其中的内容如何安排，页面都会显得非常平衡，形式感很强，如图 17-10 所示。

- 上边、左边、下边相结合，这种方式也有一些应用，它将功能性的东西有条理地放在左边和下边，使用起来更方便，很多的按钮和链接都可以很清楚地显示出来，具有很好的导向性。但是这样也有不利的地方，例如整个页面被占去的地方较多，使页面主要显示的内容受到影响。所以在使用的时候也需要斟酌。如图 17-11 所示。

图 17-10　上边和下边结合的布局

图 17-11　上边、左边、下边相结合

- 上、下、左、右形成一种包围的布局，这种形式的应用类似于第三类，优点一样，但是缺点更明显，由此留给使用者的空间太少，所以这种布局的应用也比较少。不过经过一些刻意的变化之后也能做出很漂亮的形式，所以一些个人站点有时也采用这种布局，如图 17-12 所示。

图 17-12　上、下、左、右布局

以上是经过简单提炼之后得出的几种类别，但是在现实的应用中基本上都是经过一定变化的，所以呈现出丰富多彩的布局形式，在了解这些布局的基本优、缺点之后，适当地利用其优点，结合一些富有形式美感的因素进行设计，就能设计出非常漂亮的网页，同时在使用上也能够非常方便。

 17.3.3　网站界面设计的兼容性

网站界面设计应考虑浏览器的兼容性，即要适合大多数用户的浏览环境，使他们都能正常浏览。随着 Web 标准的推广和应用，将网站界面的表现与形式分离，更具灵活性和适应性的方式在网站建设中越来越受推崇。要做到网站界面在各浏览器和分辨率下兼容，不妨就从 Web 标准化的运用开始。

目前网站界面的主流分辨率主要指 1024×768 像素，而随着液晶显示器的普及，1280×1024 像素的分辨率将会有更多人使用。因而网站界面设计应该在保证主流分辨率的基础上，争取做到兼顾适应未来分辨率的趋势。目前主流浏览器仍然是 Internet Explorer，火狐 Firefox 的市场份额近年来也在不断增加，要做到网页在以上浏览器下均能正常浏览。

图 17-13　新浪新闻中心

手机 3G 时代终将来临，无线互联网将是未来的发展趋势。在建立网站时不仅要考虑网站界面在各浏览器下的兼容性，还有必要对手机浏览兼容，有的企业甚至会建立专供手机上网浏览的 WAP 网站。如图 17-13 所示的是新浪新闻中心的 WAP 站点 http://3g.sina.com.cn/。网站界面适应手机的窄屏模式，信息内容从上到下有序展开，没有大图片，只有必要的 Logo。

要做到网站界面的兼容性应做到以下几点。

- Web 标准的熟练运用。
- 网站界面应对主流浏览器兼容。
- 网站界面应对主流分辨率兼容。
- 网站界面对手机和屏幕阅读器等特殊设备兼容。

 17.3.4　界面布局与内容的相关性

网站的界面布局与网站内容架构息息相关。网站界面布局应遵循用户的浏览习惯和网站的信息规划，将内容合理有序地呈现在用户面前，使重要信息置于页面的重要位置。同时网站的界面布局也反映出网站的运营思路，并对最终的营销结果产生影响。在如图 17-14 所示的网页上，尚湖动态与介绍等用户关心的内容占据了网站第一屏中的重要位置，其他信息在页面的下方。

在进行网站界面布局时应注意以下几点。

- 从上到下，从左到右，按照内容重要性的优先级有序展开。
- 重要内容放在靠前的位置。
- 建立清晰的视觉层次。

- 页面布局清晰明确，同级的页面布局一致。
- 页面上内容有包含关系的部分，视觉上要进行嵌套。
- 页面上内容有相关联系的部分，视觉上要体现这种相关性。

图 17-14　界面布局与内容的相关性

17.4　网站视觉元素设计

> 一般来说，网站的视觉元素主要有文字、图片、表单和按钮这几类，还包括标签、列表、多媒体等，这些都是网站外观设计的组成部分，服从于网站的整体风格需要。用好网站视觉元素，能更好地指导和协助用户完成网站上的任务流程，使用户获得良好的在线体验。

17.4.1　让文字易辨识

字体是帮助用户获得与网站的信息交互的重要手段，因而文字的易读性和易辨认性是设计网站页面时的重点。不同的字体会营造出不同的氛围，同时不同的字体大小和颜色也对网站的内容起到强调或者提示的作用。

正确的文字和配色方案是好的视觉设计的基础。网站上的文字受屏幕分辨率和浏览器的限制，但仍有一些通用的准则：文字必须清晰可读，大小合适，文字的颜色和背景色应有较为强烈的对比度，文字周围的设计元素不能对文字造成干扰。在如图 17-15 所示的网页中，文本与背景色对比不强烈，阅读吃力，同时正文字体过小，几乎难以识别。

图 17-15　文字不易识别

在进行网站的页面文字排版时要做到以下几点。

- 避免字体过于黯淡导致阅读困难。
- 字体色与背景色对比明显。
- 字体颜色不要太杂。
- 有链接的字体要有所提示，最好采用默认链接样式。
- 标题和正文所用的文字大小有所区别。
- 作为内容的文字字体大小最好大一点。
- 英文和数字选用与中文字体和谐的字体。

17.4.2　让图片更合理

网页上的图片也是版式的重要组成部分，正确运用图片，可以帮助用户加深对信息的印象。与网站整体风格协调的图片，能帮助网站营造独特的品牌氛围，加深浏览者的印象。

网站中的图片大致有 3 种：Banner 广告图片、产品展示图片、修饰性图片，如图 17-16 所示的网页中使用了各种图片。

在网页图片的设计处理时注意以下事项。

- 图片出现的位置和尺寸合理，不对信息获取产生干扰，不会喧宾夺主。
- 考虑浏览者的网速，图片文件不宜过大。
- 有节制地使用 Flash 和动画图片。
- 在产品图片的 alt 标签中添加产品名称。
- 形象图片注重原创性。

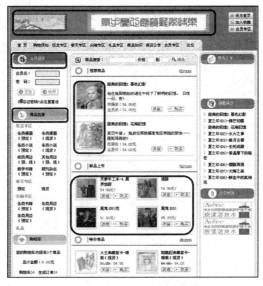

图 17-16　网页图片

17.4.3　让表单更易用

用户在填写网站表单的时候，无论是注册、发布信息还是信息反馈，都已到了顾客转化的关键环节，其重要性不言而喻。表单涉及较复杂的在线交互行为，与流程息息相关，当一个交互过程需要分成很多个步骤完成的时候，更应重视对用户一步一步地引导，每一个按钮都合理有效，接近并最终达成任务目标。

好的表单设计可以提升用户体验，但不少网站的表单设计都会或多或少地存在一些问题，排除内容部分的因素，就设计而言，表单设计容易犯的错误包括以下几点。

- 过于冗长的表单和繁多的填写项。
- 填写出错后才出现说明和帮助。
- 提交按钮不易发现。

如图 17-17 所示是注册表单的一个网页。这个信息注册表单较长，涉及的用户行为较多，包括选择、填写、插图等复杂的流程。因此这里采用默认分步式发布形式，即将一页表单拆成几个页面，每个页面单元只完成一种类别行为。分步式发布比较适合于初次使用的客户，避免在一个页面内填写大量的信息。

可以通过以下几点来提高表单的易用性。

- 控制输入框的大小、恰当对齐，使之符合内容版式的需要。
- 根据表单元素的相关性进行合理分组和排序。
- 下拉列表过长时，可横向排列。
- 对填写内容提供必要的帮助提示。
- 避免一页表单必填项堆积过多，通过分页或收缩方式实现分步式表单形式。
- 提交按钮醒目，位置符合习惯。

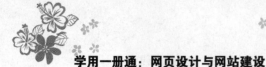

图 17-17　注册表单

17.4.4　让按钮更易点击

按钮是网站界面中伴随着用户点击行为的特殊图片，按钮在设计上有较高的要求。按钮设计的基本要求是要达到"点击暗示"效果，凹凸感、阴影效果、水晶效果等均是这一原则的网络体现。同时，按钮中的可点击范围最好是整个按钮，而不仅限于按钮图片上的文本区。如图17-18 所示的淘宝网站的按钮设计就非常漂亮。

图 17-18　淘宝网的按钮

可以通过以下几点来设计按钮，让它更易点击。

- 按钮颜色与背景颜色有一定的对比度。
- 按钮有浮起感，可点击范围够大，包括整个按钮。
- 按钮文字提示明确，如果没有文字，确信所使用的图形按钮是约定俗成、容易被用户理解的图片。
- 对顾客转化起重要作用的按钮用色应突出一点，尺寸大一点。

第 *18* 章 网站的安全与运营维护

学前必读

随着计算机的飞速发展，信息网络已经成为社会发展的重要保证，网络信息遍布各企事业单位，还涉及军事、文教等各个领域。网络的安全问题随着网络破坏行为的日益猖狂而开始得到重视。目前网站建设已经不仅仅考虑具体功能模块的设计，而是将技术的实现与网络安全结合起来。

学习流程

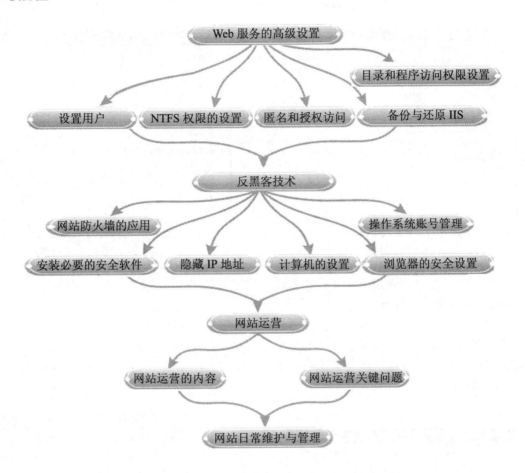

18.1　Web 服务的高级设置

Web 服务高级设置的主要内容是对访问权限的控制，这部分的设置主要是在 IIS 中的"属性"对话框中进行的。下面通过实例介绍 Web 服务高级设置的主要应用。

18.1.1　设置用户

用户的权限由系统管理员进行分配，它将影响到访问者对网站的操作及 FTP 等 WWW 服务，它最终将决定访问者所具有的权限。下面介绍如何在 Windows XP 的"计算机管理"控制台中创建用户，具体操作步骤如下。

（1）执行"开始" | "所有程序" | "管理工具" | "计算机管理"命令，打开"计算机管理"窗口，展开左侧管理控制中的"本地用户和组"，选择"用户"，如图 18-1 所示。

（2）执行"操作"|"新用户"命令，弹出"新用户"对话框，添加用户名、全名、描述等信息，并设置密码，如图 18-2 所示。

图 18-1　"计算机管理"窗口　　　　　图 18-2　"新用户"对话框

（3）单击"创建"按钮，并单击"关闭"按钮返回。此时，新用户账号出现在计算机管理器的用户列表中，如图 18-3 所示。

（4）双击列表中新添加的用户，弹出"属性"对话框，切换至"隶属于"选项卡，单击"添加"按钮，并在弹出的"选择组"对话框中单击"高级"按钮，单击"立即查找"按钮，并在"名称"列表中选中"Guests"，单击"确定"按钮，选择该用户组，如图 18-4 所示。

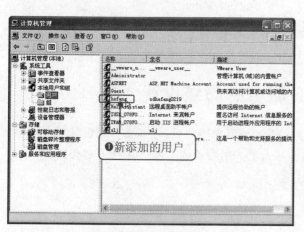

图 18-3　添加的新用户　　　　　　　图 18-4　"选择组"对话框

（5）单击"确定"按钮，完成用户组的添加，如图 18-5 所示。

图 18-5　用户组添加结果

18.1.2　NTFS 权限的设置

由于有了 NTFS 权限这个特性，那么在 Windows XP 中就可以实现对某个账户只允许读取某个文件夹或者某个文件的功能。实现该功能的前提条件就是电脑的分区必须是 NTFS 分区，如果是 FAT 或者 FAT32 分区的话，那么该功能是无法实现的。

下面介绍如何设置文件夹"Web"的权限，解决在编辑、更新或删除操作时，网页出现的数据库被占用或用户权限不足的问题，具体操作步骤如下。

（1）选中文件夹"Web"，单击鼠标右键，在弹出的快捷菜单中执行"属性"命令，弹出"Web 属性"对话框，切换至"安全"选项卡，单击"添加"按钮，如图 18-6 所示。

（2）在"选择用户或组"中添加 Everyone 用户组，如图 18-7 所示。

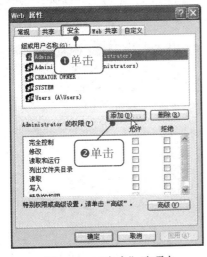

图 18-6　"安全"选项卡

图 18-7　"选择用户或组"对话框

（3）单击"确定"按钮，返回到"Web 属性"对话框，选中"组或用户名称"列表框中的"Everyone"用户组，并在其下的权限列表框的"修改"选项中勾选"允许"复选框，单击"确定"按钮即可，如图 18-8 所示。

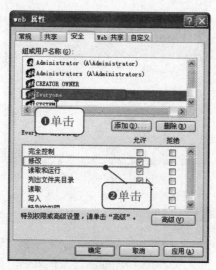

图 18-8　设置用户组权限

18.1.3　目录和应用程序访问权限的设置

目录和应用程序访问权限是由 IIS 服务器的权限设置的，它与 NTFS 权限是互相独立的，并共同限制用户对站点资源的访问。目录和应用程序的访问权限并不能对用户身份进行识别，因此它所做出的限制是一般性的，对所有的访问者都起作用。

指定目录和应用程序访问权限是在网站的"属性"对话框的"主目录"选项卡中进行的，其设置界面如图 18-9 和图 18-10 所示。

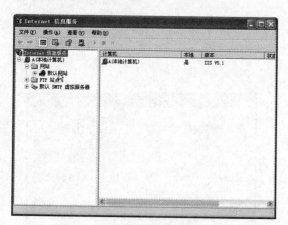

图 18-9　"Internet 信息服务"窗口

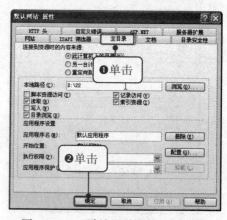

图 18-10　"默认网站属性"对话框

目录和应用程序访问权限分别对网站中的目录及应用程序文件进行权限的限制。其中前者针对非应用程序文件，包括网页、所有数据库文件等，其权限类型主要有"读取"和"写入"。后者则是针对使用脚本语言编写的脚本程序文件和可执行应用程序文件，其权限有"无权限"、"纯脚本"、"脚本和可执行程序"3 种类型。

"主目录"选项卡中的"读取"和"写入"复选框用于配制目录访问权限。一般意义上的网页浏览和文件下载操作在"读取"权限的许可下就可以进行。而对于允许用户添加内容的网站（如搜集用户信息的网站或专门的个人主页空间），就要考虑指定"写入"权限。

 18.1.4　匿名和授权访问控制

前面我们已经知道只有拥有合法的用户账号才能对 Windows 系统进行访问，对于基于 Windows XP 系统的 IIS 也不例外。但是，在打开网站主页时并没有要求我们输入用户名和密码。这是因为在通常情况下，网站是允许匿名访问的，即无须再输入账号，自动使用匿名访问账号并继承匿名访问权限。

一旦用户所访问的资源不允许匿名访问，IIS 就会要求用户提供合法的用户名和密码，这就是授权访问。授权访问要求用户拥有合法的 Windows XP 账号，且必须具有相应的权限。

在默认情况下，IIS 对任意站点都是允许匿名访问的，如果出于站点安全性等考虑需要禁止匿名访问时，则应按照如下步骤进行配置。

（1）在 IIS 中用鼠标右键单击管理控制树中需要禁止匿名访问的 Web 站点图标，在弹出的快捷菜单中执行"属性"命令，弹出"默认网站属性"对话框，切换至"目录安全性"选项卡。

（2）在"匿名访问和身份验证控制"选项组中单击"编辑"按钮，如图 18-11 所示。

（3）在弹出的"身份验证方法"对话框中取消勾选"匿名访问"复选框，如图 18-12 所示。单击"确定"按钮返回。

图 18-11　"目录安全性"选项卡

图 18-12　取消勾选"匿名访问"复选框

当然，对于公共性质的网站而言，并不需要禁止匿名访问，但在某些情况下还是需要对匿名访问用户账号进行配置。在"身份验证方法"对话框中勾选"匿名访问"复选框，然后单击右侧的"浏览"按钮，弹出"选择用户"对话框，加入指定的用户或用户组。

有时网站管理员可能并不满意使用 IUSR_computername 作为匿名访问账号名，出于安全考虑或管理方便，往往需要指定另一个账号作为匿名访问账号。这时只需单击"用户名"文本框右侧的"浏览"按钮，在"选择用户"对话框中指定新的匿名访问账号，单击"确定"按钮即可。

 18.1.5 备份与还原 IIS

很多以本地计算机为服务器,开放 Web 或 FTP 服务的朋友都喜欢使用简单易行的 Windows 2000/XP 自带的 IIS 作为服务器架设工具，因此就需要了解如何备份与还原 IIS。在黑客入侵而破坏 IIS 设置的情况下，如果能够直接还原为事先配置好的状态，无疑会在很大程度上提高工作效率。备份与还原 IIS 的具体操作步骤如下。

（1）执行"开始"|"所有程序"|"管理工具"|"计算机管理"命令，打开"计算机管理"窗口，用鼠标右键单击"Internet 信息服务"选项，在弹出的快捷菜单中执行"所有任务"|"备份/还原配置"命令，如图 18-13 所示。

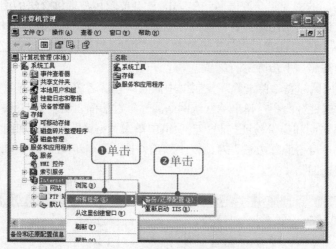

图 18-13　"计算机管理"窗口

（2）弹出"配置备份/还原"对话框，如图 18-14 所示。单击"创建备份"按钮，弹出"配置备份"对话框，设置"配置备份名称"为"网站建设"，如图 18-15 所示。

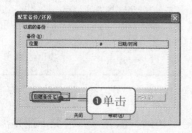

图 18-14　"配置备份/还原"对话框

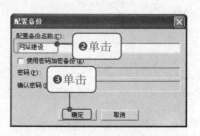

图 18-15　设置"配置备份名称"

（3）单击"确定"按钮，在弹出的"Internet 服务管理器"对话框中单击"是"按钮，完成 IIS 的备份，如图 18-16 所示。

（4）IIS 备份完毕后，返回到"配置备份/还原"对话框，选择创建的名为"网站建设"的备份，并单击"还原"按钮，即可实现 IIS 的还原，如图 18-17 所示。

图 18-16　信息提示对话框

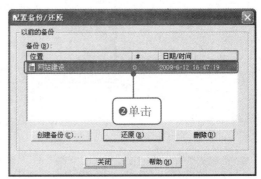

图 18-17　还原 IIS

18.2　反黑客技术

　　黑客原指热心于计算机技术、水平高超的电脑专家，尤其是程序设计人员。但到了今天，黑客一词已被用于泛指那些专门利用电脑搞破坏或恶作剧的人。网络是黑客破坏计算机的主要途径，目前 90%以上的流行计算机病毒都是通过网络进行传播的。为了保障系统的正常运行，维护网络安全，要求管理员必须具备一定的反黑客技术。下面简要介绍几种在 Windows XP 操作系统平台上常见的反黑客技术。

 18.2.1　计算机的设置

计算机的设置是比较基础的内容，同时也是反黑客技术最直接的方式，下面介绍常见的计算机安全设置。

1．取消文件夹隐藏共享

在默认状态下，Windows XP 会开启所有分区的隐藏共享，执行"控制面板"|"管理工具"|"计算机管理"命令，在打开的窗口中选择"系统工具"|"共享文件夹"|"共享"选项，如图 18-18 所示，可以看到硬盘上的分区名后面都加了一个"$"。大多数个人用户系统 Administrator 的密码都为空，入侵者可以轻易看到 C 盘的内容，这就给网络安全带来了极大的隐患。

消除默认共享的方法很简单，执行"开始"|"运行"命令，弹出"运行"对话框，在对话框中输入"regedit"，如图 18-19 所示。打开注册表编辑器，进入"HKEY_LOCAL_ MACHINE"|"SYSTEM"|"CurrentControlSet"|"Sevices"|"Lanmanworkstation"|"parameters"，新建一个名为"autosharewks"的双字节值，并将其值设为"0"，关闭 admin$共享，如图 18-20 所示。重新启动电脑，这样共享就取消了。

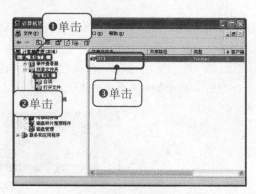

图 18-18　隐藏共享

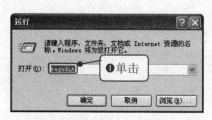

图 18-19　"运行"对话框

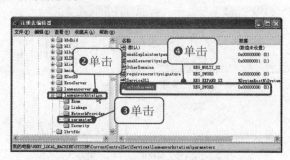

图 18-20　新建 autosharewks 值

2．删掉不必要的协议

对于服务器和主机来说，一般只需安装 TCP/IP 协议就够了。用鼠标右键单击"网上邻居"，在弹出的快捷菜单中执行"属性"命令，再用鼠标右键单击"本地连接"，在弹出的快捷菜单中执行"属性"命令，卸载不必要的协议。其中 NetBIOS 是很多安全缺陷的根源，对于不需要提供文件和打印共享的主机，还可以将绑定在 TCP/IP 协议的 NetBIOS 关闭，避免针对 NETBIOS 的攻击。选择"TCP/IP 协议" | "属性" | "高级"，进入"高级 TCP/IP 设置"对话框，选择"WINS"选项卡，勾选"禁用 TCP/IP 上的 NetBIOS"，关闭 NetBIOS，如图 18-21 所示。

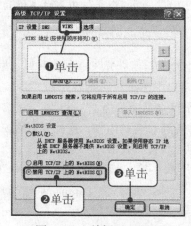

图 18-21　关闭 NetBIOS

3．关闭文件和打印共享

文件和打印共享是一个非常有用的功能，但也是黑客入侵的安全漏洞。所以在没有使用"文件和打印共享"的情况下，可以将它关闭。

首先进入"控制面板"，并双击"安全中心"图标，进入"Windows 安全中心"，如图 18-22 所示，单击"Windows 防火墙"链接，弹出"Windows 防火墙"对话框，切换至"例外"选项卡，取消勾选"程序和服务"列表框中的"文件和打印机共享"复选框，如图 18-23 所示。

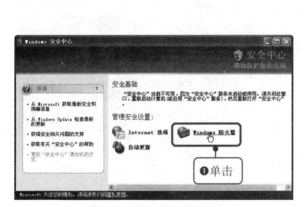

图 18-22　Windows 安全中心

图 18-23　取消勾选"文件和打印机共享"复选框

4．把 Guest 账号禁用

有很多入侵都是通过 Guest 账号进一步获得管理员密码或者权限的。如果不想让自己的计算机被别人控制，那么将其禁用为好。执行"控制面板"|"管理工具"|"计算机管理"命令，在窗口中选择"系统工具"|"本地用户和组"|"用户"选项，如图 18-24 所示，用鼠标右键单击"Guest"，在弹出的快捷菜单中执行"属性"命令，在"常规"选项卡中勾选"账户已停用"复选框，如图 18-25 所示。

图 18-24　本地用户

图 18-25　停用 Guest 账户

5．禁止建立空链接

在默认情况下，任何用户都可以通过空链接连上服务器，并通过枚举账号猜测密码。因此必须禁止建立空链接，其方法是修改注册表。

执行"开始"|"运行"命令，弹出"运行"对话框，在对话框中输入"regedit"，如图 18-26 所示。打开注册表编辑器，进入"HKEY_LOCAL_MACHINE"|"System"|"CurrentControlSet"|"Control"|"Lsa"，将 DWORD 值"restrictanonymous"的键值改为"1"即可，如图 18-27 所示。

图 18-26 "运行"对话框

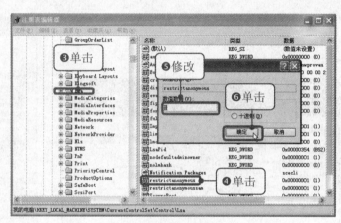

图 18-27 修改键值

18.2.2 隐藏 IP 地址

黑客经常利用一些网络探测技术来查看主机信息，主要目的就是得到网络中主机的 IP 地址。IP 地址在网络安全上是一个很重要的概念，如果攻击者知道了服务器的 IP 地址，等于为攻击准备好了目标，黑客可以向这个 IP 发动各种进攻，如 DoS（拒绝服务）攻击、Floop 溢出攻击等。

隐藏 IP 地址的主要方法是使用代理服务器。与直接连接到互联网相比，使用代理服务器能保护上网用户的 IP 地址，从而保障上网安全。代理服务器的原理是在客户机和远程服务器之间架设一个"中转站"，当客户机向远程服务器提出服务要求后，代理服务器首先截取用户的请求，然后将服务请求转交给远程服务器，从而实现客户机和远程服务器之间的联系。很显然，使用代理服务器后，其他用户只能探测到代理服务器的 IP 地址，而不是服务器真正的 IP 地址，这就实现了隐藏服务器 IP 地址的目的，保障了上网安全。

下面介绍如何通过 Internet Explorer 浏览器来设置代理服务器，进而实现隐藏 IP 地址的目的，具体操作步骤如下。

（1）启动 Internet Explorer 浏览器，执行"工具"|"Internet 选项"命令，弹出"Internet 选项"对话框，切换至"连接"选项卡，如图 18-28 所示。

（2）单击"局域网设置"按钮，弹出"局域网（LAN）设置"对话框，勾选"为 LAN 使用代理服务器"复选框，激活下面的"地址"文本框，输入代理服务器的 IP 地址，并设置具体的端口号，最后单击"确定"按钮，完成代理服务器的设置，如图 18-29 所示。

图 18-28　"Internet 选项"对话框

图 18-29　设置代理服务器

18.2.3　操作系统账号管理

　　Administrator 账号拥有最高的系统权限，一旦该账号被人利用，后果将不堪设想。黑客入侵的常用手段之一就是试图获得 Administrator 账号的密码，在一般情况下，系统安装完毕后，Administrator 账号的密码为空，因此要重新配置 Administrator 账号。

　　首先是为 Administrator 账号设置一个强大复杂的密码，然后重命名 Administrator 账号，再创建一个没有管理员权限的 Administrator 账号欺骗入侵者。这样，入侵者就很难弄清楚哪个账号真正拥有管理员权限，也就在一定程度上降低了危险性。下面介绍通过控制面板为 Administrator 账号创建一个密码，具体操作步骤如下。

　　（1）执行"控制面板"|"管理工具"|"计算机管理"命令，在窗口中选择"系统工具"|"本地用户和组"|"用户"选项，在右侧的用户列表窗口中，选中"Administrator"账号并单击鼠标右键，在弹出的快捷菜单中执行"设置密码"命令，如图 18-30 所示。

　　（2）此时将弹出设置账号密码的警告提示对话框，如图 18-31 所示。

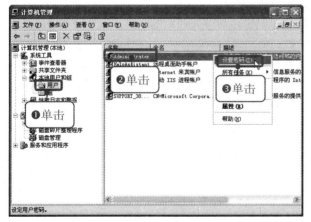

图 18-30　选择"设置密码"命令

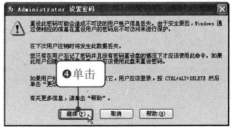

图 18-31　警告提示对话框

401

（3）单击"继续"按钮，弹出"为 Administrator 设置密码"对话框，如图 18-32 所示，连续两次输入相同的登录密码，单击"确定"按钮，完成账户密码的设置。

（4）在用户列表窗口中，选中"Administrator"账号并单击鼠标右键，在弹出的快捷菜单中执行"重命名"命令，如图 18-33 所示，可以根据自己的需要为其重命名。

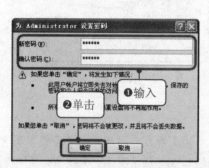

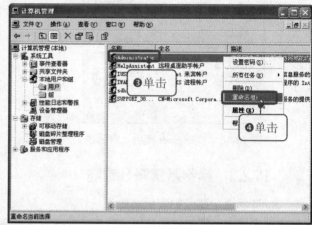

图 18-32　"为 Administrator 设置密码"对话框　　图 18-33　执行"重命名"命令

18.2.4　安装必要的安全软件

除了通过各种手动方式来保护服务器操作系统外，还应在计算机中安装并使用必要的防黑软件、杀毒软件和防火墙。在上网时打开它们，这样即便有黑客进攻服务器，系统的安全也是有保证的。

木马程序会窃取所植入电脑中的有用信息，因此也要防止被黑客植入木马程序。在下载文件时先放到自己新建的文件夹中，再用杀毒软件来检测，起到提前预防的作用。

18.2.5　浏览器的安全设置

虽然 ActiveX 控件和 Applet 有较强的功能，但也存在被人利用的隐患，例如网页中的恶意代码往往就是利用这些控件来编写的。所以要避免恶意网页的攻击只有禁止这些恶意代码的运行。IE 对此提供了多种选择，具体设置步骤如下。

（1）启动 Internet Explorer 浏览器，执行"工具"|"Internet 选项"命令，弹出"Internet 选项"对话框，切换至"安全"选项卡，如图 18-34 所示。

（2）单击"自定义级别"按钮，弹出"安全设置-Internet 区域"对话框，然后将 ActiveX 控件与相关选项禁用，如图 18-35 所示。

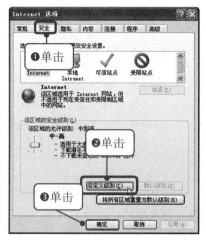
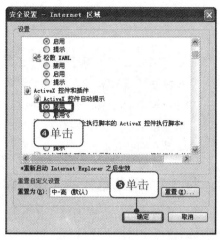

图 18-34　"Internet 选项"对话框　　　　　图 18-35　禁用 ActiveX 控件与相关选项

18.2.6　网站防火墙的应用

　　防火墙作为网络安全最主要和最基本的基础设施，已经得到广大用户的认同，有成熟的技术、成熟的产品和成熟的市场。随着信息技术的发展，防火墙市场近几年得到了突飞猛进的发展，信息安全已经得到了各个行业的高度重视，特别是防火墙产品的应用已经延伸到银行、保险、证券、邮电、军队、海关、税务、政府等各个行业。因此，防火墙产品已经成为国内安全产品竞争的焦点。目前我们将其分为硬件防火墙和软件防火墙。

　　1．硬件防火墙产品

　　国内硬件防火墙的品牌较多，但专注于信息安全的厂商却不多，尤其是"芯片"级的防火墙就更少了。如果以架构划分，芯片级防火墙基于专门的硬件平台，专有的 ASIC 芯片使其比其他种类的防火墙速度更快、处理能力更强、性能更高，因此漏洞相对比较少，不过价格相对较贵，做这类防火墙的国内厂商并不多，如天融信。另外一种方式是以 X86 平台为代表的通用CPU 芯片，它是目前使用较为广泛的一种方式。这种类型的厂商较多，如启明星辰、联想网御、华为等。一般而言，产品价格相对于前者较低。还有就是网络处理器（NP），一般只用于低端路由器、交换机等数据通信产品，由于开发难度高、成本低、周期短等原因，进入这一门槛的标准相对较低，也拥有部分客户群体。

　　2．软件防火墙产品

　　所谓防火墙，指的是一个由软件和硬件设备组合而成的在内部网和外部网之间、专用网与公共网之间的界面上构造的保护屏障，是一种获取安全性方法的形象说法。它是一种计算机硬件和软件的结合，使 Internet 与 Intranet 之间建立起一个安全网关（Security Gateway），从而保护内部网免受非法用户的入侵。防火墙主要由服务访问政策、验证工具、包过滤和应用网关 4个部分组成。

403

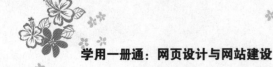
18.3　网站运营

网站运营是指网站的产品管理、内容运营、内容更新、市场推广等相关的运营管理工作。广义上包含了网站策划、产品开发、网络营销、客户服务等多个环节，狭义上特指在网站建设完成后的运营管理工作，即网络营销体系中一切与网站后期运作有关的工作，如内容策划、营销活动策划和客户服务等。

18.3.1　网站运营的工作内容

创建一个网站，对于大多数人并不陌生，尤其是已经拥有自己网站的企业和机构。但是，提到网站运营可能很多人不理解，对网站运营的重要性也不明确。网站运营包括网站需求的分析和整理、频道内容建设、网站策划、产品维护和改进、各部门协调工作 5 个方面的具体内容。

1．网站需求的分析和整理

对于一名网站运营人员来说，最为重要的就是要了解需求，在此基础上，提出网站具体的改善建议和方案，对这些建议和方案要与大家一起讨论分析，确认是否具体可行；必要时还要进行调查取证或分析统计，综合评出这些建议和方案的可取性。

需求创新直接决定了网站的特色，有特色的网站才会更有价值，才会更吸引用户来使用。例如，新浪每篇编辑后的文章里常会提供相关的链接，供读者选择，这就充分考虑了用户的兴趣需求。网站细节的改变，应当是基于对用户需求把握而产生的。

需求的分析还包括对竞争对手的研究。研究竞争对手的产品和服务，看看他们最近做了哪些变化，判断这些变化是不是真的具有价值，如果能够为用户带来价值的话，完全可以采纳，为已所用。

2．频道内容建设

频道内容建设是网站运营的重要工作。网站内容决定了网站是什么样的网站。当然，也有一些功能性的网站，如搜索、即时聊天等，只是提供了一个功能，让用户去自由使用。使用这些功能最终仍是为了获取想要的信息。

频道内容建设是由专门的编辑人员来完成，内容包括频道栏目规划、信息编辑和上传、信息内容的质量提升等。编辑人员做的也是网站运营范畴内的工作，属于网站运营工作中的重要成员。很多小网站或部分大型网站，网站编辑人员也承担着网站运营人员的角色，他们不仅要负责信息的编辑，还要提需求、做方案等。

3．网站策划

网站策划包括前期市场调研、可行性分析、策划文档撰写、业务流程说明等内容。策划是建设网站的关键。一个网站只有真正策划好了，最终才有可能成为好的网站，因为前期的网站策划涉及更多的市场因素。

应根据需求来进行有效的规划。文章标题和内容如何显示、广告如何展示等，都需要进行合理和科学的规划。页面规划和设计是不一样的。页面规划较为初级，而页面设计则上升到了更高的层次。

4．产品维护和改进

产品的维护和改进工作，其实与需求的分析和整理有一些相似之处。产品维护工作更多的应是对顾客已购买产品的维护，响应顾客提出的问题。

在大多数网络公司中，都有人数较多的客服人员。很多时候，客服人员对技术、产品等问题可能不是非常清楚，对顾客的不少问题又不能进行很好的解答，这时就需要运营人员分析和判断问题，或对顾客给出合理的说法，或把问题交给技术人员去处理，或找出更好的解决方案。

5．各部门协调工作

这一部分的工作内容体现得更多的是管理角色。因为网站运营人员深知整个网站的运营情况，知识相对来说比较全面，与技术人员、美工、测试、业务的沟通协调工作，更多的是由网站运营人员来承担。作为网站运营人员，沟通协调能力是必不可少的。

优秀的网站运营人才，要求具备行业专业知识、文字撰写能力、方案策划能力、沟通协调能力、项目管理能力等。

18.3.2　网站运营的关键问题

网站运营是网站能否持续成长的关键。网站运营需要做很多细节性的工作，但这些细节工作需要从一套系统和规范出发，而不是做到哪里算哪里，这样才能建立起一套良好的运营系统。下面介绍网站运营方面的几个关键问题。

1．定位

做网站的第一目的是赢利，所以第一件事是要找准市场，定好位，还要有清晰的赢利模式，网站架设前的市场分析和投资收益分析是必不可少的。网站的市场是什么？如何赢利？作为网站运营者在建设网站前一定要非常清楚。

2．团队

市场找到了，赢利模式确定了，接下来就是团队的搭建。打造一个高效的网站运营团队是非常重要的。需要多少人？都需要什么样的人？这都是要根据网站的规模来确定的。如何以最少的成本去运营网站是最需要考虑的事，即使有了风险投资，也要慎重使用。任何事情都是需要团队来完成的，但团队并不意味着人越多越好，应该搭建一个最需要的团队。

3．服务

网站一定要让用户接受并产生价值，并做好推广和服务。网站必须要有自己独特的东西。

4．发展

网站经营团队搭建好了，网站也做好了，推广也做得不错，也获得了客户的认可，那么就要考虑发展的问题了。网站不可能一下子做得很大，起步的时候都是按照当初的实际情况来规划网站的，但网站的规模总是会变的。要么变小、关闭，要么变大。当网站规模变大时，就得考虑整个团队的建设和管理问题了，尽量打造高效的团队，而不要盲目地扩充团队的规模。

5．创新

网站稳定经营一段时间以后，就必须考虑如何创新了，因为很多人发现了你的网站，知道这种网站能赚钱，并且在疯狂模仿。所以一定要保持独特的方式，让别人没办法快速模仿。

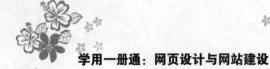

18.4　网站日常维护与管理

> 由于市场在不断变化，网站的内容也需要随之调整，给人常新的感觉。这就要求对站点进行长期不间断的维护和更新。对于网站来说，只有不断地更新内容，才能保证网站的生命力，否则网站不仅不能起到应有的作用，反而会对企业自身形象造成不良影响。

网站的日常维护与管理的主要包容如下。

（1）监视网站运营状况：在网站日常维护中，要尽量保证浏览者能正常访问网站。也不是一天 24 小时都要监视网站的运营状况，这需要根据访问者的访问行为来决定。在网站的高峰时段如果不能访问，那流量的丢失情况是很惨重的。

（2）网站运行统计数据分析：网站运行一段时间后，应该了解网站中哪些页面比较受欢迎，这些页面为什么会吸引访问者；哪些页面访问次数最少，而访问次数最少的页面是否重要；网站中哪些页面已经不存在，而这些不存在的页面的链接是否存在于其他页面之中。

（3）搜索引擎数据跟踪分析：分析站点在搜索引擎中的现有形势，然后进行相关的搜索引擎优化策略调整。

（4）网站的内容更新：不仅用户喜欢新鲜的信息，搜索引擎也是如此。周期性地给网站增加新的信息内容，这是一个很重要的工作。

（5）和来访者进行交流互动：经常和访问网站的用户交流，多听听他们的意见。

第7篇

完整商业网站的建设

第19章 网站建设规范和基本流程

学前必读

　　网站建设是一个复杂的系统工程。对于一个大型网站，不可能只由一个人或特定的某个人来完成，往往是通过多人的共同协作才能完成的。不同的人创建网站有不同的习惯，为了方便网站的开发，提高开发效率，在开发网站前一定要先制定网站的开发规范，另外还要了解并确定网站建设的基本流程。

学习流程

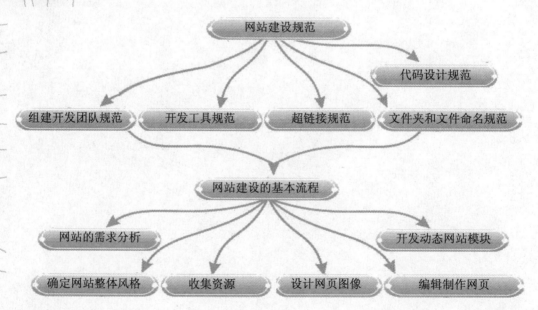

19.1　网站建设规范

> 任何一个网站在开发之前都需要制定一个开发约定和规则，这样有利于项目的整体风格统一、代码维护和扩展。由于网站项目开发的分散性、独立性、整合的交互性等特点，制定一套完整的约定和规则显得尤为重要。这些规则和约定需要与开发人员、设计人员和维护人员共同讨论制定，将来开发严格按照规则或约定进行。

 19.1.1　组建开发团队规范

确定网站项目后的第一件事就是组建开发团队，根据项目的大小，团队可以有几十人，也可以是几个人的小团队，在团队划分中必须含有 6 个角色，分别是项目经理、策划、美工、程序员、代码整合员和测试员。如果项目够大、人数够多，那就分为 6 个组，每个组的分工再细分。下面简单介绍一下这 6 个角色的具体职责。

- 项目经理负责项目总体设计、开发进度的定制和监控、制定相应的开发规范、对各个环节进行评审、协调各个成员小组之间开发。
- 策划提供详细的策划方案和需求分析，还包括后期网站推广方面的策划。
- 美工根据策划和需求设计网站 VI、界面、Logo 等。
- 程序员根据项目总体设计来设计数据库和功能模块的实现。
- 代码整合员负责将程序员的代码和界面融合到一起，以外还可以制作网站的相关页面。
- 测试员负责测试程序。

 19.1.2　开发工具规范

网站开发工具主要分为两部分：第一部分是网站前台开发工具；第二部分是网站后台开发工具。下面分别介绍这两部分需要使用的软件。

网站前台开发主要是指网站页面的设计，包括网站整体框架的建立、常用图像和 Flash 动画的设计等，主要使用的软件是 Photoshop、Dreamweaver 和 Flash 等。

网站后台开发主要指网站动态程序开发、数据库创建，主要使用的软件和技术是 ASP 和数据库。ASP 是非常优秀的网站程序开发语言，以全面的功能和简便的编辑方法受到众多网站开发者的欢迎。数据库系统的种类非常多，目前以关系型数据库系统最为常见，所谓关系型数据库系统是以表的类型将数据提供给用户，而所有的数据库操作都是利用旧的表来产生新的表。常见的关系型数据库有 Access 和 SQL Server。

 19.1.3　超链接规范

网页中的链接按照链接路径的不同可以分为 3 种形式："绝对路径"、"相对路径"和"根目录相对路径"。小网站由于层次简单，文件夹结构不过两三层，而且网站内容、结构的改动不大，所以使用"相对路径"是完全可以胜任的。

当网站的规模大一些的时候，由于文件夹结构越来越复杂，且基于模板的设计方法被广泛使用，使用"相对路径"会出现如超链接代码过长、模板中的超链接在不同的文件夹结构层次中无法直接使用等问题。此时使用"根目录相对路径"是理想的选择，它可以使超链接的指向变得绝对化，无论在网站的哪一级文件夹中，"根目录相对路径"都能够准确指向链接。

当网站规模再度增长，发展成为拥有一系列子网站的网站群时，各个网站之间的超链接就不得不采用"绝对路径"。为了方便网站群中的各个网站共享，过去在单域名网站中以文件夹方式存放的各种公共设计资源，最好采用独立资源网站的形式进行存放，各子网站可以使用"绝对路径"对其进行调用。

网站的超链接设计是一个很老的话题，而且非常重要。设计和应用超链接确实是一项对设计人员的规划能力要求非常高的工作，而且这些规划能力多数是靠经验积累来获得的，所以要善于总结。

19.1.4　文件夹和文件命名规范

文件夹命名一般采用英文，长度一般不超过 20 个字符，采用小写字母。文件名称统一用小写的英文字母、数字和下画线的组合。命名原则的指导思想一是使得工作组的每一个成员都能够方便地理解每一个文件的意义，二是当在文件夹中使用"按名称排列"命令时，同一种大类的文件能够排列在一起，以便查找、修改、替换等操作。

在给文件和文件夹命名时应注意以下规则。

1．尽量不使用难理解的缩写词

不要使用难理解的缩写词。在网站设计中，设计人员往往会使用一些只有自己才明白的缩写词，这些缩写词的使用会给站点的维护带来隐患。如 jyhtgl、jyhtdl，如果不告诉这是"交友后台管理"和"交友后台登录"的拼音缩写，没有人能知道是什么意思。

2．不重复使用本文件夹或者其他上层文件夹的名称

重复本文件夹或者上层文件夹名称会增长文件名及文件夹名的长度，导致设计中的不便。如果在 images 文件夹中建立一个 banner 文件夹用于存放广告，那么就不应该在每一个 banner 的命名中加入"banner"前缀。

3．加强对临时文件夹和临时文件的管理

有些文件或者文件夹是出于临时的目的而建立的，如一些短期的网站通告或促销信息、临时文件下载等，不要将这些文件或文件夹随意放置。一种比较理想的方法是建立一个临时文件夹来放置各种临时文件，并适当使用简单的命名规范，不定期地进行清理，将陈旧的文件及时删除。

4．在文件及文件夹的命名中避免使用特殊符号

特殊符号包括"&"、"＋"、"、"等，它们是会导致网站不能正常工作的字符。

5．在组合词中使用连字符

在某些命名用词中，可以根据词义，使用连字符将它们组合起来。

 19.1.5　代码设计规范

一个良好的程序编码风格有利于系统的维护，代码也易于阅读查错。在编写代码时应注意以下规范。

1．大小写规范

HTML 文件是由大量标记组成的，如<a>、<td>、<img>等。标记分为起始标记和结尾标记，每个标记都有名称和若干属性，标记的名称和属性都在起始标记内标明。

HTML 本身不区分大小写，如<title>和<TITLE>是一样的，但作为严谨的网页设计师，应该确保每个网页的 HTML 代码使用统一的大小写方式。习惯上将 HTML 的代码使用"小写"方式。

2．字体和格式规范

良好的代码编写格式能够使团队中的所有设计人员更好地进行代码维护。

规范化代码编写的第一步是统一编写环境，设计团队中所使用的编写软件应尽可能一致。代码的文本编辑要尽可能使用等宽字符，而不是等比例字体，这样可以很容易地进行代码缩进和文字对齐调整。等宽字符的含义是指每一个英文字符的宽度都是相同的。

在 HTML 代码编写中，使用缩进也是一项重要的规范。缩进的代码量应事先预定，并在设计团队中进行统一，通常情况下应为 2、4 或 8 个字符。

3．注释规范

网页中的注释用于代码功能的解释和说明，以提高网页的可读性和可维护性。注释的内容应随着被注释代码的更新而更新，不能只修改代码而不修改注释；不要将注释写在代码后，而应该写在相应代码的前面，否则会使注释的可读性下降。

如果某个网页是由多个部件组合而成的，而且每个部件都有自己的起始注释，那么这些起始注释应该配对使用，如 Start/Stop、Begin/End 等，而且这些注释的缩进应该一致。

不要使用混乱的注释格式，如在某些页面使用"*"，而在其他页面使用" # "。应该使用一种简明、统一的注释格式，并且在网站设计中贯穿始终。

应减少网页中不必要的注释，但是在需要注释的地方，应该简明扼要地进行注释。使用注释是为了让代码更容易维护，但是过于简短和不严谨的注释同样会妨碍设计人员的理解。

19.2　网站建设的基本流程

网站的设计是展现企业形象、介绍产品和服务、体现企业发展战略的重要途径，因此必须明确设计网站的目的和用户需求，从而做出切实可行的设计计划。要根据消费者的需求、市场的状况、企业自身的情况等进行综合分析，牢记以"消费者"为中心，而不是以"美术"为中心进行设计规划。在设计规划之初要考虑以下内容：建设网站的目的是什么？为谁提供服务和产品？企业能提供什么样的产品和服务？企业产品和服务适合什么样的表现方式？

19.2.1　网站的需求分析

不论是简单的个人主页，还是复杂的上千个页面的大型网站，对网站的需求分析都要放到第一步，因为它直接关系到网站的功能是否完善、是否达到预期的目的等。

需求分析是指通过分析单位的战略目标和管理情况，确定网络建设的必要性、目标、功能和主要工作等。因为网站要对外树立形象、发布重大信息，提供技术支持、客户服务，甚至进行电子商务等，所以只有详细了解和分析需求才能设计出适合自己特点的网站，对于大型商业网站还要进行可行性研究。

19.2.2　网站整体规划

目前大多数网站缺乏灵魂，主旨松散、混乱，原因就在于缺乏策划。在建立自己的企业站点时，网站策划贯穿于网站建设的全过程，是网站建设最重要的环节，但也是最容易被企业忽视的环节。

规划一个网站，可以用树状结构先把每个页面的内容大纲列出来，尤其是大型网站的制作，更需要把整体架构规划好，同时也要考虑到以后的扩充性，免得做好以后再更改整个网站的结构。网站规划包含的内容很多，如网站的结构、栏目的设置、网站的风格、颜色搭配、版面布局、文字图片的运用等，只有在制作网页之前把这些方面都考虑到了，才能在制作时胸有成竹，也只有如此制作出来的网页才能有个性、有特色且具有吸引力。如图 19-1 所示是网站整体结构图。

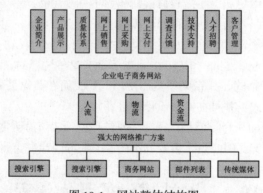

图 19-1　网站整体结构图

19.2.3　确定网站整体风格

网站风格设计包括网站的整体色彩、网页的结构、文本的字体和大小、背景的使用等，这些没有一定的规则，需要设计者通过各种分析决定。网页设计一般要与企业整体形象一致，要符合企业 CI 规范。注意网页色彩、图片的应用及版面策划，保持网页的整体一致性。

一般来说，适合于网页标准色的颜色有 3 大系：蓝色、黄/橙色、黑/灰/白色。不同的色彩搭配会产生不同的效果，并能影响访问者的情绪。站点的整体色彩要结合站点目标来确定。如果是政府网站，就要在大方、庄重、美观、严谨上多下工夫，切不可花哨；如果是个人网站，则可以采用较鲜明的颜色，设计要简单而有个性。如图 19-2 所示即为一个色彩鲜明的网站。

图 19-2　色彩鲜明的网站

在网页结构上，整个站点要保持和谐统一。对于字体，默认的网页字体一般是宋体，为了体现网页的特有风格，也可以根据需要选择一些特殊字体，如华文行楷、隶书或其他字体。在背景的使用上，应该以宁缺毋滥为原则，切不可喧宾夺主。

19.2.4　收集资源

网站的主题内容是文本、图像和多媒体等，它们构成了网站的灵魂，否则再好的结构设计都不能达到网站设计的初衷，也不能吸引浏览者。在对网站进行结构设计之后，需要对每个网页的内容进行大致的构思，如哪些网页需要使用模板、哪些网页需要使用特殊设计的图像、哪些网页需要使用较多的动态效果、如何设计菜单、采用什么样式的链接、网页采用什么颜色和风格等，这些都对资源收集具有指导性作用。如图 19-3 所示为从百度搜索素材。

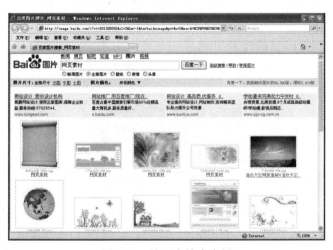

图 19-3　从百度搜索素材

对于访问者来讲，只有文本内容的网站是枯燥乏味、缺乏生机的。如果加上艺术内容素材，如静态图片、动态图像、音像等，将使网页充满动感与生机，也将吸引更多的访问者。这些素材主要来自于以下 4 个方面。

- 从 Internet 上获取。可以充分利用网上的共享资源，如使用百度等搜索引擎收集图片素材。
- 从 CD-ROM 中获取。在市面上，有许多关于图片素材库的光盘，也有许多教学软件，可以选取其中的图片资料。
- 利用现成图片或自己拍摄。既可以从各种图书出版物（如科普读物、教科书、杂志封面、摄影集、摄影杂志等）获取图片，也可以使用自己拍摄和积累的照片资料。将杂志的封面彩图用彩色扫描仪扫描下来，经过加工后，整合制作到网页中。
- 自己动手制作一些特殊效果的图片，特别是动态图像，自己动手制作往往效果更好。可采用 3ds Max 或 Flash 进行制作。

鉴于网上只能支持几种图片格式，所以可先将从以上途径收集的图片用 Photoshop 等图像处理工具转换成 JPG、GIF 格式，再保存到"图片资料"子目录下。另外，图片应尽量精美小巧，不要盲目追求大而全，要以在网页的美观与网络的速度两者之间取得良好的平衡为宜。

19.2.5　设计网页图像

在确定好网站的风格并收集完相关资料后就需要设计网页图像了。网页图像设计包括 Logo、标准色彩、标准字、导航条和首页布局等。可以使用 Photoshop 或 Fireworks 软件来具体设计网站的图像。有经验的网页设计者通常会在使用网页制作工具制作网页之前，设计好网页的整体布局，这样在具体设计的过程中就会胸有成竹，大大节省工作时间。

- 设计网站标志。标志可以是中文、英文字母，也可以是符号、图案等。标志的设计创意应当来自网站的名称和内容。如网站内有代表性的人物、动物、植物，可以用它们作为设计的标本，加以卡通化或艺术化处理；专业网站可以以本专业有代表的物品作为标志。最常用和最简单的方式是用自己网站的英文名称做标志，采用不同的字体、字母的变形、字母的组合。如图 19-4 所示是网站 Logo。

图 19-4　网站 Logo

- 设计导航栏。在站点中，导航栏也是一个重要的组成部分。在设计站点时，应考虑到访问自己站点的浏览者大多都是有经验的，也应考虑如何使浏览者能轻松地从网站的一个页面跳转到另一个页面。如图 19-5 所示是网站导航栏。

- 设计网站字体。标准字体是指用于标志和导航栏的特有字体。一般网页默认的字体是宋体。为了体现站点的与众不同和特有风格，可以根据需要选择一些特别字体。
- 首页设计包括版面、色彩、图像、动态效果、图标等风格设计。如图 19-6 所示是网站首页图像。

图 19-5 网站导航栏

图 19-6 网站首页图像

 19.2.6 编辑制作网页

　　网页设计是一个复杂而细致的过程，一定要按照先大后小、先简单后复杂的顺序制作。所谓先大后小，就是在制作网页时，先把大的结构设计好，然后再逐步完善小的结构设计。所谓先简单后复杂，就是先设计出简单的内容，然后再设计复杂的内容，以便于出现问题时修改。

　　根据站点目标和用户对象去设计网页的版式及安排网页的内容。一般来说，至少应该对一些主要的页面设计好布局，确定网页的风格。

　　在制作网页时要灵活运用模板和库，这样可以大大提高制作效率。如果很多网页都使用相同的版面设计，就应为这个版面设计一个模板，然后就可以以此模板为基础创建网页。以后如果想要改变所有网页的版面设计，只需要简单地改变模板即可。如图 19-7 所示是模板网页。

图 19-7 模板网页

415

如果知道某个图片或别的内容会在站点的许多网页上出现，可以设计这个内容，再把它做成库项目。如果今后改变这个库项目，所有使用它的页面上都会相应地进行修改。

 19.2.7 开发动态网站模块

页面制作完成后，如果还需要动态功能的话，就需要开发动态功能模块。网站中常用的功能模块包括搜索功能、留言板、新闻发布、在线购物、论坛和聊天室等。如图 19-8 所示即为开发的在线购物模块。

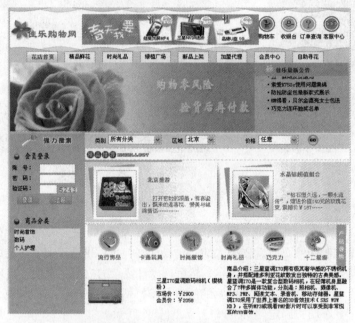

图 19-8　在线购物模块

 19.2.8 申请域名和服务器空间

域名是企业或事业单位在互联网上进行相互联络的网络地址，在网络时代，域名是企业和事业单位进入互联网必不可少的身份证明。

国际域名资源是十分有限的，为了满足更多企业、事业单位的申请要求，各个国家、地区在域名最后加上了国家标记段，由此形成了各个国家、地区的国内域名，如中国是 cn、日本是 jp 等，这样就扩大了域名的数量，满足了用户的需求。

注册域名前应该在域名查询系统中查询所希望注册的域名是否已经被注册。几乎每一个域名注册服务商在自己的网站上都提供查询服务。

国内域名顶级管理机构 CNNIC 的网址是 www.cnnic.net，可以通过该网站查询相关的域名信息。如图 19-9 所示即为 CNNIC 的网站。

图 19-9　CNNIC 的网站

　　域名注册的流程与方式比较简单，首先可以通过域名注册商或一些公共的域名查询网站查询所希望注册的域名是否已经被注册。如果没有，则需要尽快与一家域名注册服务商取得联系，告诉他们自己希望注册的域名，以及付款的方式。域名属于特殊商品，一旦注册成功是不可退款的，所以在通常情况下，域名注册服务商需要先收款。当域名注册服务商完成域名注册后，域名查询系统并不能立即查询到该域名，因为全球的域名 WHOIS 数据库更新需要 1～3 天的时间。

　　网站是建立在网络服务器上的一组电脑文件，它需要占据一定的硬盘空间，这就是一个网站所需的网站空间。

　　一般来说，一个标准中型企业网站的基本网页 HTML 文件和网页图片需要 8MB 左右的空间，加上产品照片和各种介绍性页面，一般在 15MB 左右。除此之外，企业可能还需要存放反馈信息和备用文件的空间，这样一个标准的企业网站总共需要 30MB～50MB 的网站空间。当然，如果是从事网络相关服务的用户，可能有大量的内容需要存放在网站空间中，这就需要多申请空间。

19.2.9　测试与发布上传

　　在网站发布之前，通常都会检查网页在不同版本浏览器下的显示情况。尤其是制作大型的或访问量高的网站，这个步骤十分必要。由于各种版本的浏览器支持的 HTML 语言的版本不同，所以要让网页能够在大多数浏览器中顺利显示，就不得不做尽可能仔细的检查，必要时还得舍弃一些较新的效果。

　　网页制作完毕，最后要发布到 Web 服务器上，才能够让全世界的朋友浏览。现在上传工具有很多，可以采用 Dreamweaver 自带的站点管理上传文件，也可以采用专门的 FTP 软件上传。利用这些 FTP 工具，可以很方便地把网站发布到服务器上。网站上传以后，要在浏览器中打开自己的网站，逐页逐个链接地进行测试，发现问题应及时修改，然后再上传测试。

19.2.10　网站维护

网站维护一般包含以下内容。

- 内容的更新：包括产品信息的更新、企业新闻动态更新和其他动态内容的更新。采用动态数据库可以随时更新发布新内容，不必做很多网页和上传服务器等麻烦工作。静态页面不便于维护，必须手动重复制作网页文档，制作完成后还需要上传到远程服务器。一般对于数量比较多的静态页面建议采用模板制作。

- 网站风格的更新：包括版面、配色等各种方面。改版后的网站让客户感觉焕然一新。一般改版的周期要长些。如果更新得比较勤，客户对网站也满意的话，改版可以延长到几个月甚至半年。改版周期也不能太短，一个网站代表了公司的形象和公司的风格，如果经常改版，会让客户感到不适应，特别是那种风格彻底改变的"改版"。当然如果对公司网站有更好的设计方案，可以考虑改版。

- 网站重要页面设计制作：如重大事件、突发事件及相关周年庆祝等活动页面设计制作。

- 网站系统维护服务：如 E-mail 账号维护服务、域名维护续费服务、网站空间维护、与 IDC 进行联系、DNS 设置、域名解析服务等。

19.2.11　网站推广

网页做好之后，还要不断地进行宣传，这样才能让更多的朋友认识它，提高网站的访问率和知名度。推广的方法有很多，如到搜索引擎上注册、网站交换链接、添加广告链等。

1．登录搜索引擎

登录搜索引擎的目的就是更有效地进行网站推广。到新浪、搜狐、百度、谷歌、雅虎等一些大的搜索引擎网站去登录一下，会给你带来意想不到的效果。如图 19-10 所示为百度搜索引擎登录页面。

图 19-10　百度搜索引擎登录页面

可以把自己的网站提交给各个搜索引擎，虽然不是每个都能通过，但是勤劳一点总是会有几个通过的。方法很简单，首先在浏览器打开下面网站的登录口，然后把你的网址输入进去就行了。下面是一些网站的登录口：

百度搜索网站登录口：http://www.baidu.com/search/url_submit.html

Google 网站登录口：http://www.google.cn/intl/zh-CN_cn/add_url.html

雅虎中国网站登录口：http://search.help.cn.yahoo.com/h4_4.html

中搜网站登录口：http://ads.zhongsou.com/register/page.jsp

网易有道搜索引擎登录口：http://tellbot.youdao.com/report

英文雅虎登录口：http://search.yahoo.com/info/submit.html

TOM 搜索网站登录口：http://search.tom.com/tools/weblog/log.php

新浪爱问网站登录口：http://search.tom.com/tools/weblog/log.php

新浪登录口（收费）：http://bizsite.sina.com.cn/newbizsite/docc/index-2jifu-03.htm

2．交换广告条

广告交换是宣传网站的一种较为有效的方法。在交换广告条的网页上填写一些主要的信息，如广告图片、网站网址等，之后它会要求用户将一段 HTML 代码加入到网站中，这样，用户的广告条就可以出现在这个网站上。

因为客户在其他网站上只能看到广告条。要想吸引客户点击广告条，一定要将广告条做得鲜亮、显眼，一定要将网站性质、名称等重要文字信息加入到广告条上。另外还要尽可能将网站最新的信息，或者一些免费活动、有奖活动等吸引客户眼光的信息添加到广告条上。

友情链接是一种常见的交换广告条的推广方式，包括文字链接和图片链接。一般文字链接就是网站的名字。图片链接包括 Logo 的链接或 Banner 的链接。如图 19-11 所示为友情链接推广。

图 19-11　使用友情链接推广

3．Meta 标签的使用

使用 meta 标签是简单有效的宣传网站的方法。无须去搜索引擎注册就可以让客户搜索到你的网站。将下面这段代码加入到网页标签中：

```
<meta name=keywords content=网站名称，产品名称… …>
```

content 里边填写关键词。关键词要大众化，跟企业文化、公司产品等紧密相关。并且尽量多写一些。如公司生产的是电冰箱，可以写电冰箱、家电、电器等。尽量将产品大类的名称都写上。另外名称要写全，如"电冰箱"不要简写成"冰箱"。这里有个技巧，你可以将一些相对关键的词重复，这样可以提高网站的排行。

4．传统方式

传统的推广方式有以下两种。

● 直接跟客户宣传：一个稍具规模的公司一般都有业务部、市场部或客户服务部。业务员跟客户打交道的时候可以直接将公司网站的网址告诉给客户，或者直接给客户发 E-mail 等进行宣传。宣传途径很多，可以根据自身的特点选择其中一些较为便捷有效的方法。

- 传统媒体广告：众所周知，传统媒体广告的宣传是目前最为行之有效且最有影响力的推广方式。

5. 借助网络广告

网络广告是常用的网络营销策略之一，在网络品牌、产品促销、网站推广等方面均有明显作用。网络广告的常见形式包括 banner 广告、关键字广告、分类广告、赞助式广告、E-mail 广告等。如图 19-12 所示是利用网络广告推广网站。

图 19-12　网络广告

6. 登录网址导航站点

现在国内有大量的网址导航类站点，如 http://www.hao123.com/、http://www.265.com/等。在这些网址导航站点上做上链接，也能带来大量的流量。如图 19-13 所示即为使用网址导航站点推广网站。

图 19-13　使用网址导航站点推广网站

7. BBS 宣传

在论坛上经常看到很多用户在签名处留下了他们的网址，这也是网站推广的一种方法。将有关的网站推广信息发布在其他潜在用户可能访问的网站论坛上，利用用户在这些网站获取信息的机会实现网站推广的目的。如图 19-14 所示即为使用论坛推广网站。

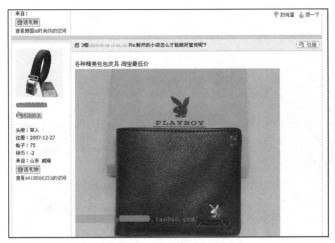

图 19-14　使用论坛推广网站

第 **20** 章 设计企业宣传
展示型网站

学前必读

　　随着网络的普遍应用越来越多的企业已经意识到网络营销的重要性。企业应用型网站除了构建企业的网络形象，更重视将企业的日常业务延伸到互联网，通过网络进一步拓宽网络营销渠道。本章将讲解企业宣传型网站的设计。

学习流程

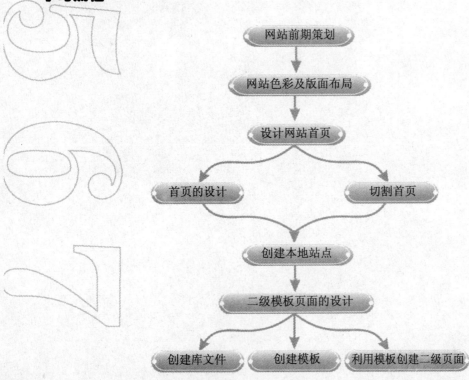

网站前期策划

网站色彩及版面布局

设计网站首页

首页的设计　　　切割首页

创建本地站点

二级模板页面的设计

创建库文件　　创建模板　　利用模板创建二级页面

20.1　网站前期策划

> 企业网站是商业性和艺术性的结合，同时也是一个企业文化的载体，通过视觉元素，承接企业的文化和企业的品牌。制作企业网站通常需要根据企业所处的行业、企业自身的特点、企业的主要客户群，以及企业最全的资讯等信息，才能制作出适合企业特点的网站。

与专业网站或大型电子商务网站相比，企业网站具有明显的特点。企业网站并不一定要规模很大，也不一定要建成一个"门户"或"平台"，其根本目的是为企业进行宣传和推广。企业网站的目的决定了一个企业网站并不需要包罗万象，也不需要像电子商务网站那样一开始就必须拥有各种完备的功能。

企业网站的功能、服务、内容等因素应该与企业的经营策略相一致，因为企业网站是为企业经营服务的。如果脱离了这个宗旨，网站是无法为企业经营活动发挥作用的。当企业发展到一定阶段，企业网站的功能和表现形式需要进行升级。

企业网站不仅代表着企业的网络品牌形象，同时也是开展网络营销的根据地，网站建设的水平对网络营销的效果有直接影响。调查表明，许多知名企业的网站设计水平与企业的品牌形象很不相称，功能也很不完善，甚至根本无法满足网络营销的基本需要。那么，怎样才能建设一个真正有用的网站呢？

首先应该对企业网站可以实现的功能有一个全面的认识。建设企业网站，不是为了赶时髦，也不是为了标榜自己的实力，而是让企业网站真正发挥作用，让网站成为有效的网络营销工具和网上销售渠道。

企业网站主要有以下功能。

- 公司概况：包括公司背景、发展历史、主要业绩、经营理念、经营目标及组织结构等，让用户对公司情况有一个概括的了解。
- 产品/服务展示：浏览者访问网站的主要目的是为了对公司的产品和服务进行深入的了解。如果企业提供多种产品服务，利用产品展示系统对产品进行系统的管理，包括产品的添加与删除、产品类别的添加与删除、特价产品/最新产品/推荐产品的管理、产品的快速搜索等。
- 产品搜索：如果公司产品比较多，无法在简单的目录中全部列出，而且经常有产品升级换代，为了能让用户方便地找到所需要的产品，除了设计详细的分级目录外，增加关键词搜索功能不失为有效的措施。
- 信息发布：网站是一个信息载体，在法律许可的范围内，可以发布一切有利于企业形象、顾客服务、促进销售的企业新闻、促销信息、招标信息、合作信息和人员招聘信息等。
- 网上调查：通过网站上的在线调查表，可以获得用户的反馈信息，用于产品调查、消费者行为调查、品牌形象调查等，是获得第一手市场资料的有效调查工具。

- 技术支持：这一点对于生产或销售高科技产品的公司尤为重要，网站上除了产品说明书之外，企业还应该将用户关心的技术问题及其答案公布在网上，如一些常见故障处理、产品的驱动程序、软件工具的版本等信息资料，可以用在线提问或常见问题回答的方式体现。
- 联系信息：网站上应该提供足够详尽的联系信息，除了公司的地址、电话、传真、邮政编码、网管 E-mail 地址等基本信息之外，最好能详细地列出客户或者业务伙伴可能需要联系的具体部门的联系方式。
- 辅助信息：有时由于企业产品比较少，网页内容显得有些单调，可以通过增加一些辅助信息来弥补这种不足。辅助信息的内容比较广泛，如本公司、合作伙伴、经销商或用户的一些相关产品保养及维修常识等。

一个企业在规划自己的网站时，首先应明确建站的目的，然后还要对网站的功能需求进行分析，网站的功能也决定了网站的规模和需要投入的资金。

20.2 网站的版面布局及色彩

> 企业网站的主要功能是向消费者传递信息，因此在页面结构设计上无须太过花哨，标新立异的设计和布局未必适合企业网站，企业网站更应该注重商务性与实用性。

20.2.1 草案及粗略布局

一般来说，企业网站首页的布局比较灵活。中、小型企业网站的内页布局一般比较简单，即内页的一栏式版面布局，从排版布局的角度而言，我们还可以设计成等分两栏式、三栏式、多栏式，以及不等分两栏式、三栏式、多栏式等，但因为浏览器宽幅有限，一般不宜设计成三栏以上的布局。

在版面布局中主要是考虑导航、必要信息与正文之间的布局关系。比较多的情况是采用顶部放置必要的信息，如公司名称、标志、广告条及导航条，或将导航条放在左侧，正文放在右侧等，这样的布局结构清晰、易于使用。当然，你也可以尝试这些布局的变化形式，例如，左右两栏式布局，一半是正文，另一半是形象的图片、导航；正文不等两栏式布置，通过背景色区分，分别放置图片和文字等。在设计中注意多汲取好的网站设计的精髓。

20.2.2 确定网站的色彩

企业网站给人的第一印象是网站的色彩，因此网站的色彩搭配是非常重要的。一般来说，一个网站的标准色彩不应超过 3 种，太多则会让人眼花缭乱。标准色彩用于网站的标志、标题、导航栏和主色块，给人以整体统一的感觉。其他色彩在网站中也可以使用，但只能作为点缀和衬托，绝不能喧宾夺主。如何运用最简单的色彩表达最丰富的含义，体现企业形象是网页设计人员需要不断学习、探索的课题。

1. 运用相同色系色彩

　　所谓相同色系，是指几种色彩在色相环上位置十分相近，同一色系不同明度的几种色彩搭配的优点是易于使网页色彩趋于一致，对于网页设计新手有很好的借鉴作用，这种用色方式容易塑造网页和谐统一的氛围，缺点是容易造成页面的单调，因此往往利用局部加入对比色来增加变化，如局部对比色彩的图片等。

2. 运用对比色或互补色

　　所谓对比色，是指色相环相距较远，大约在 100&#176，视觉效果鲜亮、强烈。而互补色则是色相环上相距最远的两种色彩，即相距 180&#176，其对比关系最强烈、最富有刺激性，往往使画面十分突出，这种用色方式容易塑造活泼、韵动的网页效果，特别适合体现轻松、积极的素材，缺点是容易造成色彩的花哨。

3. 使用过渡色

　　过渡色能够神奇地将几种不协调的色彩统一起来，在网页中合理地使用过渡色能够使你的色彩搭配技术更上一层楼。过渡色包括两种色彩的中间色调、单色中混入黑/白/灰进行调和及单色中混入相同色彩进行调和等，可以自己尝试调配。

　　企业网站的色彩可以选择蓝色、绿色、红色等，在此基础上再搭配其他色彩。另外还可以使用灰色和白色，这是企业网站中最常见的颜色。因为这两种颜色比较中庸，能和任何色彩搭配，使对比更强烈，突出网站品质和形象。

20.3　设计网站首页

> 从功能上来看，首页主要起着树立企业形象的作用，同时也在导航方面起着重要的作用，如各栏目内部主要内容的介绍，都可以在首页中体现。

 ### 20.3.1　首页的设计

　　首页设计历来是网站建设的重要一环，不仅因为"第一印象"至关重要，而且直接关系到网站各频道首页及频道以下各级栏目首页的风格和框架布局的协调统一等连锁性问题，是整个网站建设的"龙头工程"。下面通过实例讲述首页的制作，效果如图 20-1 所示，具体操作步骤如下。

　　练习文件　实例素材/练习文件/20/草.png、边.png、叶.png

　　完成文件　实例素材/完成文件/20/网站首页.psd

　　（1）执行"文件"|"新建"命令，弹出"新建"对话框，将"宽度"和"高度"分别设置为 1024 和 880 像素，如图 20-2 所示。

　　（2）单击"确定"按钮，新建文档。执行"文件"|"存储为"命令，将文件存储为"网站主页.psd"，如图 20-3 所示。

图 20-1　网站首页

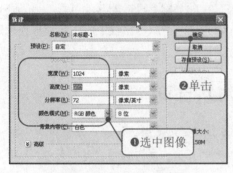

图 20-2　"新建"对话框

图 20-3　存储文档

（3）执行"文件"|"置入"命令，弹出"置入"对话框，在该对话框中选择图像文件"背景.png"，如图 20-4 所示。

（4）单击"置入"按钮，将图像置入到舞台中，如图 20-5 所示。

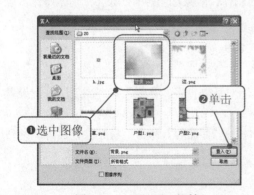

图 20-4　"置入"对话框

图 20-5　置入图像

（5）在舞台中单击鼠标，弹出一个提示框，在该对话框中单击"置入"按钮，即可置入图像，如图 20-6 所示。

（6）执行"文件"|"置入"命令，弹出"置入"对话框，在该对话框中选择图像文件"边.png"、"草.png"、"叶.png"，单击"置入"按钮，将图像置入到舞台中，并拖动到相应的位置，如图 20-7 所示。

图 20-6　提示框

图 20-7　置入其余图像

（7）选择工具箱中的"横排文字工具"，按住鼠标左键在舞台中绘制文本框，在其中输入文本"安居小区"，并在选项栏中设置相应的字体样式，如图 20-8 所示。

（8）执行"图层"|"图层样式"|"投影"命令，弹出"图层样式"对话框，在该对话框中设置投影图层样式，如图 20-9 所示。

图 20-8　输入标题文本

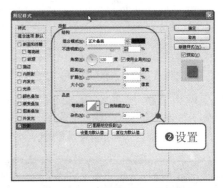

图 20-9　"图层样式"对话框

（9）选择"描边"选项，在对话框中设置相应的参数，如图 20-10 所示。

（10）单击"确定"按钮，设置图层样式，如图 20-11 所示。

（11）选择工具箱中的"横排文字工具"，按住鼠标左键在舞台中绘制文本框，在其中输入导航文本，并在选项栏中设置相应的字体样式，如图 20-12 所示。

（12）选择工具箱中的"矩形工具"，在选项栏中将填充颜色设置为#5a7418，按住鼠标左键在舞台中绘制矩形，如图 20-13 所示。

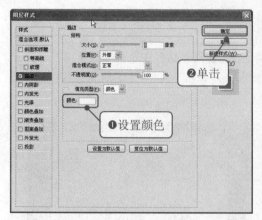

图 20-10　设置描边

图 20-11　设置图层样式

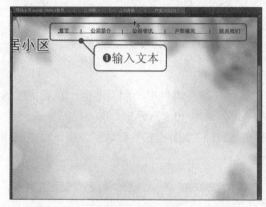

图 20-12　导航文本

图 20-13　绘制矩形

（13）选择工具箱中的"横排文字工具"，输入相应的文本，并在选项栏中设置相应的参数，如图 20-14 所示。

（14）执行"文件"|"置入"命令，弹出"置入"对话框，在该对话中选择图像文件"花.png"，单击"置入"按钮，将图像置入到舞台中，并拖动到相应的位置，如图 20-15 所示。

图 20-14　矩形文本

图 20-15　置入背景图像

（15）选择工具箱中的"矩形工具"，在选项栏中将填充颜色设置为#f9fdec，在舞台中绘制矩形，如图 20-16 所示。

（16）执行"图层"|"图层样式"命令，弹出"图层样式"对话框，在该对话框中选中相应的样式，如图 20-17 所示。

图 20-16　矩形框

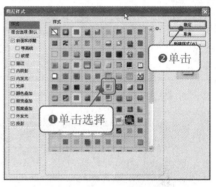

图 20-17　选择样式

（17）单击"确定"按钮，应用图层样式，如图 20-18 所示。

（18）按照步骤 15～17 绘制其余矩形，并设置图层样式，如图 20-19 所示。

图 20-18　应用图层样式

图 20-19　制作矩形

（19）执行"文件"|"置入"命令，弹出"置入"对话框，在该对话框中选择相应的图像文件，单击"置入"按钮，将图像置入到舞台中，并拖动到相应的位置，如图 20-20 所示。

（20）选择工具箱中的"横排文字工具"，在舞台中输入相应的文本，并在选项栏中设置相应的参数，如图 20-21 所示。

（21）执行"文件"|"置入"命令，在弹出的对话框中选择相应的图像，将其置入到舞台中，然后拖动到相应的位置，如图 20-22 所示。

（22）选择工具箱中的"横排文字工具"，在舞台中输入相应的文本，并在选项栏中设置相应的参数，如图 20-23 所示。

图 20-20　置入前景图像

图 20-21　输入宣传文本

图 20-22　置入导航图像

图 20-23　输入导航文本

（23）执行"文件"|"置入"命令，在弹出的对话框中选择相应的图像，将其置入到舞台中，然后拖动到相应的位置，如图 20-24 所示。

（24）选择工具箱中的"直线工具"，按住鼠标左键在舞台中绘制直线，如图 20-25 所示。

图 20-24　置入列表图像

图 20-25　绘制直线

（25）执行"文件"|"置入"命令，在弹出的对话框中选择相应的图像，将其置入到舞台中，然后拖动到相应的位置，如图 20-26 所示。

（26）选择工具箱中的"横排文字工具"，在舞台中输入相应的文本，并在选项栏中设置相应的参数，如图 20-27 所示。

图 20-26　绘制列表矩形

图 20-27　输入列表文本

（27）执行"文件"|"置入"命令，在弹出的对话框中选择相应的图像，将其置入到舞台中，然后拖动到相应的位置，并输入相应的文本，设置文本属性，如图 20-28 所示。

（28）选择工具箱中的"横排文字工具"，在舞台中输入相应的文本，并在选项栏中设置相应的参数。执行"文件"|"图层样式"命令，选择相应的图层样式，如图 20-29 所示。保存文档，效果如图 20-1 所示。

图 20-28　置入图像和输入文本

图 20-29　输入文本

20.3.2　切割首页

下面讲述切割网站首页，效果如图 20-30 所示，具体操作步骤如下。

图 20-30　网站首页

练习文件 实例素材/练习文件/20/网站主页.jpg

完成文件 实例素材/完成文件/20/网站主页.html

（1）执行"文件"|"打开"命令，弹出"打开"对话框，在对话框中选择图像文件"网站主页.jpg"，如图 20-31 所示。

（2）单击"打开"按钮，打开图像文件，如图 20-32 所示。

图 20-31　"打开"对话框　　　　　　　　　　图 20-32　打开图像文件

（3）选择工具箱中的"切片工具"，在图像上按住鼠标左键进行拖动，绘制切片，如图 20-33 所示。

（4）使用切片工具绘制其他切片，在图像上设置好切片后，如图 20-34 所示。

图 20-33　绘制切片　　　　　　　　　　图 20-34　绘制其他切片

（5）执行"文件"|"存储为 Web 和设备所用格式"命令，弹出"存储为 Web 和设备所用格式"对话框，如图 20-35 所示。

（6）单击"存储"按钮，弹出"将优化结果存储为"对话框，将"格式"设置为"HTML 和图像"，如图 20-36 所示。

图 20-35　"存储为 Web 和设备所用格式"对话框　　图 20-36　"将优化结果存储为"对话框

（7）单击"保存"按钮，即可将文件保存为 HTML 文档，如图 20-30 所示。

20.4　创建本地站点

在使用 Dreamweaver 创建网站前，必须创建一个本地站点，以便更好
地创建网页和管理网页文件。创建本地站点的具体操作步骤如下。

（1）执行"站点"|"新建站点"命令，弹出"站点设置对象"对话框，如图 20-37 所示。
（2）在"站点名称"文本框中输入"qiye"，在"本地站点文件夹"文本框中输入文件夹的
位置，如图 20-38 所示。

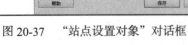

图 20-37　"站点设置对象"对话框　　　　　图 20-38　选择本地文件夹和名称

（3）选择"高级选项"下的"本地信息"，打开本地信息设置页面，在对话框中的"默认
图像文件夹"文本框中输入默认图像文件夹，如图 20-39 所示。
（4）单击"保存"按钮，即可完成站点的创建，执行"站点"|"管理站点"命令，可以看
到创建的站点，如图 20-40 所示。

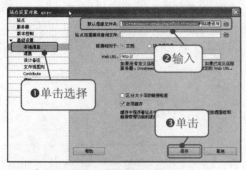

图 20-39　设置默认图像文件夹

图 20-40　完成站点的创建

20.5　二级模板页面的设计

由于一般企业网站中有大量整体风格一致的网页，因此一般利用模板来创建网页，这样既能快速创建风格统一的网页，又能快速修改网页。

 20.5.1　创建库文件

在制作网站模板前，因为网站顶部的导航内容都是一样的，因此可以先创建一个库文件，具体操作步骤如下。

（1）启动 Dreamweaver CS6，执行"文件"|"新建"命令，弹出"新建文档"对话框，在对话框中选择"空白页"|"库项目"选项，如图 20-41 所示。

（2）单击"创建"按钮，创建一个空白文档。执行"文件"|"保存"命令，弹出"另存为"对话框，在"文件名"文本框中输入"top.lbi"，如图 20-42 所示。

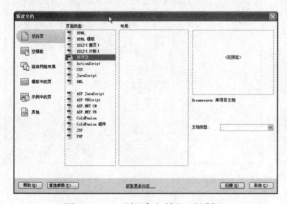

图 20-41　"新建文档"对话框

图 20-42　"另存为"对话框

（3）单击"保存"按钮，将文件存储为库文件，如图 20-43 所示。

（4）将光标置于页面中，执行"插入"|"表格"命令，弹出"表格"对话框，在对话框中将"行数"设置为 1，"列"设置为 2，"表格宽度"设置为 1024 像素，单元格间距、单元格边距和边框粗细设置为 0，如图 20-44 所示。

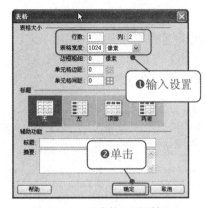

图 20-43　保存文档　　　　　　　　　　　图 20-44　"表格"对话框

（5）单击"确定"按钮，插入表格，如图 20-45 所示。

（6）将光标置于第 1 列单元格中，执行"插入"|"图像"命令，弹出"选择图像源文件"对话框，在对话框中选择图像"index_01.gif"，如图 20-46 所示。

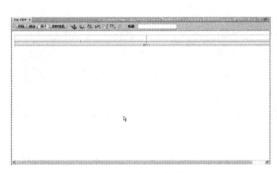

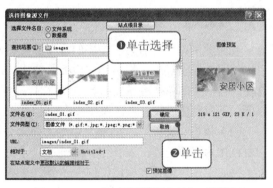

图 20-45　插入表格　　　　　　　　　　图 20-46　"选择图像源文件"对话框

（7）单击"确定"按钮，插入图像，如图 20-47 所示。

（8）将光标置于第 2 列单元格中，执行"插入"|"图像"命令，插入图像"index_02.gif"，如图 20-48 所示。

图 20-47　第 1 列单元格图像　　　　　　　图 20-48　第 2 列单元格图像

435

（9）将光标置于表格的右边，执行"插入"|"表格"命令，弹出"表格"对话框，在该对话框中设置相应的参数，单击"确定"按钮，插入一个 1 行 1 列的表格，如图 20-49 所示。

（10）将光标置于单元格中，执行"插入"|"图像"命令，插入图像"index_03.gif"，如图 20-50 所示。执行"文件"|"保存"按钮，保存文档。

图 20-49　插入其他表格

图 20-50　插入图像

20.5.2　创建模板

在企业网站中，有时有很多的页面都会有相同的布局，在制作时为了避免这种重复操作，可以使用 Dreamweaver 提供的"模板"功能，将具有相同的整体布局结构的页面制作成模板。这样，当再次制作拥有模板内容的网页时，就不需要进行重复的操作，只需直接使用模板就可以了。下面创建模板，具体操作步骤如下。

（1）执行"文件"|"新建"命令，弹出"新建文档"对话框，在对话框中选择"空模板"|"HTML 模板"选项，如图 20-51 所示。

（2）单击"创建"按钮，创建一个空白模板网页。执行"文件"|"保存"命令，弹出提示对话框，如图 20-52 所示。

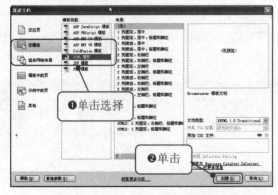

图 20-51　"新建文档"对话框

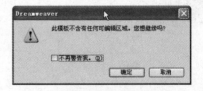

图 20-52　提示对话框

（3）单击"确定"按钮，弹出"另存模板"对话框，在"站点"下拉列表中选择"qiye"，在"另存为"文本框中输入"moban"，如图 20-53 所示。

（4）单击"保存"按钮，保存模板网页，如图 20-54 所示。

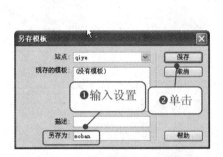

图 20-53 "另存模板"对话框

图 20-54 保存模板网页

（5）执行"插入"|"表格"命令，弹出"表格"对话框，在对话框中将"行数"设置为 1，"列"设置为 1，"表格宽度"设置为 1024 像素，如图 20-55 所示。

（6）单击"确定"按钮，插入一个 1 行 1 列的表格，此表格记为表格 1，如图 20-56 所示。

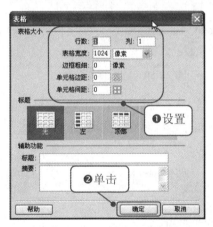

图 20-55 "表格"对话框

图 20-56 插入表格 1

（7）执行"窗口"|"资源"命令，打开"资源"面板，在面板中单击 按钮，显示创建的库，将其拖入到插入的表格中，如图 20-57 所示。

（8）将光标置于表格 1 的右边，插入一个 1 行 2 列的表格，此表格记为表格 2，如图 20-58 所示。

（9）将光标置于表格 2 的第 1 列单元格中，执行"插入"|"图像"命令，插入图像"index_04.gif"，将其拖入到插入的表格中，如图 20-59 所示。

（10）将光标置于表格 2 的第 2 列单元格中，将单元格的"背景颜色"设置为#F4F8D5，并在"属性"面板中将"垂直"设置为"顶端"，如图 20-60 所示。

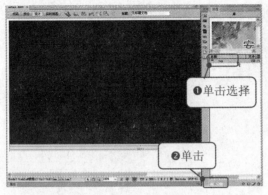

图 20-57　插入库文件

图 20-58　插入表格 2

图 20-59　表格 2 图像

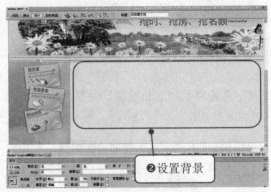

图 20-60　设置背景颜色

（11）将光标置于表格 2 的第 2 列单元格中，执行"插入"|"模板对象"|"可编辑区域"命令，弹出"新建可编辑区域"对话框，在"名称"文本框中输入名称，如图 20-61 所示。

（12）单击"确定"按钮，插入可编辑区域，如图 20-62 所示。

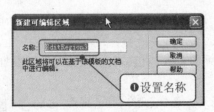

图 20-61　"新建可编辑区域"对话框

图 20-62　插入可编辑区域

（13）将光标置于表格 2 的右边，插入一个 1 行 1 列的表格，此表格记为表格 3，如图 20-63 所示。

（14）将光标置于表格 3 中，执行"插入"｜"图像"命令，插入图像"index_09.gif"，如图 20-64 所示。执行"文件"｜"保存"命令，保存模板。

图 20-63　插入表格 3

图 20-64　表格 3 图像

 20.5.3　利用模板创建二级页面

下面利用模板创建网页，效果如图 20-65 所示，具体操作步骤如下。

图 20-65　利用模板创建二级页面

◎练习文件　实例素材/练习文件/CH20/ Templates/ moban.dwt

◎完成文件　实例素材/完成文件/CH20/index1.html

（1）执行"文件"｜"新建"命令，弹出"新建文档"对话框，在对话框中执行"模板中的页"｜"qiye"｜"moban"命令，如图 20-66 所示。

（2）单击"创建"按钮，利用模板创建文档，如图 20-67 所示。

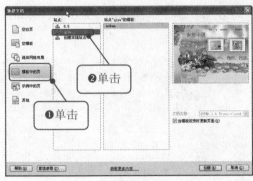

图 20-66　"新建文档"对话框

图 20-67　利用模板创建文档

（3）将光标置于可编辑区域中，插入一个 2 行 1 列的表格，如图 20-68 所示。

（4）将光标置于表格的第 1 行单元格中，插入图像"jianjie.jpg"，如图 20-69 所示。

图 20-68　插入表格

图 20-69　第一行单元格

（5）将光标置于第 2 行单元格中，在文档中输入相应的文本，并在"属性"面板中将字体大小设置为 12，如图 20-70 所示。

（6）将光标置于表格中，执行"插入"|"图像"命令，插入图像"main.jpg"，如图 20-71 所示。

图 20-70　输入文本

图 20-71　插入图像

（7）选择插入的图像，打开代码视图，输入代码"align="right""，设置图像为"右对齐"，如图 20-72 所示。

（8）保存文档，按 F12 键在浏览器中预览，效果如图 20-65 所示。

图 20-72　设置图像对齐方式

20.6　专家秘籍

1．表格布局网页时有哪些技巧？

大型的网站主页制作，先分成几大部分，采取从上到下、从左到右的制作顺序逐步制作。

一般情况下最外部的表格宽度采用 770 像素，表格设置为居中对齐，这样，无论采用 800×600 的分辨率还是采用 1024×768 的分辨率，网页都不会改变。

在插入表格时，如果没有明确指定"填充"，则浏览器默认"填充"为 1。

2．在使用模板布局企业网站时有哪些注意事项？

一般企业网站网页较多，而且整体风格类似，因此可以利用模板快速、高效地设计出风格一致的网页，在使用时应注意以下问题。

- 在模板中，可编辑区域的边框以浅蓝色加亮。
- 如果在模板中调用库文件，可以在资源面板中找到此文件，并将其拖动到需要的任意位置。
- 创建模板时，可编辑区域和锁定区域都可以更改。但是在利用模板创建网页时，只能在可编辑区中进行更改，无法修改锁定区域。
- 当更改模板时，系统会提示是否更新基于该模板的文档，同时也可以使用更新命令来更新当前页面或整个站点。

3．常见的网站恶意攻击方法有哪些？

1）偷渡式下载

偷渡式下载是一种计算机代码，它利用 Web 浏览器中的软件错误使浏览器执行攻击者希望的操作，例如运行恶意代码、使浏览器崩溃或读取计算机中的数据。

2）网页仿冒攻击

当攻击者冒充受信任的公司来显示网页或发送电子邮件时，即发生网页仿冒攻击。这些网页或电子邮件要求不知情的客户提供敏感信息。

3）间谍软件

间谍软件是跟踪个人身份信息或保密信息并将这些信息发送给第三方的任何软件包。

4）病毒

病毒是一种恶意代码或恶意软件，通常由其他计算机通过电子邮件、下载和不安全网站进行传播。

5）蠕虫

蠕虫是另一种类型的恶意代码或恶意软件，主要目标是向其他容易受到攻击的计算机系统进行传播。它通常通过电子邮件、即时消息或其他某种服务向其他计算机发送其副本而进行传播。

6）未经请求的浏览器更改

未经请求的浏览器更改是指网站或程序在未经用户同意的情况下更改 Web 浏览器的行为或设置。这可能导致主页或搜索页更改为其他网站，通常是为了向用户提供广告或其他不需要的内容而设计的网站。

7）跟踪工具

跟踪软件是跟踪系统活动、收集系统信息或跟踪客户习惯，并将这些信息转发给第三方组织的软件包。此类程序所收集的信息既非个人身份信息，也非保密信息。

8）黑客工具

黑客工具是一些程序，黑客或未经授权的用户可利用它们来发起攻击，对 PC 进行不受欢迎的访问，或者对 PC 执行指纹识别。系统或网络管理员可以出于合法目的使用某些黑客工具，但黑客工具提供的功能也可能被未经授权的用户滥用。

9）可疑应用程序

可疑应用程序是指其行为可能会给计算机带来风险的应用程序。此类程序的行为已经过检查，并确定它们属于不需要或恶意的行为。

4. 企业网站域名选择的技巧有哪些？

作为网站站长，注册域名是一件很普通的事情。每时每刻都有大量的域名被注册，也有大量的域名到期没有续费。没有续费的域名多数是因为当初注册的域名不符合现在网站的需要，而已经重新注册域名更换导致的。我们在注册域名之前应考虑好网站的布局、规划，这样可以很大程度上降低我们的时间成本和经济成本。

1）品牌

作为企业来讲，品牌是一个非常重要的因素。不管是平面的宣传策划还是网络的宣传，我们最终的目的是把我们生产或者服务的品牌，烙印在每一个用户或者潜在用户身上。在注册域名的时候也是一样的，在域名字符中需要包括我们品牌的名字。

2）域名后缀名

我们都清楚，最为流行的域名后缀是 COM、NET、ORG，不同的后缀代表不同的意思。作为企业或者品牌来说，这三种后缀的域名都必须注册，即便我们只做一个网站，其他两个域

名后缀也可以作为保护品牌的注册保护。

3）关于国别域名的使用

一般我们都用 COM 域名的网站作为主要网站。如果我们的业务范围针对不同的国家和地区，为了进一步营销，突出本地的特点，我们需要注册本地区的国别域名单独建立网站，或者同一转接解析到主网站上来。这样的做法可以深入本地区的市场，也利于本地区的营销。

4）选择注册商

网站建设开始流行的时候，域名注册商不是太多，信息比较闭塞，我们也不知道去哪里注册域名。尤其是现在很多公司、个人的注册代理很多，信誉层次不齐。选择好的域名注册商尤为关键。

选择注册域名看似简单，其实关乎到我们网站的发展和以后的运行。一个好的域名有利于用户的体验，也有利于搜索引擎对我们网站或者品牌的收录。

第21章 设计在线购物网站

学前必读

　　随着因特网的飞速发展，越来越多的企业有了自己的网站，特别是以网上购物为代表的电子商务网站获得了蓬勃的发展。利用网上购物系统，人们足不出户就能体验到便利、快捷的购物乐趣。

学习流程

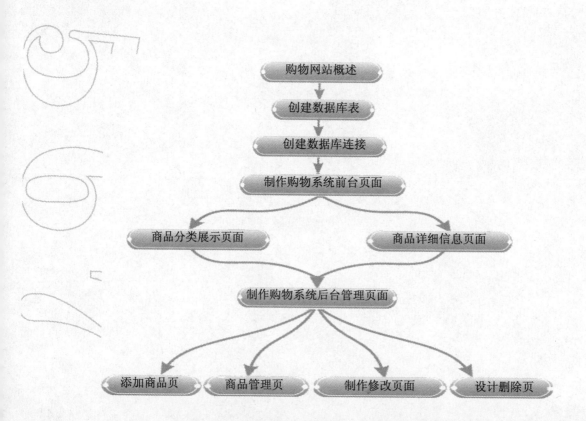

21.1　购物网站设计概述

网上购物系统是在网络上建立一个虚拟的购物商场，避免了挑选商品的烦琐过程，使购物过程变得轻松、快捷、方便，很适合现代人快节奏的生活，同时又能有效地控制"商场"运营的成本，开辟了一个新的销售渠道。

 ## 21.1.1　购物网站概念

购物网站是电子商务网站的一种基本形式。电子商务的出现，简化了交易手续，提高了交易效率，降低了交易成本，很多企业竞相效仿。交易对象不同电子商务可以分成 4 类。

- 企业对消费者的电子商务（BtoC）。一般以网络零售业为主，例如，经营各种书籍、鲜花、计算机等商品。BtoC 就是商家与顾客之间的商务活动，它是电子商务的一种主要的商务形式，商家可以根据自己的实际情况，根据自己发展电子商务的目标，选择所需的功能系统，组成自己的电子商务网站。

- 企业对企业的电子商务（BtoB）。一般以信息发布为主，主要是建立商家之间的桥梁。B to B 就是商家与商家之间的商务活动，也是电子商务的一种主要商务形式，BtoB 商务网站是实现这种商务活动的电子平台。

- 企业对政府的电子商务（BtoG）。

- 消费者对消费者的电子商务（CtoC），如一些二手市场、跳蚤市场等都是消费者对消费者个人的交易。

 ## 21.1.2　购物网站的设计要点

网上购物这种新型的购物方式已经吸引了很多购物者的注意。购物网站能够随时让顾客参与购买，商品介绍更详细、更全面。要达到这样的网站水平就要使网站中的商品有秩序、有科学化的分类，便于购买者查询。把网页制作得更加美观，以吸引大批的购买者。

1．分类体系

一个好的购物网站除了需要销售好的商品之外，更要有完善的分类体系来展示商品。所有需要销售的商品都可以通过相应的文字和图片来说明。分类目录可以运用一级目录和二级目录相配合的形式来管理商品，顾客可以通过点击商品类别名称来了解所有这类商品的信息。

2．商品展示系统

商品展示是购物网站最重要的功能。商品展示系统是一套基于数据库平台的即时发布系统，可用于各类商品的展示、添加、修改和删除等。网站管理员可以管理商品简介、价格、图片等多类信息。浏览者在前台可以浏览到商品的所有资料，如商品的图片、市场价、会员价和详细介绍等商品信息。

3．购物车

对于很多顾客来讲，当他们从众多的商品信息中结束采购时，恐怕已经不清楚自己采购的东西了。所以他们更需要在网上商店中的某个页面来存放所采购的商品，并能够计算出所有商品的总价格。购物车就能够帮助顾客通过存放购买商品的信息，将它们列在一起，并提供商品的总共数目和价格等功能，更方便顾客进行统一的管理和结算。

4．网上支付

既然购物网站面向全国或全球的客户，在商品交易的同时，给客户一个方便、快捷的支付方式，是网络技术的一种展现，也是购物网站的一个主要特点。网上付款是指通过信用卡实现用户、商家与银行之间的结算。只有实现了网上付款，才标志着真正意义上的电子商务活动实现了。

5．安全问题

网上购物网需要涉及很多安全性问题，如密码、信用卡号码及个人信息等。如何将这些问题处理得当是十分必要的。目前有许多公司或机构能够提供安全认证，如 SSL 证书。通过这样的认证过程，可以使顾客的比较敏感的信息得到保护。

6．顾客跟踪

在传统的商品销售体系中，对于顾客的跟踪是比较困难的。如果希望得到比较准确的跟踪报告，则需要投入大量的精力。网上购物网站解决这些问题就比较容易了。通过顾客对网站的访问情况和提交表单中的信息，可以得到很多更加清晰的顾客情况报告。

21.1.3 主要功能页面

购物类网站是一种功能复杂、花样繁多、制作烦琐的商业网站，但也是企业或个人推广和展示商品的一种非常好的销售方式。本章所制作的网站页面结构如图 21-1 所示，主要包括前台页面和后台管理页面。在前台显示浏览商品，在后台可以添加、修改和删除商品，也可以添加商品类别。

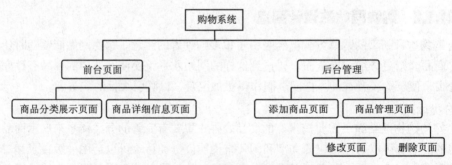

图 21-1 网站页面结构图

商品分类展示页面如图 21-2 所示，按照商品类别显示商品信息，顾客可通过页面分类浏览商品，如商品名称、商品价格、商品图片等信息。

商品详细信息页面如图 21-3 所示。浏览者可通过商品详细信息页了解商品的介绍、价格、图片等详细信息。

添加商品分类页面如图 21-4 所示，在这里可以增加商品类别。

添加商品页面如图 21-5 所示，在这里输入商品的详细信息后，单击"插入记录"按钮，可以将商品资料添加到数据库中。

图 21-2　商品分类展示页面

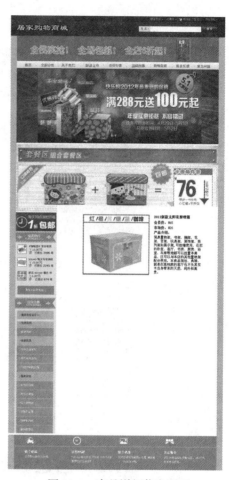

图 21-3　商品详细信息页面

图 21-4　添加商品分类页面

图 21-5　添加商品页面

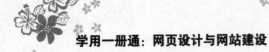

商品管理页面如图 21-6 所示，在这里可以选择修改和删除商品记录。

图 21-6　商品管理页面

21.2　创建数据库与数据库连接

　　　　数据库是有组织、有系统地整理数据的地方，是保证数据的文件或信息库，它可以根据外部的要求来变更数据，并且还能够完成保存新数据、改变或删除原有数据的操作。

 ## 21.2.1　创建数据库表

　　本章所创建的购物网站数据库需要两个表：商品类别表 Catalog 和商品详细信息表 Products，下面讲述商品类别表 Catalog 的创建，具体操作步骤如下。

　　（1）启动 Access 2003，执行"文件"|"新建"命令，打开"新建文件"面板，如图 21-7 所示。

　　（2）在面板中单击"空数据库"选项，弹出"文件新建数据库"对话框，在对话框中的"文件名"文本框中输入"db.mdb"，如图 21-8 所示。

图 21-7　"新建文件"面板

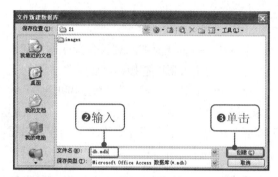

图 21-8　"文件新建数据库"对话框

（3）单击"创建"按钮，创建一个空数据库，双击"使用设计器创建表"选项，如图 21-9 所示。

（4）打开"表"窗口，在窗口中输入"字段名称"和字段所对应的"数据类型"，如图 21-10 所示。

图 21-9　双击"使用设计器创建表"选项

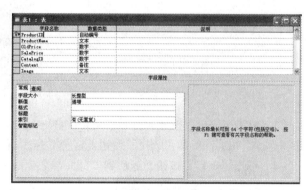

图 21-10　设置"字段名称"和"数据类型"

（5）执行"文件"|"保存"命令，弹出"另存为"对话框，如图 21-11 所示。在"表名称"下面的文本框中输入"Products"，单击"确定"按钮，保存创建的数据库表。

（6）双击"使用设计器创建表"选项，创建表 Catalog，如图 21-12 所示。

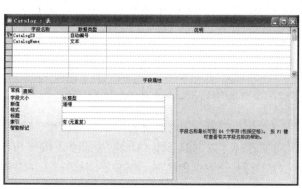

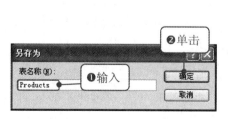

图 21-11　"另存为"对话框

图 21-12　创建表 Catalog

21.2.2　创建数据库连接

数据库建立好之后，就要把网页和数据库连接起来，因为只有这样，才能让网页知道把数据存在什么地方。创建数据库连接的具体操作步骤如下。

（1）执行"开始"|"控制面板"|"性能和维护"|"管理工具"|"数据源（ODBC）"命令，弹出"ODBC 数据源管理器"对话框，切换到"系统 DSN"选项卡，如图 21-13 所示。

（2）单击右侧的"添加"按钮，弹出"创建新数据源"对话框，在对话框中的"名称"列表框中选择"Driver do Microsoft Access（*.mdb）"选项，如图 21-14 所示。

图 21-13　"系统 DSN"选项卡　　　　　图 21-14　"创建新数据源"对话框

（3）单击"完成"按钮，打开"ODBC Microsoft Access 安装"对话框，在"数据源名"文本框中输入"db"，单击"选择"按钮，选择数据库所在的位置，如图 21-15 所示。

（4）单击"确定"按钮，返回到"ODBC 数据源管理器"对话框，如图 21-16 所示。

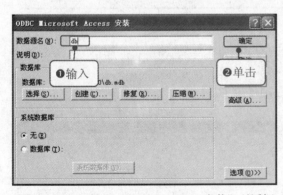

图 21-15　"ODBC Microsoft Access 安装"对话框　　图 21-16　"ODBC 数据源管理器"对话框

（5）执行"窗口"|"数据库"命令，打开"数据库"面板，在面板中单击按钮，在弹出的菜单中选择"数据源名称（DSN）"选项，如图 21-17 所示。

（6）打开"数据源名称（DSN）"对话框，在对话框中的"连接名称"文本框中输入 db，在"数据源名称（DSN）"下拉列表中选择"db"，如图 21-18 所示。

（7）单击"确定"按钮，创建数据库连接，此时"数据库"面板如图 21-19 所示。

| 图 21-17 | "数据源名称（DSN）"选项 | 图 21-18 | "数据源名称（DSN）"对话框 | 图 21-19 | "数据库"面板 |

21.3　设计购物系统前台页面

本节讲述购物系统前台页面的制作，浏览者通过商品分类页面单击商品名称，可以进入商品的详细信息页面。

21.3.1　设计商品分类展示页面

商品分类展示就是列出网站中的商品，目的是让浏览者查看商品的价格、商品图像等。商品分类展示页面如图 21-20 所示。具体操作步骤如下。

图 21-20　商品分类展示页面

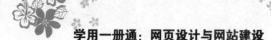

练习文件 实例素材/练习文件/CH21/21.3.1/index.html
完成文件 实例素材/完成文件/CH21/21.3.1/class.asp

（1）打开 index.html 网页文档，将其另存为 class.asp，如图 21-21 所示。

（2）将光标放置在相应的位置，执行"插入"|"表格"命令，插入 2 行 3 列的表格，在第 1 行第 1 列单元格中插入图像 images/maozi.jpg，如图 21-22 所示。

图 21-21　保存网页

图 21-22　插入图像

（3）分别在相应的单元格中输入文字，如图 21-23 所示。

（4）执行"窗口"|"绑定"命令，打开"绑定"面板，在面板中单击按钮，在弹出的菜单中选择"记录集（查询）"选项，弹出"记录集"对话框。在该对话框中，在"名称"文本框中输入"Rs1"，"连接"下拉列表中选择 db，"表格"下拉列表中选择 Products，"列"勾选"全部"单选按钮，"筛选"下拉列表中分别选择 CatalogID、=、URL 参数和 CatalogID，"排序"下拉列表中分别选择 ProductID 和降序，如图 21-24 所示。

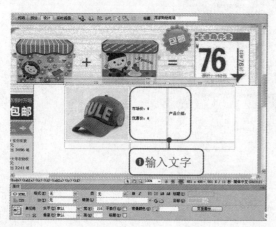

图 21-23　输入文字

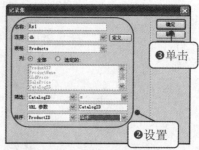

图 21-24　"记录集"对话框

452

（5）单击"确定"按钮，创建记录集，如图 21-25 所示。

（6）在文档中选中图片，在"绑定"面板中展开记录集 Rs1，选中 Image 字段，单击 **绑定** 按钮，绑定字段，如图 21-26 所示。

图 21-25　创建的记录集

图 21-26　绑定字段

（7）按照步骤 6 的方法在相应的位置绑定其他相应的字段，如图 21-27 所示。

（8）选中第 1 行单元格，执行"窗口"|"服务器行为"命令，打开"服务器行为"面板，在面板中单击按钮 ，在弹出的菜单中选择"重复区域"选项，如图 21-28 所示。

图 21-27　绑定其他字段

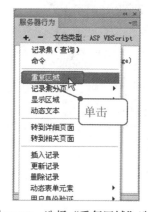

图 21-28　选择"重复区域"选项

（9）打开"重复区域"对话框，在对话框中的"记录集"下拉列表中选择 Rs1，"显示"设置为 5 条记录，如图 21-29 所示。

（10）单击"确定"按钮，创建重复区域服务器行为，如图 21-30 所示。

（11）选中第 2 行单元格，将其合并，将"水平"设置为"右对齐"，并输入文字"首页 上一页 下一页 最后页"，如图 21-31 所示。

（12）选中文字"首页"，单击"服务器行为"面板中的按钮 ，在弹出的菜单中选择"记录集分页"|"移至第一条记录"选项，如图 21-32 所示。

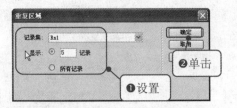

图 21-29　"重复区域"对话框

图 21-30　创建重复区域服务器行为

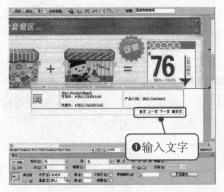

图 21-31　输入文字

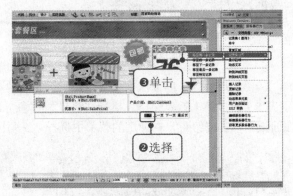

图 21-32　选择"移至第一条记录"选项

（13）打开"移至第一条记录"对话框，在对话框中的"记录集"下拉列表中选择 Rs1，如图 21-33 所示。

（14）单击"确定"按钮，创建服务器行为，如图 21-34 所示。

图 21-33　"移至第一条记录"对话框

图 21-34　创建服务器行为

（15）按照步骤 12 ~ 14 的方法分别对"上一页"、"下一页"、"最后页"创建相应的服务器行为，如图 21-35 所示。

图 21-35 创建其他服务器行为

（16）选中"{Rs1.ProductName}"，单击"服务器行为"面板中的按钮 ，在弹出的菜单中选择"转到详细页面"选项，如图 21-36 所示。

（17）打开"转到详细页面"对话框，在该对话框中的"详细信息页"文本框中输入"detail.asp"，"记录集"下拉列表中选择"Rs1"，"列"下拉列表中选择"ProductID"，如图 21-37 所示。

图 21-36 选择"转到详细页面"选项

图 21-37 "转到详细页面"对话框

（18）单击"确定"按钮，创建转到详细页面服务器行为，如图 21-38 所示。

图 21-38 创建转到详细页面服务器行为

21.3.2 设计商品详细信息页面

在商品分类展示页面中，单击商品的名称会转到另一个页面，即商品详细信息页面，如图 21-39 所示。具体操作步骤如下。

学用一册通：网页设计与网站建设

◎练习文件　实例素材/练习文件/CH21/21.3.2/index.html

◎完成文件　实例素材/完成文件/CH21/21.3.2/detail.asp

（1）打开 index.html 网页文档，将其另存为 detail.asp，在文档中插入 5 行 2 列的表格，插入图像，并输入相应的文字，如图 21-40 所示。

图 21-39　商品详细信息页面

图 21-40　新建网页

（2）单击"绑定"面板中的按钮 ，在弹出的菜单中选择"记录集（查询）"选项，弹出"记录集"对话框，在对话框中的"名称"文本框中输入 Rs1，在"连接"下拉列表中选择 db，在"表格"下拉列表中选择 Products，"列"勾选"全部"单选按钮，在"筛选"下拉列表中分别选择 ProductID、=、URL 参数和 ProductID，如图 21-41 所示。

（3）单击"确定"按钮，创建记录集，如图 21-42 所示。

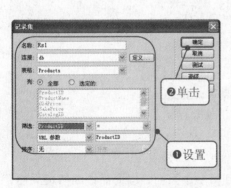

图 21-41　"记录集"对话框

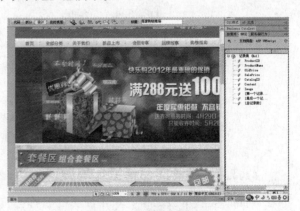

图 21-42　创建记录集

456

（4）选中图像，在"绑定"面板中展开记录集 Rs1，选中 Image 字段，单击按钮 ，绑定字段，如图 21-43 所示。

（5）按照步骤 4 的方法，将其他字段绑定到相应的位置，如图 21-44 所示。

图 21-43　绑定 Image 字段　　　　　　图 21-44　绑定其他字段

21.4　设计购物系统后台管理

本节讲述购物系统后台管理页面的制作。后台管理页面主要包括添加商品类别页面、添加商品页面、修改商品信息页面、删除商品页面和商品管理主页面。

21.4.1　设计添加商品页面

下面将制作新增商品分类页面和新增商品内容页面，添加商品分类页面如图 21-45 所示，添加商品内容页面如图 21-46 所示，具体操作步骤如下。

图 21-45　添加商品分类页面　　　　　　图 21-46　添加商品页面

○练习
文件　实例素材/练习文件/CH21/21.4/index.html

○完成
文件　实例素材/完成文件/CH21/21.4/detail.asp

（1）打开 index.html 网页文档，将其保存为 add-catalog.asp 和 add-Products.asp，如图 21-47 所示。

（2）将光标放置在相应的位置，执行"插入"|"表单"|"表单"命令，插入表单，并在表单中输入文字，设置为"居中对齐"，如图 21-48 所示。

图 21-47　新建网页

图 21-48　输入文字

（3）将光标放置在文字的右边，执行"插入"|"表单"|"文本域"命令，插入文本域，在"属性"面板中，在"文本域"的名称文本框中输入"catalogname"，"字符宽度"设置为 20，"类型"设置为"单行"，如图 21-49 所示。

（4）将光标放置在文本域的右边，按 Shift+Enter 组合键换行，分别插入提交按钮和重置按钮，如图 21-50 所示。

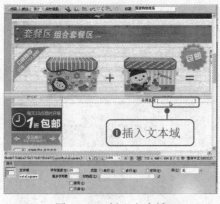

图 21-49　插入文本域

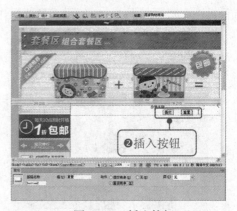

图 21-50　插入按钮

（5）单击"绑定"面板中的 ⊕ 按钮，在弹出的菜单中选择"记录集（查询）"选项，打开"记录集"对话框，在该对话框中的"名称"文本框中输入 Rs1，在"连接"下拉列表中选择 db，在"表格"下拉列表中选择 Catalog，"列"勾选"全部"单选按钮，在"排序"下拉列表中分别选择 CatalogID 和升序，如图 21-51 所示。

（6）单击"确定"按钮，创建记录集。

（7）单击"服务器行为"面板中的按钮 ，在弹出的菜单中选择"插入记录"选项，打开"插入记录"对话框，在该对话框中的"连接"下拉列表中选择 db，"插入到表格"下拉列表中选择 Catalog，在"插入后，转到"文本框中输入 ok-1.htm，如图 21-52 所示。

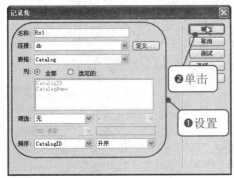

图 21-51　"记录集"对话框图　　　　　　　　图 21-52　"插入记录"对话框

（8）单击"确定"按钮，插入记录，如图 21-53 所示。

（9）将 add-catalog.asp 另存为 ok-1.htm，删除整个表单，按 Enter 键换行，输入文字"提交成功，返回添加商品页面！"，对齐方式设置为"居中对齐"，如图 21-54 所示。

图 21-53　插入记录　　　　　　　　图 21-54　输入文字

（10）选中文字"添加商品页面"，在"属性"面板中的"链接"文本框中输入"add-catalog.asp"，设置链接，如图 21-55 所示。

（11）打开 add-Products.asp 页面，将 add-catalog.asp 网页中的记录集 Rs1 复制到 add-Products.asp 页面中，如图 21-56 所示。

459

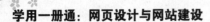

图 21-55 设置链接

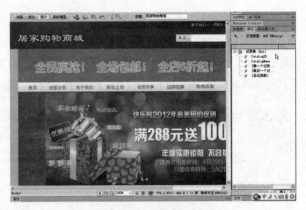

图 21-56 复制记录集

（12）单击"数据"插入栏中的"插入记录表单向导"按钮 ，弹出"插入记录表单向导"对话框。在该对话框中的"连接"下拉列表中选择 db，在"插入到表格"下拉列表中选择 Products，在"插入后，转到"文本框中输入 ok-2.htm，在"表单字段"中的部分：ProductID，单击按钮删除，选中 ProductName，在"标签"文本框中输入"产品名称："，选中 OldPrice，在"标签"文本框中输入"市场价："，选中 SalePrice，在"标签"文本框中输入"优惠价："选中 CatalogID，在"标签"文本框中输入"所属分类："，在"显示为"下拉列表中选择"菜单"，单击下面的 菜单属性 按钮，打开"菜单属性"对话框，在该对话框中，"填充菜单项"勾选"来自数据库"单选按钮，如图 21-57 所示。选中 Content，在"标签"文本框中输入"产品介绍："，选择 Image，在"标签"文本框中输入"图片路径："，如图 21-58 所示。

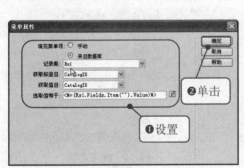

图 21-57 "菜单属性"对话框

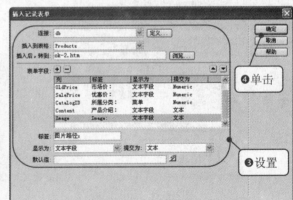

图 21-58 "插入记录表单"对话框

（13）单击"确定"按钮，此时在页面中插入了一个完成的表单项，如图 21-59 所示。

（14）选中"产品介绍："后面的文本域，在"属性"面板中将"类型"设置为"多行"，"字符宽度"设置为 30，"行数"设置为 6，如图 21-60 所示。

图 21-59 插入表单项　　　　　　　　图 21-60 设置属性

（15）打开 ok-1.htm 网页，将其另存为 ok-2.htm 网页，将文字"添加商品页面"的链接换为 add-Products.asp，如图 21-61 所示。

图 21-61 添加链接

21.4.2 设计商品管理页面

商品管理页面如图 21-62 所示，具体操作步骤如下。

练习文件　实例素材/练习文件/CH21/21/index.html

完成文件　实例素材/完成文件/CH21/21/manage.asp

（1）打开 index.html 网页文档，将其另存为 manage.asp，如图 21-63 所示。

（2）将光标放置在相应的位置，执行"插入"|"表格"命令，插入 2 行 6 列的表格，在相应的单元格中输入文字，如图 21-64 所示。

图 21-62　商品管理页面

图 21-63　新建网页

图 21-64　输入文字

（3）单击"绑定"面板中的按钮➕，在弹出的菜单中选择"记录集（查询）"选项，弹出"记录集"对话框。在该对话框中的"名称"文本框中输入 Rs1，在"连接"下拉列表中选择 db，在"表格"下拉列表中选择 Products，"列"勾选"全部"单选按钮，在"排序"下拉列表中分别选择 ProductsID 和降序，如图 21-65 所示。

（4）单击"确定"按钮，创建记录集。

（5）将光标放置在第 2 行第 1 列单元格中，在"绑定"面板中展开记录集 Rs1，选中 ProductID 字段，单击 插入 按钮，绑定字段，如图 21-66 所示。

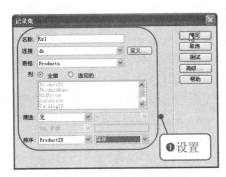

图 21-65　"记录集"对话框

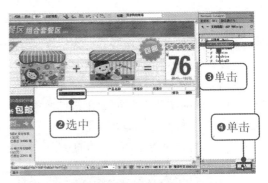

图 21-66　绑定字段

（6）按照步骤 5 的方法，分别在第 2 行其他的单元格中绑定相应的字段，如图 21-67 所示。

（7）选中第 2 行单元格，单击"服务器行为"面板中的 + 按钮，在弹出的菜单中选择"重复区域"选项，弹出"重复区域"对话框。在该对话框中的"记录集"下拉列表中选择 Rs1，"显示"设置为 10 条记录，如图 21-68 所示。

图 21-67　绑定其他字段

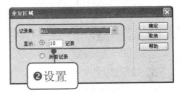

图 21-68　"重复区域"对话框

（8）单击"确定"按钮，创建重复区域服务器行为，如图 21-69 所示。

（9）选中文字"修改"，单击"服务器行为"面板中的按钮 + ，在弹出的菜单中选择"转到详细页面"选项，弹出"转到详细页面"对话框，在对话框中的"详细信息页"文本框中输入"modify.asp"，如图 21-70 所示。

图 21-69　创建重复区域服务器行为

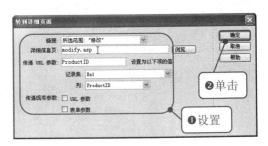

图 21-70　"转到详细页面"对话框

（10）单击"确定"按钮，创建转到详细页面服务器行为。按照步骤 9 的方法为文字"删除"创建转到详细页面服务器行为，在"详细信息页"文本框中输入"del.asp"。

（11）将光标放置在相应的位置，执行"插入"|"表格"命令，插入 1 行 1 列的表格，在单元格中将"水平"设置为"右对齐"，输入文字，如图 21-71 所示。

（12）选中文字"首页"，单击"服务器行为"面板中的按钮 +，在弹出的菜单中选择"记录集分页"|"移至第一条记录"选项，打开"移至第一条记录"对话框。在该对话框中的"记录集"下拉列表中选择 Rs1，如图 21-72 所示。

图 21-71　输入文字

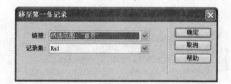

图 21-72　"移至第一条记录"对话框

（13）单击"确定"按钮，创建移至第一条记录服务器行为。按照步骤 12 的方法分别为文字"上一页"添加"移至前一条记录"服务器行为、"下一页"添加"移至下一条记录"服务器行为和"最后页"添加"移至最后一条记录"服务器行为。

（14）选中文字"首页"，单击"服务器行为"面板中的按钮 +，在弹出的菜单中选择"显示区域"|"如果不是第一条记录则显示"选项，如图 21-73 所示。

（15）弹出"如果不是第一条记录则显示区域"对话框，在对话框中的"记录集"下拉列表中选择 Rs1，如图 21-74 所示。

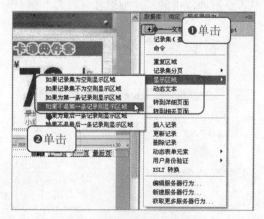

图 21-73　选择"如果不是第一条记录则显示"选项

图 21-74　"如果不是第一条记录则显示区域"对话框

（16）单击"确定"按钮，创建如果不是第一条记录则显示区域服务器行为，如图 21-75 所示。

（17）按照步骤 13~15 的方法，为文字"上一页"添加"如果为最后一条记录则显示区域"服务器行为，"下一页"添加"如果为第一条记录则显示区域"服务器行为，"最后页"添加"如果不是最后一条记录则显示区域"服务器行为，如图 21-76 所示。

图 21-75　创建服务器行为

图 21-76　创建其他服务器行为

21.4.3　制作修改页面

修改页面如图 21-77 所示，制作时主要是利用服务器行为中的更新记录来实现的，具体操作步骤如下。

图 21-77　修改页面

学用一册通：网页设计与网站建设

练习文件 实例素材/练习文件/CH21/21/index.html

完成文件 实例素材/完成文件/CH21/21/modify.asp

（1）打开 add-Products.asp 网页，将其另存为 modify.asp 网页，在"服务器行为"面板中选中"插入记录（表单"form1"）"选项，单击按钮 ━ 删除，如图 21-78 所示。

（2）单击"绑定"面板中的按钮 ➕ ，在弹出的菜单中选择"记录集（查询）"选项，弹出"记录集"对话框。在该对话框中的"名称"文本框中输入 Rs2，"连接"下拉列表中选择 db，"表格"下拉列表中选择 Products，"列"勾选"全部"单选按钮，"筛选"下拉列表中分别选择 ProductsID、＝、URL 参数和 ProductsID，如图 21-79 所示。

图 21-78　新建网页

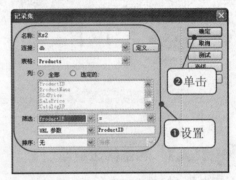

图 21-79　"记录集"对话框

（3）单击"确定"按钮，创建记录集。

（4）选中表单中"产品名称"文本域，在"绑定"面板中展开记录集 Rs2，选中 ProductName 字段，单击按钮 ▢绑定▢ ，绑定字段，如图 21-80 所示。

（5）按照步骤 4 的方法，在相应的位置绑定相应的字段，如图 21-81 所示。

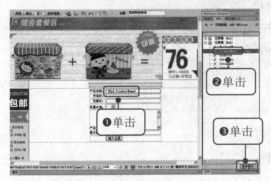

图 21-80　绑定 ProductName 字段

图 21-81　绑定其他字段

（6）单击"服务器行为"面板中的 ➕ 按钮，在弹出的菜单中选择"更新记录"选项，弹出"更新记录"对话框。在该对话框中的"连接"下拉列表中选择 db，"要更新的表格"下拉列表中选择 Products，"选取记录自"下拉列表中选择 Rs2，"在更新后，转到"文本框中输入 ok-3.htm，如图 21-82 所示。

（7）单击"确定"按钮，创建更新记录服务器行为，如图 21-83 所示。

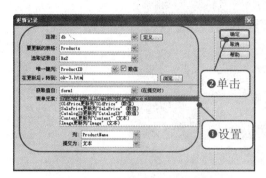

图 21-82 "更新记录"对话框 　　　　　图 21-83 创建更新记录服务器行为

（8）打开 ok-1.htm 网页，将其另存为 ok-3.htm 网页，将右边的文字删除，输入"修改成功，返回到商品管理页面！"，选中文字"商品管理页面"，在"属性"面板中的"链接"文本框中输入"manage.asp"，如图 21-84 所示。

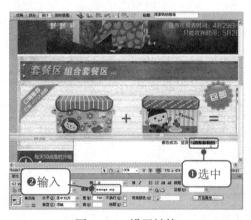

图 21-84 设置链接

21.4.4 设计删除页面

在删除页面上可以把重复、多余和不再有效的数据从数据库中删除，以免浪费数据库中的资源。删除页面如图 21-85 所示，具体操作步骤如下。

练习文件　实例素材/练习文件/CH21/21/index.html

完成文件　实例素材/完成文件/CH21/21/del.asp

（1）打开 index.html 网页文档，将其另存为 del.asp，如图 21-86 所示。

（2）单击"绑定"面板中的按钮 **+**，在弹出的菜单中选择"记录集（查询）"选项，弹出"记录集"对话框。在对话框中"筛选"下拉列表中分别选择 ProductID、=、URL 参数和 ProductID选项，如图 21-87 所示。

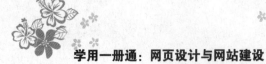

图 21-85　删除页面

图 21-86　新建网页

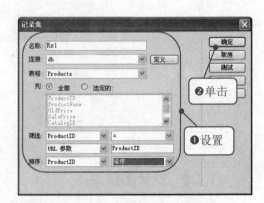

图 21-87　"记录集"对话框

（3）将光标放置在相应的位置，设置为"居中对齐"，在"绑定"面板中展开记录集 Rs1，选中 ProductName 字段，单击按钮 插入 ，绑定字段，如图 21-88 所示。

（4）按照步骤 3 的方法，将字段绑定到相应的位置，如图 21-89 所示。

（5）将光标放置在相应的位置，执行"插入"|"表单"|"表单"命令，插入表单，如图 21-90 所示。

（6）将光标放置在表单中，执行"插入"|"表单"|"按钮"命令，插入按钮，在"属性"面板的"值"文本框中输入"确定删除"，"动作"设置为"提交表单"，对齐方式设置为"居中对齐"，如图 21-91 所示。

第 21 章　设计在线购物网站

图 21-88　绑定字段

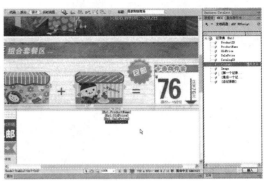

图 21-89　绑定其他字段

图 21-90　插入表单

图 21-91　插入按钮

（7）单击"服务器行为"面板中的  按钮，在弹出的菜单中选择"删除记录"选项，弹出"删除记录"对话框。在该对话框中的"连接"下拉列表中选择 db，"从表格中删除"下拉列表中选择 Products，"选取记录自"下拉列表中选择 Rs1，"在更新后，转到"文本框中输入 ok-4.htm，如图 21-92 所示。

（8）单击"确定"按钮，创建删除记录服务器行为，如图 21-93 所示。

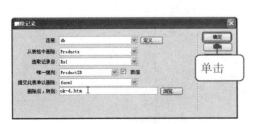

图 21-92　"删除记录"对话框

图 21-93　创建删除记录服务器行为

469

（9）打开 ok-3.htm 网页，将其另存为 ok-4.htm，将右边的文字修改为"删除成功，返回到商品管理页面!"，在属性面板中的"链接"文本框中输入"manage.asp"，如图 21-94 所示。

图 21-94　创建文字链接

21.5　专家秘籍

1. 如何给网站增加购物车和在线支付功能？

增加购物车的功能是一个复杂而又烦琐的过程，可以利用购物车插件为网站增加一个功能完整的购物车系统。可以去网上下载购物车插件，安装上即可使用。

在线支付功能需要使用动态开发语言，如 ASP、PHP、JSP 等来实现。当然现在也有专门的第三方在线支付平台。

2. 如何使用记录集对话框的高级模式？

利用"记录集"对话框的高级模式，可以编写任意代码实现各种功能，具体操作步骤如下。

（1）单击"绑定"面板中的 ✚ 按钮，在弹出的菜单中选择"记录集（查询）"选项，打开"记录集"对话框。

（2）在对话框中单击"高级"按钮，切换到"记录集"对话框的高级模式，如图 21-95 所示。

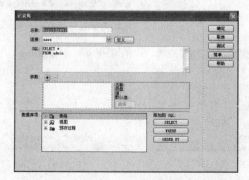

图 21-95　"记录集"对话框的高级模式

3. 如何使用"数据"插入栏快速插入动态应用程序？

在制作动态网页时，利用"服务器行为"面板上的菜单，是一种比较直接方便的方式，但对熟悉 Dreamweaver 的用户来说，利用"数据"插入栏更快捷有效，"数据"插入栏如图 21-96 所示。

图 21-96　"数据"插入栏

4. 如何根据用户的登录网站的第一感受对网站进行优化？

- 域名是否简洁易记：www.alibaba.com 与 www.exacineonea.cn 比较，朗朗上口的 alibaba.com 会让更多人乐意去登录。

- 网页打开速度：影响网页打开的速度有很多方面的原因，要全力避免自我可控的情况造成网页打开速度过慢。如保证服务器的稳定、页面图片的大小和数量不要太大太多、可用背景色的尽量避免使用图片、减少 Flash 的数量、网页代码尽量用简洁语句、清理注释和无用的换行空格等。

- 页面宽度：目前用户显示器从 17 寸到 22 寸以上不等，宽度的设计需要根据目前主流的显示器尺寸制定。设计过窄用户会感觉页面空荡，设计过宽用户会浏览不全网页内容。

- 网站的整体设计风格：当页面打开后，能给用户最直观的印象的是网站的色彩，在网站的色彩上，保持与企业品牌形象的统一。在色彩的使用上若无特殊需求不要超过三种颜色，如有三种颜色要尽量不将红、黄、蓝三色进行搭配。另外在设计风格上要符合用户的浏览习惯，如导航部分位置和展示样式的设计、页脚内容的设计等，需要按照大多数用户一贯的浏览习惯来设计。

- 网站品牌的标注：网站需要在用户打开页面的第一时间让用户了解 "我是谁"，以保证用户进入了正确的网站。一般的做法是在网站的合适位置添加网站 logo。

- 网站导航栏目的架构：当用户知道"我是谁"之后，用户的需求是要了解"我能帮你做什么"，那么制作一个清晰的网站导航和功能鲜明的栏目架构是回答这个问题的最好方式。

- 广告位优化：广告位的设计一方面要避免与网站主要内容和功能冲突，影响用户对网站的正常使用，如目前几个大型网站中覆盖大半屏的层广告，直接挡住了用户要选择的链接和内容。另一方面，不宜设置过多的广告位，商业广告过多会使用户对网站反感。